Die Welt in 100 Jahren

Die Welt in 100 Jahren

Herausgegeben von Arthur Brehmer

Mit einem einführenden Essay
„Zukunft von gestern"
von
Georg Ruppelt

Georg Olms Verlag
Hildesheim · Zürich · New York
2014

Dem Nachdruck liegt das Exemplar
der Staats- und Stadtbibliothek Augsburg zugrunde.
Signatur: 4°LD 454

Bibliografische Information der Deutschen Nationalbibliothek

Die Deutsche Nationalbibliothek verzeichnet diese Publikation
in der Deutschen Nationalbibliografie; detaillierte bibliografische Daten sind
im Internet über http://dnb.d-nb.de abrufbar.

10. Nachdruck der Ausgabe Berlin 1910
© Georg Olms Verlag AG, Hildesheim 2014
Alle Rechte vorbehalten
Printed in Germany
Gedruckt auf säurefreiem und alterungsbeständigem Papier
Umschlaggestaltung: Anna Braungart, Tübingen
Herstellung: druckhaus köthen, Köthen/Anhalt
www.olms.de
ISBN 978-3-487-08531-9

Zukunft von gestern

Georg Ruppelt

Zeitverschobene Utopien

Historiker hat Friedrich Schlegel einmal als rückwärts gekehrte Propheten bezeichnet. In Umkehrung dieses Satzes könnte man Autoren, die über die Zukunft schreiben, vorwärts gewandte Geschichtsschreiber nennen; es ist dies eine literarische Technik, die als zeitverschobene Utopie bekannt ist.

Die wohl erste zeitverschobene Utopie erschien 1733 unter dem Titel „Memoirs of the Twentieth Century", Verfasser war Samuel Madden. Maddens Vorschau auf das Ende des 20. Jahrhunderts ist geprägt von seinen religiösen Obsessionen; so beschreibt er beispielsweise eine Versteigerung von Reliquien, die am 25. April 1998 in Rom stattfindet. Sein Werk aber ist heute kaum mehr bekannt.

Bis in die Gegenwart immer wieder neu aufgelegt wurde hingegen der berühmte französische Roman von Louis Sébastien Mercier „Das Jahr 2440", der anonym erstmalig 1770/71 erschien und ein „Bestseller" wurde. Das ganz von der Aufklärung geprägte Werk schildert einen vernünftigen Zukunftsstaat, in dem alles besser und sauberer ist als in früheren Jahrhunderten. An die Stelle der Religion ist die Verehrung der Wissenschaften getreten. Die kirchlichen Feiertage sind in Freizeit umgewandelt worden, in der sich die Bürger, die alle einen Arbeitsplatz haben, erholen und weiterbilden können. Der Krieg ist durch die Erfindung eines Apparates abgeschafft worden. Dieser Apparat kann die menschliche Stimme imitieren und die Schreie von Verwundeten vorspielen, was kriegslüsterne Fürsten von ihren martialischen Vorhaben abbringt. In diesem Zukunftsstaat sind nur noch wenige Bücher erhältlich, denn alles, was diese Gesellschaft für unnütz hält, wurde verbrannt, so z. B. Millionen und Abermillionen Bücher der Königlichen Bibliothek in Paris.

Die ersten deutschen Zukunftsromane

Den offenbar allerersten deutschsprachigen Zukunftsroman hat A. K. Ruh geschrieben; der Name ist laut einer zeitgenössischen Rezension wohl ein anagrammatisches Pseudonym. „Guirlanden um Die Urnen der Zukunft. Eine interessante, originelle Familiengeschichte aus dem drei und zwanzigsten Jahrhunderte" erschien 1800 im Verlag der Jos. Poltischen Buchhandlung in Leipzig. Auf 401 Seiten erzählt Ruh die Geschicke einer Familie in einer zukünftigen Welt, in der die Knaben mit Luftschiffen Krieg spielen lernen, um später in die Luftflotte des Kaisers von Germanien eintreten zu können. Die Mädchen ernten derweil Südfrüchte, deren Anbau in Germanien durch Einsatz von Kristallsonnen ermöglicht wird." (W. Thadewald sei für den Hinweis gedankt.)

Als erste deutschsprachige zeitverschobene Utopie galt lange Zeit der 1810, also zur Zeit der Eroberungszüge Napoleons erschienene Roman „Ini. Ein Roman aus dem Ein und zwanzigsten Jahrhundert", Verfasser war Julius von Voß. (2008 erschien im Verlag Utopica eine von Ulrich Blode betreute Neuausgabe.) Schon in der „Vorrede" stellt der Autor eine Beziehung zwischen seiner Gegenwart und einer „Zukunftsgewissheit" her: „Wenn nun aber die Zeit gar unfriedlich ist, sollte da nicht ein Blick in die Zukunft das bedrängte, oft zagende Herz trösten, beleben, erheitern? Und eine bessere Zukunft naht so gewiss, als die Vergangenheit von der Gegenwart übertroffen wird."

Vossens Roman spielt im letzten Viertel des 21. Jahrhunderts. Er wäre wohl am besten als Bildungsroman zu bezeichnen, in den eine Liebesgeschichte eingewoben ist, die sich um die schöne Ini rankt. Interessant ist der globale Aspekt. Der Jüngling, der sich um Ini bemüht, muss viel reisen, wir würden ihn heute als *Jetsetter* bezeichnen. Die Kontinente können im 21. Jahrhundert bei Julius von Voß leicht durch die Entwicklung der zivilen Luftfahrt übersprungen werden. Dieser Luftverkehr wird nach dem Prinzip „leichter als Luft" mittels lenkbarer Flugballons ermöglicht: „Man wusste jetzt das Azot [Stickstoff] viel leichter und einfacher zu bereiten, als im Anfang der Luftschifferei. Auch hatte lange schon die Versuche, Adler zu zähmen und an die Fahrzeuge zu spannen, Erfolg gekrönt."

Eine Gondel wird „von zwanzig rüstigen Tieren" gezogen. Die Passagiere tragen Kopfbedeckungen, die sich bei einem Unfall durch die natürliche Wirkung der Luft breit entfalten – Fallschirmhelme. Auch die Kommunikation zwischen den Erdteilen ist weit entwickelt. Telegraphen gibt es in ganz Europa, aber auch „Sprachtrompeten, welche bei Tag und Nacht und fast bei jeder Witterung auf eine Meile deutlich hörbar tönten und durch welche man von Station zu Station melden ließ, was man wollte. Über Meere leisteten die allgemein gewordenen Taubensendungen Hilfe."

Die politische Entwicklung in Europa sieht der ehemalige preußische Offizier Julius von Voß auf der Grundlage der Französischen Revolution gegründet – eine erstaunliche Aussage im Jahre 1810. Im 19. Jahrhundert sei nach einer Reihe blutiger Kriege Europa unter einem zentralen Kaisertum geeinigt worden, das neben dem neupersischen Reich „eine lange glückselige Ruhe" genießen konnte. Zu Beginn des 20. Jahrhunderts habe sich auf Veranlassung Kaiser Marcus Aurelius II. die Republik Europa gegründet, deren Verfassung auf Gleichheit beruhte. Der Volkswillen und eine Art aristokratisches Rätesystem garantierten den Erfolg dieser Republik Europa, u. a. auch, weil die Fürstenkinder nun eine vorzügliche volksbezogene Ausbildung und Erziehung erhielten.

Die Republik Europa wird nach außen mit Hilfe neuartiger Militärtechnik vollkommen gesichert. Gewaltige Bomben und Minen, die „einen großen Ort auf einmal in die Luft zu sprengen" in der Lage sind, schrecken etwaige Angreifer ab. Militärisches Ausbildungszentrum für die europäische Republik ist Moskau. Von Voß beschreibt eine künftige Luftwaffe aus Ballonfahrzeugen, aber auch „feuerfeste Wandeltürme", die mit Kanonen besetzt sind, also Panzer im heutigen Sprachgebrauch. Zu wehren hat man sich im Laufe des Romans dann u. a. gegen Trupps chinesischer Tartaren, die mit Giftpfeilen angreifen.

Polen ist im 21. Jahrhundert ein Land des Nahrungsüberflusses, das die Nordländer mit Lebensmitteln versorgt, England das Zentrum wissenschaftlicher und technischer Instrumente; Frankreich produziert Chemikalien, die unter anderem auch künstlichen Regen erzeugen können. Die Franzosen sind auch führend in der Medizintechnik und liefern künstliche Organe in alle Welt. Die Italiener beeindrucken durch mechanische Musikinstrumente, die ganze Orchester samt Chor und Solisten ersetzen.

In Deutschland herrscht Bevölkerungsüberfluss, da Krankheiten und Kriege abgeschafft sind. So wurde es notwendig, die landwirtschaftlichen Erträge zu steigern. „Das in dem vortrefflich zubereiteten Boden durch Maschinen gepflanzte Wintergetreide gelangt um die Mitte des Juni schon zur Reife […]. Man mäht es durch kunstreiche Sichelwagen, die zugleich abschneiden, aufladen und hinterwärts den Boden wieder pflügen, wodurch die Arbeit gar sehr vereinfacht wird."

Berlin, der Sitz des europäischen Bundesgerichtes, ist eine große Binnenhafenstadt. Ihre anmutige Umgebung zieren Weingärten, Lustgehölze und heitere Sommerwohnungen reicher Bürger. Berlin ist zugleich eine Wissenschaftsstadt, und ihre Universität gilt als die gelehrteste der Welt. Europa hat sich zu einem Sozialstaat entwickelt, in dem zwar Arbeit Pflicht ist, aber durch eine Art Sozialversicherung sind Ältere und Kranke vorzüglich versorgt.

Vossens Roman ist voller technischer Wunder. Es gibt eine Art Fernsehen, was hier aber bedeutet, dass auf einer Theaterbühne ein gewaltiger Spiegel steht, der in der Lage ist, die Umgebung des Theaters und der Stadt als Kulisse für das Spiel zu nutzen. Zwischen Calais und Dover ist ein Damm gebaut. Man hat künstliche Inseln gefertigt, die von Walfischen gezogen werden, usw.

Kurd Laßwitz (1848–1910): Auf zwei Planeten

1910 starb der Begründer einer eigenständigen deutschen Science Fiction-Literatur, Kurd Laßwitz. Mit seinem 1897 erschienenen Roman „Auf zwei Planeten" gelang ihm ein Meisterwerk der Gattung. Der Gothaer Mathematiker, Physiker und Philosoph Kurd Laßwitz gehörte zu seinen Lebzeiten zu einem der am meisten gelesenen Autoren. Das Buch, das im selben Jahr wie Herbert George Wells' „Krieg der Welten" erschien, schildert die zunächst friedliche Landung von Marsianern auf der Erde. Die Martier, wie Laßwitz sie nennt, sind technisch, gesellschaftlich und sittlich den Menschen weit überlegen.

„Auf zwei Planeten" wurde nach seinem Erscheinen sofort in mehrere Sprachen übersetzt und war wahrscheinlich die bekannteste europäische Weltraum-Utopie der Zeit. Der Roman wurde immer wieder neu aufgelegt, bis ihn die Nationalsozialisten als zu demokratisch verboten. Viele deutsche Weltraumpioniere aus der ersten Hälfte des 20. Jahrhunderts haben ihn gelesen.

Laßwitz' Roman hat eine deutlich philosophische und ethische Note und ist zur Hoch-Zeit des Imperialismus ausgesprochen stark kolonialismus-kritisch. Ein Martier meint über die Zustände auf der Erde:

„Wir haben genaue Informationen über die Verhältnisse auf der Erde eingezogen. Sie sind geradezu haarsträubend. Von Gerechtigkeit, Ehrlichkeit, Freiheit haben diese Menschen keine Ahnung. Sie zerfallen in eine Menge von Einzelstaaten, die untereinander mit allen Mitteln um die Macht kämpfen. Darunter leidet die wirtschaftliche Kraft dermaßen, dass viele Millionen im bedrückendsten Elend leben müssen und die Ruhe nur durch rohe Gewalt aufrecht erhalten werden kann. Nichts desto weniger überbieten sich die Menschen in Schmeichelei und Unterwürfigkeit gegen die Machthaber. Jede Bevölkerungsklasse hetzt gegen die andere und sucht sie zu übervorteilen. […] Heuchelei ist überall selbstverständlich. Die Strafen sind barbarisch, Freiheitsberaubung gilt noch als mild. Morde kommen alle Tage vor, Diebstähle alle Stunden. Gegen die sogenannten unzivilisierten Völker scheut man sich nicht, nach Belieben Massengemetzel in Szene zu setzen."

Laßwitz gelingen erstaunliche technische Voraussagen. Die Martier haben über dem Nordpol eine Weltraumstation errichtet, die, wie später von Wernher von Braun geplant, die Form eines Speichenrades besitzt. Er berichtet von rollenden Straßen, Wolkenkratzern, synthetischen Stoffen, Fotozellen, Lichttelegraphen, Solarzellen und Kabinenbahnen. Die Umweltverschmutzung auf der Erde ist den Martiern unbegreiflich: „'Woher kommen diese Nebel über ihren großen Städten?' fragte einer der Martier. 'Hauptsächlich von der Verbrennung der Kohle', erwiderte Grunthe. 'Aber warum nehmen sie die Energie nicht direkt von Sonnenstrahlung? Sie leben ja vom Kapital, statt von den Zinsen.'"

Ein Schüler von Kurd Laßwitz war Hans Dominik. Er dürfte der bekannteste deutsche Science Fiction-Autor aus der Zeit vor dem Zweiten Weltkrieg sein. Dominik interessierte sich ausschließlich für technisch-naturwissenschaftliche Zusammenhänge. Der moralisch-ethische Impetus eines Kurd Laßwitz war ihm fremd, und er übernahm später auch durchaus völkisch-nationales Gedankengut seiner Zeit. In einer seiner frühen Zukunftsvisionen von 1903 schildert Dominik das Berlin des Jahres 1970. Den Hafen Wannsee können Überseeschiffe anlaufen, und der Berliner Tiergarten ist zum Reservat für milliardenschwere Industrielle geworden. Unterhalb von Berlin werden Kali-Steinkohle-Lager abgebaut, und es wird nach Gold geschürft.

Auf dem Weg ins 20. Jahrhundert

Die Wende zum 20. Jahrhundert war geprägt von phantastischen Zukunftserwartungen. Sammelbilder, die etwa von Kaufhäusern oder

Schokoladefabriken herausgegeben wurden, und Postkarten der Pariser Weltausstellung von 1900 zeigen eine zukünftige Wunderwelt, in der alle möglichen Tätigkeiten des Alltags mechanisiert bzw. automatisiert werden. Zu sehen sind neuartige Verkehrsmittel, vor allem Fluggeräte, kuriose neue Sportarten und vieles mehr. (Hätte man damals einige der neuen Sportarten beschrieben, die in den letzten zwei Generationen unserer Gegenwart praktiziert werden, wäre man allerdings wohl auf Unglauben gestoßen.) Zeitschriften, Bücher und „Heftchen" waren voll von spannenden und immer phantastischeren Zukunftsgeschichten.

Daneben gab es auch eine Reihe gesellschaftlicher Zukunftsentwürfe bzw. Anti-Utopien. Sie entstanden zu einem großen Teil in der Nachfolge von Edward Bellamys sozialistischer Utopie „Ein Rückblick aus dem Jahre 2000 auf das Jahr 1887". Die Angst vor einer Übernahme der Macht in Deutschland durch die Sozialdemokratie hat nach 1890 die Feder zahlreicher deutscher Zukunftsautoren geführt. Die Wahlerfolge der Sozialdemokratie nach der Aufhebung des Sozialistengesetzes ließen viele schwarz bzw. rot für die Zukunft sehen.

Auch die Angst vor einer „Mulierokratie", einer Weiberherrschaft, in der Zukunft treibt viele Utopisten um, gewiss eine Folge der weltweit ins Licht der Öffentlichkeit tretenden Emanzipationsbewegung. Das führte 1900 in der Zeitschrift „Das neue Jahrhundert" zu einer besorgten Meldung über den Verlust eines Alleinstellungsmerkmals des Mannes: „Je mehr die Frau auf das Tätigkeitsgebiet des Mannes übergreift, je vielseitiger sie sich im öffentlichen Leben bestätigt [...], desto rascher wird die Frau dem Manne nachkommen und aus gleichen Gründen auch stärkeren Bartwuchses teilhaft werden. Heute sollen schon 10 % der Frauen stärkeren Bartwuchs zeigen; dieser Prozentsatz wird sich konsequent steigern und in freilich noch sehr ferner Zukunft wird der Bart nicht mehr das Attribut des Mannes sein."

Auch zukünftige Verteilungskämpfe um die Ressourcen der Erde wurden literarisch behandelt. Hier der Beginn einer Kurzgeschichte mit dem grammatikalisch falschen Titel „Als der Welt Kohle und Eisen ausging" aus dem Jahre 1913: „Es war im Jahr 1995. In Hamburg herrschte fieberhafte Aufregung. Die Zeitungsjungen schrien die Unglücksbotschaft aus; an allen Straßenecken klebten Plakate mit den neuesten Telegrammen: China hat die Erz- und Kohlenausfuhr gesperrt! Nachdem bereits vor 10 Jahren die Vereinigten Staaten von Amerika das Gleiche getan hatten, war somit das letzte Kohle und Erz fördernde Land für den Freiverkehr geschlossen. Europa, dessen Lager längst erschöpft waren, war ohne Erz ohne Kohle." Die Krise spitzt sich im Laufe der Erzählung zu, und die Armeen machen mobil. Ein unausweichlich scheinender Weltkrieg kann jedoch dadurch vermieden werden, dass man beginnt, Hochöfen mit Elektrizität zu heizen und Eisen aus der flüssigen Glut des Erdkerns zu gewinnen.

Dabei war die Gegenwart des beginnenden 20. Jahrhunderts aufregend genug, nicht nur weil 1910 der Halleysche Komet wieder an der Erde vorbeizog, was viele Menschen in Angst und Schrecken versetzte und die Selbstmordrate erhöhte. In den großen Städten wurde der Komet allerdings kräftig gefeiert, wobei, wie die Zeitschrift für populäre Astronomie „Sirius" missbilligend bemerkte „Trinken und Skandal die Hauptsache waren".

Was gab es denn für 1909 und 1910 sonst noch zu vermelden? Greifen wir einmal einige wenige Ereignisse heraus:

1909: In den USA wird der erste elektrische Toaster als Massenprodukt eingeführt. – Ebenfalls massenhaft produziert wird der erste Kunststoff, das von Leo Baekeland erfundene Bakelit. – Der Physik-Nobelpreis geht an den Italiener Guglielmo Marconi und den Deutschen Karl Ferdinand Braun für die Entwicklung der drahtlosen Telegraphie. – Den Chemie-Nobelpreis erhält der Deutsche Wilhelm Ostwald für die Erforschung chemischer Reaktionsabläufe. – Der erste Mensch am Nordpol ist Robert Edwin Peary; der Engländer Ernest Shackleton findet den magnetischen Nordpol. – Das erste Berliner Sechstagerennen findet statt. (Das weltweit erste lief 1891 in New York.) – In London legt man die erste Dauerwelle. – Die erste Internationale Luftfahrtausstellung (ILA) findet in Frankfurt am Main statt. – Der erste Skilift wird in Triberg im Schwarzwald in Betrieb genommen. – Ford setzt von seinem Serienmodell „T" 19.000 Autos ab, 20 Jahre später werden es 1,25 Mio. sein

1910: Japan annektiert Korea. – China schafft die Sklaverei ab. – Der 13. Dalai Lama flieht vor den Chinesen nach Indien. – Die Manhattan-Brücke in New York wird mit 448 Metern Stützweite fertig gestellt. Baubeginn war 1901. – Auch in diesem Jahr protestieren Menschen in Preußen gegen das Drei-Klassen-Wahlrecht. Allein in Berlin demonstrieren 150.000 Menschen. – Der Chemie-Nobelpreis geht an den Deutschen Otto Wallach für seine Erforschung der ätherischen Öle. – Die Kaiser-Wilhelm-Gesellschaft zur Förderung der Wissenschaften wird gegründet (Vorläuferin der späteren Deutschen Forschungsgemeinschaft). – Das erst wenige Jahre zuvor in Dienst gestellte Fünf-Mast-Vollschiff „Preußen" havariert und muss aufgegeben werden. – Erstmals werden Dieselmotore in Kraftwagen eingebaut. – Käthe Kruse fertigt ihre berühmten Puppen. – Der Deutsche Paul Heyse erhält den Literaturnobelpreis. – In Hamburg wird die Reemtsma-Zigarettenfabrik gegründet. – Wanderkinos verlieren gegenüber den festen Häusern an Bedeutung.

Die Welt in 100 Jahren

In diesen eben kurz umrissenen Jahren 1909 und 1910 entstand ein reich illustriertes Buch über eine damals ferne Zukunft, das, anders als die literarischen Visionen jener Zeit, von Experten verschiedener Bereiche geschriebene und möglichst sachliche Prognosen versammelte. Dem einflussreichen Journalisten und Schriftsteller Arthur Brehmer (1858–1923) gelang es, prominente, wir würden sagen, Experten zu gewinnen, sich Gedanken über eine Zukunft zu machen, in der sie persönlich schon seit langem das Zeitliche gesegnet haben würden. Ernst Lübbert (1879–1915) schuf die kongenialen Illustrationen für den Band.

Es entstand damals ein Buch, das heute ein gesuchtes und selten gefundenes Objekt auf dem Antiquariatsmarkt darstellt und das inhaltlich schon ein wenig in Richtung der Futurologie unserer Tage weist. Ganz gewiss kann man die heutige Arbeit der Zukunftsforscher, die mit Hilfe unermesslicher Datenmengen und Rechnerkapazitäten vorsichtig gewisse Trends für kommende Jahrzehnte vorauszusagen suchen, nicht mit der „Welt in 100 Jahren" vergleichen. Aber immerhin, die Experten von 1910 haben einige Treffer, „aus der Lostrommel der Zukunft" gezogen, wie Goethe es ausgedrückt hat, die erstaunlich sind.

Telephon in der Westentasche

Die spektakulärste Prognose von damals soll sofort erwähnt werden. Selbst in der Wolle gefärbte „Trekkies", also Verehrer des unendliche Weiten umfassenden Star-Trek-Universums, hätten es wohl auch noch Anfang der 90er Jahre des 20. Jahrhunderts kaum für möglich gehalten, dass der von ihren Helden jederzeit und überall mit sich getragene „Klapp-auf-klapp-zu-Kommunikator" in wenigen Jahren zum selbstverständlichen Utensil der Menschheit gehören würde, mit Möglichkeiten, von denen nicht einmal Mr. Spock zu träumen gewagt hätte.

Schon 1910 jedoch schrieb Robert Stoss über das „Telephon in der Westentasche", ja eigentlich schrieb er bereits über das iPhone. Man muss es, um es zu glauben, ab Seite 35 selber lesen.

Will man die in diesem Buch vereinigten 22 Aufsätze inhaltlich zusammenfassen, so ergeben sich im Wesentlichen drei Bereiche, nämlich der Bereich der Naturwissenschaft und Technik, der Politikbereich und der Bereich Gesellschaft und Kultur. Dabei ist es durchaus möglich, dass ein Aufsatz zu mehreren Bereichen Stellung nimmt, etwa wenn Überlegungen angestellt werden über die Auswirkungen des technischen Fortschritts auf Gesellschaft und Politik. Damit ist auch das entscheidende Wort gefallen, welches das verbindende Element für die sich mit verschiedenen Themen beschäftigenden Beiträge darstellt: Fortschritt. Es geht vorwärts, aufwärts mit der Menschheit; alles wird besser, das Leben schöner, leichter, länger. Das, was die Menschheit im Jahre 1910 quält, wird 100 Jahre später kaum noch eine oder gar keine Rolle mehr spielen.

Einsame Bauernhäuser wird es keine mehr geben

Ihre Grundlagen werde diese schöne neue Welt, ist man sich einig, im Aufschwung der Technik finden. Elektrizität und Radium, das sind die Schlüssel, mit Hilfe derer sich die Zauberwelt der Zukunft erschließen lässt. Der Bereich der Technik ist es auch, in dem die Zukunftspropheten aus heutiger Sicht die meisten Treffer landen können. Nicht nur der Nachrichtenübermittlung werden, so Hudson Maxim in seinem einführenden Beitrag, die neuen Medien dienen, sie werden auch einen hohen Freizeit- und Unterhaltungswert besitzen: „Einsame Bauernhäuser wird es keine mehr geben; das Volk wird sich vielmehr zu kleinen Städten mit hauptstädtischen Erholungs- und Vergnügungsplätzen zusammenfinden. Obgleich auch die kleinste Ortschaft ihr Theater haben wird, werden doch die Schauspieler nur in Newyork, London, Paris oder Wien leben und dort auch spielen. Die Bühne solch einer Kleinstadt wird ein einfacher Vorhang sein, und der ‚Hamlet', der in London gespielt wird, wird mittelst Fernseher, Fernsprecher und Fernharmonium auf dem Schirm, der die Bühne in Chautauqua ersetzt, reproduziert werden."

Die Elektrizität wird auf allen Gebieten zum Wohlergehen der Menschheit eingesetzt werden, etwa in der Landwirtschaft: „Es wird elektrisch geheizte Treibhäuser geben, die Tausende von Aeckern bedecken, und selbst die Landgüter unter nördlichem Klima werden ihre Sommer- und Winterernten haben. Man wird neue Methoden erfinden, das Wachstum der Pflanzen durch elektrische Wärme und elektrisches Licht zu beschleunigen. In Gärten, die in dieser Weise eingerichtet sein werden, wird es Johannisbeeren geben, so groß wie Damascenerpflaumen, Damascenerpflaumen in der Größe von Aepfeln, Aepfel, so groß wie Melonen, Erdbeeren, so groß wie Orangen, und alle werden in Form und Wohlgeschmack die besten von heut übertreffen, so daß sie selbst dem wählerischen Geschmack eines Gourmets entsprechen werden."

Sehr deutlich sah der elektrizitätsbegeisterte Prognostiker Maxim aber auch die Probleme einer derart energiehungrigen Welt voraus, indem er annahm, dass bei exzessiver Ausbeutung die Kohlelager für die Kraftwerke bald verbraucht sein würden. Sonnenenergie und Radium sind seine Antworten auf die Energiefrage: „Möglicherweise erfinden wir eine Art Motor, der die Wärme nutzbar machen kann, die von den Sonnenstrahlen ausgeht. Die Entdeckung der strahlenden Materie hat uns eine ganz neue Perspektive […] eröffnet, […]. Wenn es uns jemals gelingen sollte, sie dem menschlichen Gebrauch dienstbar zu machen, [könnten] wir bis in alle Ewigkeit hinein die Welt damit erleuchten, erwärmen und befahren."

Auch der Sozialdemokrat Eduard Bernstein warnt: „Wir treiben Raubbau mit den Schätzen der Erde." Doch er steht den Versuchen, Energie etwa aus der Sonneneinstrahlung oder dem Wechsel der Gezeiten zu gewinnen, skeptisch gegenüber. Dies sei zwar technisch möglich, ökonomisch gesehen rechne es sich jedoch nicht.

Wundermittel Radium

Von dem aus Pechblende gewonnenen strahlenden Element des Ehepaares Curie, dem Radium, erwartete man eine völlige Veränderung des menschlichen Daseins. Ihm ist ein eigener Beitrag gewidmet. Dr. Everard Hustler sieht in allen Lebensbereichen das Radium wirksam werden:
- Radium wird den elektrischen Strom für Zwecke der Beleuchtung ersetzen;
- Radium wird das Wachstum der Pflanzen fördern;
- Radium wird zum unfehlbaren Heilmittel gegen Krebs, Tuberkulose, Blindheit, den Alterungsprozess und viele andere Krankheiten:

„Es besteht gar kein Zweifel darüber, daß wir zu der Annahme berechtigt sind, die Zukunft werde dem Radium ein *Zeitalter völliger Krankheitslosigkeit* danken."

Aber nicht nur die heilende Kraft der strahlenden Materie werde die Welt verändern, auch ihre zerstörerische Macht würde sich mittelbar zum Glück der Menschheit auswirken, indem gerade diese einen ewigen Frieden gewährleiste, dadurch nämlich, dass das Radium Vernichtungswaffen mit so zerstörerischer Wirkung ausstatten werde, dass kein Schutz gegen sie möglich wäre und die Kontrahenten in die Lage gesetzt würden, sich gegenseitig zu eliminieren: „Ein Krieg zum Beispiel wird nicht mehr in den Bereich der Möglichkeiten gehören. Wenn auch die Menschheit an sich nicht so weit sein wird, alle Kriege und jedwedes Blutvergießen für ihrer unwürdig zu halten, so wird doch die Wissenschaft soweit sein, sie zu dieser Weltanschauung zu zwingen und zu bekehren. Der Krieg ist nämlich nur solange möglich, bis unsere Mittel dazu nicht ausreichende sind. Das heißt, so lange uns keine Waffe zu Gebote steht, gegen die es keine Gegenwehr gibt und deren alles zerstörender Wirkung wir verteidigungslos ausgesetzt sind. [...] Im Radium nun hat man endlich die Waffe gefunden, die mit all diesen Möglichkeiten aufräumt und dafür die Unmöglichkeit der Verteidigung setzt."

Friede

Dass der Fortschritt in der Waffentechnik letztendlich zum Urheber für einen dauerhaften Weltfrieden werden wird, ist auch die Überzeugung der Pazifistin Bertha von Suttner. In ihrem als historischer Vortrag aus dem Jahre 2009 verkleideten Beitrag „Der Friede in 100 Jahren" ist bereits der mögliche „Druck auf den Knopf" – ein Topos im politischen Kommentar in den Zeiten des Kalten Krieges und auch noch zu Anfang des 21. Jahrhunderts – der eigentliche Friedensstifter: „Wir sind im Besitze von so gewaltigen Vernichtungskräften, dass jeder von zwei Gegnern geführte Kampf nur Doppelselbstmord wäre. Wenn man mit einem Druck auf einen Knopf, auf jede beliebige Distanz hin, jede beliebige Menschen- oder Häusermasse pulverisieren kann, so weiß ich nicht, nach welchen taktischen und strategischen Regeln man mit solchen Mitteln noch ein Völkerduell austragen könnte."

Dass eine Pazifistin den *Krieg*, wenn auch nur einen möglichen, als Prämisse für einen dauerhaften Weltfrieden ansieht, überrascht auch dann, wenn man berücksichtigt, dass das waffenstarrende Europa jener Zeit Gedanken an freiwillige Abrüstung geradezu absurd erscheinen ließ.

Luftfahrt

Ganz dem deutschen „Griff nach der Weltmacht" angepasst ist das Pendant zu Bertha von Suttners „Frieden in 100 Jahren", der „Krieg in 100 Jahren" von Rudolf Martin. „Deutschlands Zukunft liegt in der Luft" könnte man den Beitrag auch beschreiben, in dem Deutschland 2010 zur führenden Luftmacht der Welt geworden ist: Alle großen international engagierten Luftfahrtgesellschaften befinden sich dann in deutscher Hand.

Eigene Luftkriegsflotten unterhalten die Staaten im Übrigen nicht, sondern man beschlagnahmt im Kriegsfalle die ungeheure Menge privater Luftfahrzeuge. Eine herausragende Rolle kommt im Bereich dessen, was da von Menschenhand im Himmel gesteuert wird, den Luftschiffen und nicht den Starrflüglern zu; erstere sind als Vakuumschiffe im Jahre 2010 technisch vollkommen ausgereift. Damit befindet sich Martin in Einklang mit anderen Prognosen, die noch bis in die dreißiger Jahre des 20. Jahrhunderts dem Zeppelin die entscheidende Rolle bei der Beherrschung des Luftraumes zuwiesen.

Für Martins Europa von 2010 ist die Luftfahrt zum Friedensstifter geworden: „Der zunehmende Luftverkehr hat eine solche Menge gemeinsamer Bedürfnisse und Interessen geschaffen, dass in hundert Jahren sämtliche europäischen Staaten als Staatengemeinschaft ein gemeinsames europäisches Parlament und eine gemeinsame europäische Gesetzgebung haben. Durch die gemeinsame Gesetzgebung und durch die Verfassung der europäischen Staatengemeinschaft ist aber ein Krieg zwischen europäischen Staaten nicht nur ausdrücklich untersagt, sondern auch tatsächlich zur Unmöglichkeit geworden."

Kolonien

Krieg wird aber nach Ansicht Martins mit den schlachtentscheidenden Luftflotten auch weiterhin fleißig geführt, und zwar zwischen Europa auf der einen und asiatischen Mächten auf der anderen Seite. Außerdem werden die Luftschiffe ständig eingesetzt, um Aufstände in den überseeischen Kolonien der Europäer niederzuwerfen, wobei die Luftflotten namentlich Englands und Deutschlands einträchtig Seit' an Seit' kämpfen.

Eine wichtige Rolle spielen Luftfahrzeuge auch in dem Beitrag des berühmt-berüchtigten deutschen Kolonialpolitikers Carl Peters (im Buch Karl), der eine Geschichte von Lufthäusern über Afrika erzählt, in denen die Kolonialherren der Zukunft wegen der besseren klimatischen Verhältnisse wohnen. Es sind im Wesentlichen die Briten, denen Afrika und die übrige „Dritte Welt" gehört, und zwar „zur ungestörten kapitalistischen Ausbeutung, worauf es doch im Grunde ankam".

Die Deutschen, giftet Peters, hätten durch eine zu „weiche" Politik, die auch den Farbigen Rechte zugestanden habe, ihre gesamten Besitzungen verloren, da diese Politik die Schwarzen zu Rebellionen ermuntert hätte. 1953 hätte dann eine allgemeine Erhebung zum Ende der deutschen Kolonialmacht geführt, die sich nur Kamerun und Togo habe bewahren können.

Emanzipation

Eine aus ihrer Sicht negative Zukunftsutopie entwirft auch Ellen Key. Die Emanzipation der Frau und die Arbeiterbewegung werden verantwortlich gemacht für Umweltzerstörung, sozialistische Planwirtschaft und Androgynie: „Alle modernen Sommerfrischen sind submarine Villenstädte, denn die Landschaftsschönheiten der Erde sind alle zerstört, teils durch Verwertung für die Industrie, durch Gebäude, Kabel und dergleichen mehr, teils durch die noch bis zur Mitte des zwanzigsten Jahrhunderts in Luftballons geführten Kriege. Die ‚Landwirtschaft' wird jetzt in chemischen Fabriken betrieben, und in diesen vollzieht sich die Arbeit, wie überall, durch Drücken auf Serien elektrischer Knöpfe."

„Alle Männer und Frauen haben den Tag in vier gleiche Arbeitspensa eingeteilt: sechs Stunden Schlaf, sechs Stunden Arbeit bei den elektrischen Drückern, sechs Stunden im Parlament und sechs Stunden Gesellschaftsleben. Die Parlamente tagen ständig. […] Und bei den Alltagssessionen wird alles bestimmt: von der Größe der Stecknadelköpfe und der Zusammensetzung der Eßpillen bis zu der Kinderquantität, die die Bedürfnisse der Gesellschaft im folgenden Jahre erfordern, und der Ideenqualität, die im Interesse des Gemeinwohls für den genannten Zeitraum zulässig erscheint."

„Der männliche und der weibliche Typus sind in so hohem Grade verschmolzen, dass der Blick nur durch gewisse, aus Zweckmäßigkeitsgründen noch beibehaltene Verschiedenheiten in der Kleidung die Geschlechter unterscheiden kann."

Demokratie

Ein wesentlich freundlicheres Bild der zukünftigen Gesellschaft entwirft der prominente Reformsozialist Eduard Bernstein. Bernstein rechnet gegenwärtige ökonomische Daten hoch und kommt zum Schluss, dass die ständige Zunahme der Industriearbeiterzahl zu Lasten der Landwirtschaft zwangsläufig zu einer demokratischen Regierungsform und zum Sieg der sozialen Ideen der Arbeiterklasse führen werde. Dieser werde aber nicht zu einer Uniformierung des gesamten Lebens führen, wie die Gegner der Sozialdemokratie behaupteten. Allerdings ginge auch eine sozialistische Gesellschaft keinem Schlaraffenleben entgegen. „Dagegen wird die Armut als soziale Erscheinung verschwinden, wie die heutige Art der Reichtumsansammlung und die ihr entsprechenden sozialen Auffassungen und Luxustendenzen verschwinden werden, ohne dass die *Pflege des Schönen* darunter leiden wird."

Verbrechen

Dass die Entwicklung der menschlichen Gesellschaft einen eher positiven Verlauf nehmen werde, ist auch die Ansicht des damals berühmten Psychologen und Kriminologen Lombroso. Er sagt eine Abnahme der Verbrechensrate voraus. Das Verbrechen selbst werde in zunehmendem Maße als Krankheit aufgefasst und die Täter in entsprechenden Krankenhäusern behandelt werden. Ähnlich wie Geisteskranken wird ihnen die Zeugung von Nachkommenschaft verwehrt werden, was wiederum zum Verbrechensrückgang führen werde.

Zwar werde es, bedingt durch die technische Entwicklung, neue Arten von Verbrechen geben, jedoch werde die Technisierung auch neue Möglichkeiten der Verbrechensbekämpfung schaffen, was wiederum positive Auswirkungen auf die Verbrechensrate zeitige. Zunehmen würden allerdings die durch Frauen begangenen Verbrechen. (Die Emanzipation wird in allen Bereichen wirksam.) Die zunehmende „Hast des Lebens" und der steigende Alkoholkonsum werden nach Meinung Lombrosos die Zahl der Geisteskrankheiten erhöhen.

Kunst, Kultur, Sport

Prognostiker, die Entwicklungen auf der Grundlage sich abzeichnender Trends in Technik, Wirtschaft und Gesellschaft vorhersagen, haben es zweifellos leichter als jene, die sich an Aussagen über die Zukunft im Bereich der Kultur wagen. Denn immerhin können erstere auf bestimmte vorhandene Daten und Ereignisse rekurrieren, während die zuletzt Genannten auf zukünftige Tendenzen der menschlichen Kreativität eingehen sollen, was natürlich ungleich schwieriger ist. Dennoch versuchen einige Autoren, die Auswirkungen gesellschaftlicher und technischer Entwicklungen auf die Kunst der Zukunft zu prognostizieren, wie etwa der Schriftsteller und Kritiker Hermann Bahr. Er meint, dass durch den zu erwartenden allgemeinen Wohlstand die Literaturproduktion zurückgehen werde, da ein Motiv für die Entstehung von Literatur, der Broterwerb nämlich, wegfallen werde, denn das Einkommen werde ohne Arbeit gesichert sein.

Die Bildenden Künste werden sich nach Meinung Cesare del Lottos im Jahre 2010 durch das Radium und vor allem die Luftschifffahrt verändert haben. Man werde mit strahlender Materie malen, und das menschliche Auge werde sich so verändern, dass es, Röntgenapparaten gleich, auch diese Strahlen werde wahrnehmen können. Die größte Umwälzung in der Kunst und der Kunstbetrachtung aber werde durch die Fliegerei bewirkt werden:

„Wir werden die Dinge von einer anderen Perspektive aus sehen, als wir sie jetzt sehen, und das wird in den Werken der Kunst auch zum Ausdruck kommen. Wir werden in den Höhen, in denen unser Flug sich bewegen wird, unsere Eindrücke in ganz neuen Luftschichten, unter ganz anderen Brechungsverhältnissen des Lichts empfangen, und wir werden diese Eindrücke auf unseren Bildern festhalten müssen, und es werden sich ebenso große Unterschiede daraus ergeben, wie sie Atelierbild und Freilichtbild heute schon aufweisen. […]

Noch bedeutender aber dürfte die Umwälzung auf dem Gebiete der Plastik werden, und namentlich die Reliefkunst dürfte zu ungeahnter Bedeutung gelangen. […] Sie [die Monumente der Zukunft] werden also derartig geschaffen sein, dass sie ihre volle künstlerische Wirkung sowohl von unten aus […] als auch von oben aus üben. Und da die Entfernungen, von denen aus die Überfliegenden das Monument sehen werden, weit größere sein werden als die sind, die gegenwärtig den Abstand zwischen Kunstwerk und Beschauer bilden, so werden auch die Monumente dementsprechende gewaltige Dimensionen annehmen müssen; Dimensionen, die zum mindesten der Basis der ägyptischen Pyramiden entsprechen müssten."

Auch der Sport wird durch die Luftfahrt tief greifende Veränderungen erfahren. Die Höhen- und Distanzwettflieger und die „Luftschwimmer" werden den erdgebundenen Sport verdrängt haben. Der menschliche Körper werde im Übrigen immer kleiner und leichter werden, und im Sport werde es zunehmend auf Leistungen des Geistes und weniger auf die des Körpers ankommen, so die Prognose von Charles Dona Edward.

Es gibt kein Unmöglich mehr

Schöne neue Welt der Technik! Wie stark der Glaube an die Möglichkeiten des technischen Fortschritts in jener Zeit ausgeprägt war, zeigt ein Satz aus dem beliebten Jahrbuch „Das Neue Universum": „Es gibt kein Unmöglich mehr, die Technik überwindet jede Schwierigkeit." Vier Jahre nach den Prophezeiungen des Sammelbandes „Die Welt in 100 Jahren" zeigte der Erste Weltkrieg, dass moderne Wissenschaft und Technik auch anderes vermögen, als die Entwicklung des Menschengeschlechts zu befördern.

Der Illustrator des Bandes, Ernst Lübbert, fiel im August 1915 in Weißrussland bei einem Sturmangriff.

Die Welt in hundert Jahren

Unter Mitwirkung von:
Hermann Bahr, Eduard Bernstein, B. Björnson, Hofrat Max Burckhard, Dora Dyx, Alexander von Gleichen-Rußwurm, Professor Dr. Everard Hustler, Baronin von Hutten, Ellen Key, Dr. Wilhelm Kienzl, Cesare Lombroso, Reg.-Rat Martin, Hudson Maxim, Dr. Karl Peters, Prof. Garrett P. Serviss, Robert Sloss, Jehann van der Straaten, Bertha Baronin von Suttner, Fred. Wolwarth Brown.

Herausgegeben von Arthur Brehmer.
Mit Illustrationen von Ernst Lübbert.

Verlagsanstalt Buntdruck G. m. b. H.
Berlin SW. 68.

Vorwort.

Seit je war es das grosse Sehnen der Menschheit, von der Zukunft den Schleier zu heben und einen Blick in die Zeiten zu tun, die kommen werden, wenn wir nicht mehr sind. Propheten und Seher sind uns erstanden, falsche und echte; Träumer und Wisser. Männer, die selbst den Keim mit gelegt haben zu dem, was werden wird, und die gestützt auf das, was jetzt schon erreicht ist, und was uns die Jahrhunderte brachten, in klarer, logischer, wissenschaftlich unanfechtbarer Folgerung, das Bild der Welt zu entwerfen vermögen, das die kommenden Zeiten uns zeichnet. Und dieses Bild ist so grosser Verheissungen voll, daß diese uns oft anmuten gleich Märchen, und doch ist in unserer alles überholenden Zeit vieles von dem, was uns am märchenhaftesten scheint, seit der kurzen Spanne Zeit, die vergangen ist, seit es geschrieben, doch schon zur Wahrheit geworden. Dadurch aber erhält das, was uns als in der Zukunft liegend noch weiter geschildert wird, doppelten Wert.

Der Verlag.

Das 1000 jährige Reich der Maschinen.
Von Hudson Maxim.

Könnten wir durch den weiten Weltenraum mit einer ausreichend großen Geschwindigkeit fliegen, so würden wir die Strahlen des von unserer Erde vor tausend und abertausend Jahren ausgegangenen Lichtes überholen; und hätten wir unendlich weitblickende Augen, so könnten wir, während wir dahinfliegen, zurückschauen und könnten die ganze Geschichte unserer Erde sich wieder vor unseren Augen abwickeln sehen. Wir würden den Menschen wieder zu dem affenähnlichen Geschöpfe werden sehen und würden schließlich sehen, wie er und alle andern lebenden Wesen wieder zu dem Urtierchen wird, das in dem azoischen Meere mit aufging.

Was für eine Wunderwelt aber würde sich uns erst erschließen, könnten wir uns auf ähnliche Weise Flügel nehmen und der Zukunft entgegeneilen, um dem Menschen auf seiner aufstrebenden Bahn zu folgen, bis er den Höhepunkt allen physischen, intellektuellen und ethischen Lebens erreicht haben wird, von dem aus der dann auf uns, seine Vorfahren, mit demselben staunenden Blick zurückschauen wird, der uns bewegt, wenn wir die Spur unseres Aufstieges bis zu dem Ursprung des Menschen verfolgen. Denn wenn wir der irdischen Entwicklung immer weiter und weiter nachgehen würden, dann würden wir sehen, wie die Sonne sich nach und nach abkühlt und wie sie ihr Licht verliert und es auch uns damit nimmt, und wir

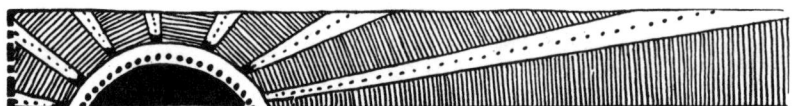

würden das seltsame Schauspiel vor uns sehen, daß die ausgetrocknete Erde gierig die Seen aufschluckt und aufsaugt, und daß der Mensch wieder gezwungen wird, ein Höhlenbewohner zu werden, der ebenso nach Wasser gräbt, wie wir jetzt nach Gold. Denn das Wasser wird seltener und kostbarer sein als jetzt das Gold ist.

Ein Blick in die Zukunft.

Kein Mensch ist imstande, die Zukunft voraus zu verkünden, es sei denn, daß er dies aus der Kenntnis der Gegenwart heraus tut — dann aber muß eben das, was er voraussagt, notgedrungen das ideelle Resultat sein, das sich aus den gegenwärtigen Strömungen, Errungenschaften und Entwicklungsphasen ergibt. Es kann naturgemäß keine Wirkung ohne Ursache geben, und widerum keine Ursache, die nicht an sich wieder eine Wirkung einer vorhergegangenen Ursache ist. Jede Wirkung ist im ewigen Kreislauf Ursache zu anderen Wirkungen, die ihr wieder genau gleich sind. Es kann deshalb in der Natur keine Wirkungen mehr geben, die nicht den veranlassenden Ursachen gleichen.

Jedes vorhandene Atom folgt einer mathematisch genauen Bahn, die sicher durch die von allen anderen bestehenden Atomen ausgeübten Kräfte genau ebenso bestimmt ist, wie ein Stern nicht gehen kann, wohin er will, sondern seiner vorgeschriebenen Himmelsbahn folgen muß. Wir wissen daher, daß die Summe aller Kräfte der gesamten Natur bis zum gegenwärtigen Augenblick genau der Summe der gesamten Kräfte gleich ist, die von den Atomen unter sich auf einander ausgeübt werden. Und deshalb wissen wir auch, daß alle Ereignisse der Geschichte, alle Himmelserscheinungen, alle Produkte der organischen und anorganischen, der beseelten und unbeseelten Natur die ganze Zeit hindurch genau diejenigen gewesen sind, die der Summe der vereinten Kräfte aller vorhandenen und auf einander wirkenden Atome entsprechen.

In der Natur gibt es keinen Zufall. Es gibt kein derartiges Ding, wie Glück oder Gelegenheit. Unser Leben stellt nur ein ganz geringes Teilchen der großen kosmischen Entwicklung dar, und sogar

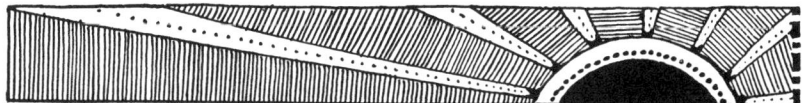

unser freier Wille ist vorausbestimmt, gerade so zu wollen und nicht anders wie er will; denn wir können, wenn keine Ursache zum Wollen da ist, ebenso wenig wollen, wie eine Sonne von ihrer Bahn abgelenkt werden kann, wenn keine Ablenkungsursache da ist.

Hätten wir, die wir auf der Schwelle alles dessen, was kommen wird, stehen, von allen jetzt wirkenden Ursachen genaue Kenntnis, und würden wir ihre Kraft und die Richtung kennen, in der sie sich äußern, dann würden wir einen weitreichenden Ausblick in die Zukunft haben. Da aber unser Wissen, so groß es auch ist, nur gering ist, und da unsere Kräfte beschränkt sind, so können wir weiter nichts tun, als allgemeine Betrachtungen anstellen, die auf dem, was wir wissen, aufgebaut sind.

Was können wir prophezeien?

Es gibt mancherlei, was wir trotz unserer Unzulänglichkeit bis zu einem gewissen Grade sicher voraussagen können. Man kann zum Beispiel sicher vorhersagen, daß das menschliche Vorwärtsstreben von jetzt ab weit schneller von statten gehen wird, als es jemals bisher der Fall gewesen ist, und daß vermutlich das Jahrtausend der ideellen Vollendung nicht mehr so fern sein kann, wie unsere Zeit dies anzunehmen gewohnt war.

Die Gegenwart ist ein Zeitalter mechanischer und chemischer Entdeckungen und Erfindungen. Sie ist eine wissenschaftliche Epoche und eine Periode materieller Vollendung; ihr aber wird eine soziologische Zeit folgen, eine Aera der ethischen und philosophischen Vollendung und der Entwicklung einer höheren psychischen Kultur — kurz eine Reife der geistigen und moralischen Eigenschaften, die zu höchster Blüte gelangen werden.

Schon in der gegenwärtigen Zeit stehen wir, vom menschlichen Gesichtspunkte aus betrachtet, auf einer ganz beträchtlich höheren Stufe als die Alten. In den alten Zeiten gab es keine Anerkennung von Dingen, wie beispielsweise unsere unveräußerlichen Menschenrechte es sind; und ein Volk, in dessen Macht es stand, ein anderes mit Erfolg zu berauben

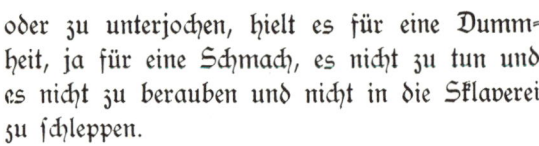

oder zu unterjochen, hielt es für eine Dummheit, ja für eine Schmach, es nicht zu tun und es nicht zu berauben und nicht in die Sklaverei zu schleppen.

Als Julius Cäsar über das Lager der Germanen herfiel, während die Friedensverhandlungen schwebten, und er sie überraschte und in paar Stunden zweihundertundfünfzigtausend Männer, Weiber und Kinder erschlug, da hielt man das für ein Meisterstück echt römischer Politik; denn die Römer ersahen ja für sich von seiten dieser Germanen gar keinen Nutzen.

Eine der größten Segnungen der modernen Zivilisation ist aber die Erweiterung der menschlichen Nutzbarkeit. Und man würde es heutzutage nicht nur als eine Grausamkeit, sondern geradezu als eine unverantwortliche Verschwendung an Menschenleben ansehen, wenn jemand über ein benachbartes Volk herfallen und es bis auf den letzten Mann niedermetzeln wollte.

Es ist eben glücklicherweise ein wachsendes Verständnis dafür da, daß die Welt, die wir bewohnen, nur ein einziges großes, einheitliches Vaterland ist. Der Patriotismus wagt sich jetzt schon über die nationalen Grenzlinien hinaus. Ein zunehmender Geist internationaler Verbrüderung ist vorhanden, und eine immer allgemeiner werdende Erkenntnis bricht sich Bahn, daß ja doch im Grunde alle Menschen an einer gemeinsamen Tafel essen und an einem gemeinschaftlichen Herdfeuer sitzen. Und sagen wir's uns doch selbst, erfreut man sich der Wärme eines Feuers nicht mehr, wenn man auch andere sich mit daran wärmen läßt, und wenn man sie nicht auf Kosten jener anderen, die in der Kälte stehen und frieren müssen, für sich monopolisiert und mit Beschlag belegt?

Die Hälfte eines Bissens, von dem man anderen abgibt, schmeckt tausendmal besser als der ganze Bissen, den man ungeteilt selber genießt. Nur die volle Gegenseitigkeit im Genuß des Besitzes gibt diesem seinen Wert.

Gütergemeinschaft.

Carnegie bringt Hunderte von Bibliotheken in dem großen Hause „Welt" unter, das er mit der Menschheit bewohnt. J. P. Morgan hängt an die Mauern dieses Hauses lauter Bilder, die er den Museen seines Landes schenkt. Rockefeller gibt Millionen aus, um seinen Einfluß zu vergrößern und sich in der Welt Anerkennung zu verschaffen, in der ja auch er und seine Kinder leben müssen. Menschenfreunde aller Art spenden jährlich große Summen für die Ausgestaltung der Städte und machen sie dadurch nicht nur für andere, sondern auch für sich selbst reizvoller und schöner.

Ein großer französischer Philosoph sagte einst mit Recht: „Alles Gesetz, alle Philosophie und alle Weisheit hängen nur von der Anwendung folgender Grundsätze ab: Mäßige Dich. Erziehe Dich und lebe für Deine Mitmenschen, auf daß auch sie für Dich leben." Und der, der nach diesen Gesichtspunkten lebt, ist sicherlich der tüchtigste Geschäftsmann.

Es gibt keinen allgemeiner verbreiteten Fehler, als den, zu glauben, daß Selbstlosigkeit und Nächstenliebe eine bloße Gefühlssache seien. Nein, sie haben eine recht große praktische, ich möchte sagen geschäftliche Seite, eine Seite, die ein klein wenig von kühler, berechnender Politik an sich hat. Gänzliche Selbstlosigkeit und vollkommene Nächstenliebe führen zu einem gemeinsamen Ziel, an welchem das Leben in der Formel einer Gleichung steht: hier ich — dort die anderen, und ich und die anderen sind gleich.

Wenn es zwei Menschen gäbe, die beide mit demselben Wissen, derselben Klugheit und demselben Können ihren Weg gehen, von denen aber der eine von ausschließlich selbstischen Motiven getrieben wird, während der andere von rein menschenfreundlichen Beweggründen ausgehen würde, so würde der eine, Anderen durch seinen eigenen Selbst-

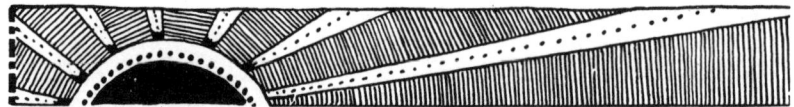

dienst, der andere aber sich selber dadurch dienen, daß er den Anderen einen Dienst erwiesen hat. Der Altruist würde es für nötig halten, sich selber im Interesse der anderen zu erhalten, der Egoist aber würde finden, daß er die anderen in seinem Interesse erhalten müsse.

Wenn wir — um ein Beispiel anzuführen — einen Zustand so großer mechanischer und wissenschaftlicher Vollendung annehmen könnten, daß alles, was wir wollen und brauchen, durch den bloßen Druck auf einen Knopf herbeigeschafft werden könnte — nur unser Zusammengehörigkeitsgefühl, unsere Sympathie und unsere Liebe nicht, dann würde es keinen Platz auf der Welt geben, der nicht einem Gefängnisse gliche, denn jedes Glücksempfinden würde uns fehlen, und wir würden alle Qualen durchmachen, die der Sträfling in der Einzelhaft durchmacht. Ja, das würden wir, denn so sehr sind wir auch in seelischer Hinsicht aufeinander angewiesen.

Der erste Schritt, den man beim Herannahen des tausendjährigen Reiches*) unternehmen muß, ist der, den großen menschlichen Entwicklungsgang den tausendfältigen Möglichkeiten desselben anzupassen. Es kann kein tausendjähriges Reich, d. h. keinen Weg, ein vollkommenes Gemeinwesen zu schaffen, geben, ehe nicht das Unkraut aus dem großen Garten der Menschheit ausgejätet ist, dieses Unkraut, das jetzt in dem Gewächshaus unserer ungezähmten Leidenschaften wild emporwuchert, in dem es mit Gift befruchtet und mit Alkohol getränkt wird.

Der humanitäre Fortschritt.

Gerade so, wie sich Amerika das Recht vorbehalten hat, nur d i e Einwanderer aufzunehmen, die ganz bestimmten Bedingungen entsprechen, und die sie geeignet machen, in der neuen Heimat zu wohnen und ihr Blut mit den bisherigen Bürgern zu mischen, ebenso hat auch die Menschheit das Recht, zu bestimmen, was für ein Blut sie auch fernerhin

---

*) Der Ausdruck: das „tausendjährige Reich" entstammt dem Glauben der Chiliasten an ein 1000 jähriges Reich der Frommen nach der sichtbaren Wiederkunft des Messias. Dieses Reich soll das bevorstehende Zeitalter des Geistes werden. Hudson Maxim macht sich diese Idee zunutze, um uns das 1000 jährige Reich unserer fortgeschrittenen Entwicklung zu zeigen.

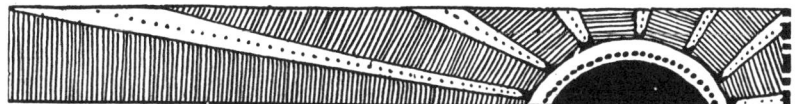

in dem großen Menschenstrom fließen lassen will, und wir werden zweifellos auch bald dazu kommen, dieses unser Recht auszuüben und den Menschen aufzuzwingen. Damit, daß wir einen Missetäter bestrafen und ihn dann wieder freilassen, ist für die Menschheit gar nichts gewonnen. Wir müssen ihn vor allem vollständig isolieren. Der Verbrecher wird künftig wie ein Aussätziger behandelt werden; kein Mensch wird aber fernerhin daran denken, wegen Diebstahls oder Mordes Strafen zu verhängen, so wie wir ja auch auf Wahnsinn und Pocken keine Strafen ausgesetzt haben. Und gerade dadurch wird die Allgemeinheit viel wirksamer vor Verbrechen geschützt sein, als es jetzt der Fall ist. Die Unwissenheit des Barbarentums verleitet uns noch immer dazu, Menschen wegen irdischer Vergehen einzukerkern, die zu begehen sie direkt gezwungen waren, da der ganze Impuls ihrer Seele sie zum Verbrechen trieb. Das zu tun, ist ebenso unklug, wie wenn wir einen Aussätzigen absperren, sobald sich das erste Anzeichen seiner Krankheit zeigt, um ihn dann aber wieder freizulassen und ihm Gelegenheit zu geben, sich unter die Menge zu mischen und andere anzustecken, worauf wir ihn abermals einsperren und wieder in Freiheit setzen, und ihn dadurch immer wieder befähigen, die Krankheit in immer weitere Kreise zu tragen.

Das Allheilmittel gegen die Verbrecher wird künftig in der Schaffung einer großen Reservation für die Aufnahme und Absonderung des Abschaums der menschlichen Gesellschaft bestehen. Diese Institution wird eine nationale Einrichtung werden. Sie wird nicht irgend einem der uns jetzt bekannten Gefängnisse gleichen, weil Güte und Mitleid ihre milden Wärterinnen sein werden. Ein großes Stück fruchtbaren Landes wird abgesteckt werden. Daraus wird ein ungeheurer Garten oder Park geschaffen werden, in welchem Hunderte von kleinen Farmen und Häuschen verteilt sein werden. Auch Städte mit schönen Wohnhäusern, mit Schulen und Bildungsanstalten, mit Klubs, Büchereien und Kunstgalerien wird es hier geben — kurz: jeder Fortschritt, der dem Kulturvolke jener kommenden Zeit gegeben wird, wird auch den Einwohnern der großen Kolonie psychischer Kranken zugute kommen. Nur eine einzige Einschränkung aber wird es geben, die nämlich, daß das Leben all derer, die in diesen großen Garten einziehen werden, keine Nachfolge finden wird. KeineTöchter

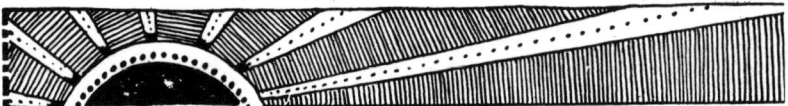

und keine Söhne werden vorhanden sein, um das Eigentum des dahingegangenen Fabrikanten, Haus= oder Grundbesitzers zu erben; denn alles Eigentum wird dem Gemeinwesen gehören, und bei dem Tode eines Insassen wird das Besitztum, welches er inne hatte, an das Gemeinwesen zurückfallen, um anderen Sündern, die aus der Außenwelt angelangt sind, zugewiesen zu werden. Sündern, denen auch nur erlaubt sein wird, ihr Dasein in Ruhe zu vollenden, deren Geschlecht aber untergehen und nicht wie bisher, das sich forterbende Stigma verbrecherischer Neigungen mit sich einhertragen wird.

Der Mensch ist ein kriegerisches Geschöpf. Das erste Dämmern der Sonne unserer Kultur brach durch eine Kriegswolke hindurch, und alles Licht, das sie bisher auf die Menschheit herniedergeschickt hat, gelangte nur durch einige wenige Risse in diesen Kriegswolken zu uns. Die Geschichte aller Nationen ist die Geschichte von Kriegen; aber während sich Armeen von Männern gegenseitig bekämpften und mit der Art niederschlugen, gab es in den Reihen der Kämpfenden selbst viel tödlichere Feinde, als ihre Schwerter und Waffen es waren.

Der Kampf mit der Krankheit.

In jedem Kriege kommen auf jeden einzelnen in der Schlacht Gefallenen Dutzende anderer, die Krankheit und Pestilenz dahingerafft haben. In den Kriegeswolken, die den Kampf mit den Krankheitskeimen aufnehmen, gibt es eben keine Risse. Da herrscht ein beständiger blutiger, immer weiter um sich greifender Krieg. Die schöne, reizende Tochter, in deren Gesicht Gesundheit und Glück lächeln, küßt einen Spielgefährten, an dessen Lippen die Bazillen der Tuberkulose haften, und fällt der schrecklichen Krankheit zum Opfer, und bei Diphtheritis, bei Scharlachfieber, Typhus und jeder anderen unserer zahlreichen ansteckenden Krankheiten droht ihr die Gefahr, selbst krank zu werden, ebenso oder noch mehr.

Wir haben noch keine Waffen, mit denen wir diesen Feind angreifen könnten. Wir müssen noch immer als hilflose Zuschauer zusehen, wie unsere Lieben von den mikroskopisch-kleinen Gegnern des Lebens un-

— 12 —

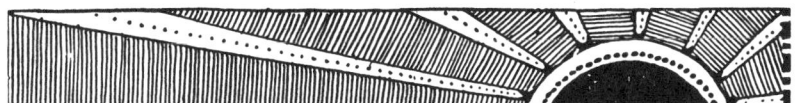

erbittlich dem Sensenmann überantwortet werden. Allerdings haben wir ein paar Gegenmittel gefunden; einige neue Behandlungsmethoden sind da und das Messer des Chirurgen. Die helfen aber leider nur wenig. Aus diesem Grunde haben wir eine immerwirkende Heilkraft auf das dringendste nötig. Eine Heilkraft, die alles zerstört, was unser Leben gefährdet, und alles erhält, was unserem Leben notwendig ist.

Mit anderen Worten: wir bedürfen der Entdeckung eines elektrochemischen Prozesses, durch welchen die Krankheitskeime im Gewebe, in der Lymphe und im Blute getötet werden, ohne den Zellen des lebendigen Körpers Schaden zu tun. Und daß dieses Problem wirklich gelöst werde, gehört zu den aussichtsreichsten Verheißungen der allernächsten Zukunft. Dann wird jedes Opfer jeder wie immer gearteten Krankheit in einem einzigen Tage wieder hergestellt werden können, und jede Krankheit wird mit einem Schlage verschwinden. Der aber, der dieses Problem endgültig lösen wird, wird der größte Wohltäter des Menschengeschlechts werden, größer als die Weltgeschichte jemals einen gehabt hat oder je wieder haben wird. Für einen anderen neben ihm ist kein zweiter Platz mehr vorhanden.

Chemiker, Elektriker und Physiker sollten dieser Aufgabe die ernsteste Beachtung schenken und tun es wohl auch, und ich möchte ihnen da gleich folgenden Wink geben, der ihnen möglicherweise von Nutzen sein könnte:

Seit geraumer Zeit ist es bekannt, daß, wenn man ein Diaphragma in einen Elektrolyten bringt und einen elektrischen Strom von ausreichenden Volts hindurchschickt, der Inhalt der einen Elektrodenkammer solange durch das Diaphragma hindurch in die andere eingepreßt wird, bis sich ein gewisser Druckunterschied zwischen den Lösungen der beiden Kammern eingestellt hat. Diesen Vorgang nennt man Elektro-Osmose oder Kataphorese Gerber verwenden Elektro-Osmose beim Gerben von Häuten, indem sie eine Gerblösung auf das Fell einwirken lassen; sie sparen auf diese Weise viel Zeit und viel Geld.

Meine Anregung geht nun dahin, den ganzen menschlichen Körper als einen Teil des Diaphragmas in der Elektro-Osmose oder Kataphorese zu verwenden und so heilkräftige bezw. Krankheitskeime zerstörende Chemikalien in und durch das Hautgewebe, die Lymphe und das

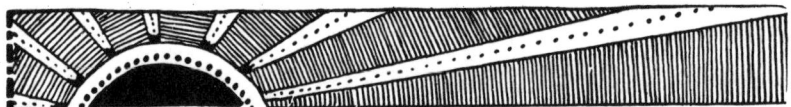

Blut zu preſſen. Könnte nicht zum Beiſpiel, wenn der menſchliche Körper einen Teil einer ſolchen Scheidewand darſtellen müßte, eine Chlorlöſung in die eine der Kammern gegoſſen und ein derartig ſtarker elektriſcher Strom hindurch geſchickt werden, daß das Chlor in und durch das menſchliche Zellengewebe, die Lymphe und das Blut gepreßt würde, wodurch alle Krankheitskeime zerſtört werden müßten, ohne daß dadurch die Gewebe und die flüſſigen Stoffe des Körpers auch nur im geringſten in Mitleidenſchaft gezogen würden?

Chlor iſt nämlich eines der ſtärkſten und wundervollſten Desinfektionsmittel, das unſere Wiſſenſchaft kennt; von ihm genügt eine weit ſchwächere Löſung als von den meiſten anderen, unſere Krankheitskeime zerſtörenden Chemikalien, wie zum Beiſpiel Karbolſäure (Phenol), Aetzſublimat und übermanganſaures Kali. Wenn die Bandagen einer friſchen Wunde ſofort mit einer ſchwachen Chlorlöſung, die ein wenig mit gewöhnlichem Kochſalz gemengt iſt, angefeuchtet und feucht gehalten werden, ſo vernarbt die Wunde faſt immer ohne jede Eiterung und hinterläßt keinerlei Schmerzhaftigkeit an der betreffenden Stelle. Das iſt doch ein augenſcheinlicher Beweis dafür, daß eine ausreichend ſtarke Chlorlöſung angewendet werden darf, um infizierende Krankheitskeime zu töten, ohne die Zellengewebe des menſchlichen Körpers in Mitleidenſchaft zu ziehen.

Der menſchliche Organismus iſt gleichſam eine komplizierte Maſchine. Er iſt eine Art elektriſcher Generator. Sein Blut iſt alkaliſch, während die Lymphe oder der Körperſaft ſeines Fleiſches ſauer iſt; beide ſind durch eine undurchdringliche Membran von einander getrennt, ſo daß ein Menſch wohl an einer Erkrankung des Blutes leiden kann, ohne dabei kranke Lymphgefäße haben zu müſſen. Umgekehrt können wieder ſeine Lymphgefäße erkrankt ſein, wie dies beiſpielsweiſe bei der Tuberkuloſe der Lymphgefäße, die wir unter den Namen Skrofuloſe kennen, der Fall iſt, ohne daß er an Tuberkuloſe des Blutes erkrankt zu ſein braucht. Um daher jeden Krankheitskeim in der Lymphe und im Blut, in den Knochen und in den Muskeln ſicher zu zerſtören. wäre es notwendig, den ganzen Körper einheitlich mit einem Desinfektionsmittel zu durchdringen.

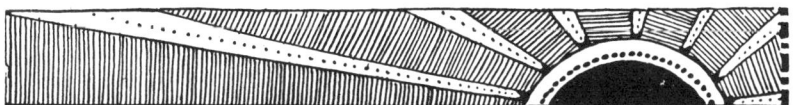

Und das zu erreichen, das muß das Ziel der desinfizierenden Elektro-Osmose sein. Ein Ziel, dem wir — ich wiederhole es — heute schon nahe sind.

Die Eroberung der Luft.

Die Eroberung der Luft, die zu verwirklichen wir jetzt schon beginnen, ist eine der großen Errungenschaften, die dem „tausendjährigen Reich" ganz besonders zu statten kommen werden. Alles, was uns das Reisen, den Verkehr und Transport zu erleichtern geschaffen ist, verringert für uns die Entfernungen, bringt uns das bisher Ferne näher und näher und macht uns den Fremden und Ausländern förmlich zum Landsmann, zum Nachbar und Freunde.

Der Mechaniker F u l t o n*) lehrte uns, wie wir dem Orkan trotzen und den Ozean zu unserem Fahrwasser machen können. M o r s e machte die Elektrizität zu unserem Sendboten, bei dem Zeit und Raum bei der Beförderung von Nachrichten keine Rolle mehr spielen, und A l e x a n d e r G r a h a m B e l l stellt uns den Fernhörer auf unseren Schreibtisch, so daß wir damit der Kunde aus aller Welt lauschen können. Jetzt, durch das Erscheinen der Flugmaschine, werden wir bald die irdische Landstraße verlassen und uns auf der unbegrenzten Himmelsbahn ergehen können. Bald werden wir unsere Luftautomobile haben und damit den sibirischen Himmel und die arktische Wüste durchkreuzen, und wir werden der Fata Morgana über die dürre Wüste hin nachjagen, wie wenn wir jetzt eine alltägliche Reise in ein benachbartes Land oder Städtchen machen.

Neue Kraftquellen.

Es gibt ein Problem, welches der Mensch bald zu lösen genötigt sein wird; denn von dessen Lösung hängt die Möglichkeit eines andauernden menschlichen Fortschrittes und einer fortschreitenden Zivilsation vollständig ab. Wir müssen einen Vorrat von Wärme und Kraft haben, der

---

*) Der Erfinder des Dampfschiffes.

Bald werden wir unsere Luftautomobile haben und damit den sibirischen Himmel durchkreuzen.

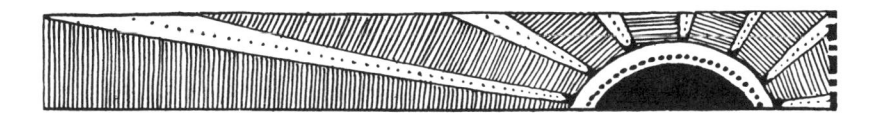

sowohl unerschöpflich in der Quantität, als auch billig in der Gewinnung ist. Ist erst diese Aufgabe gelöst, dann ist der menschliche Emporstieg sehr leicht.

Hätten wir eine Maschine, mittels welcher wir die in der Kohle schlummernden Kräfte ebenso vollständig ausnützen könnten, wie die Seemöwe den Kohlenstoff ausnutzt, den sie aus ihren Nährstoffen zieht, so würden wir aus unserem Feuerungsmaterial das Zehnfache der Kraft herausholen können, die wir jetzt brauchen, um die Räder unserer Maschinen zu drehen. Aber selbst wenn wir imstande wären, eine solche Maschine zu erfinden, so würde uns das doch noch lange nicht genügen, um unseren Bedarf auch für die Zukunft zu decken; denn die großen Kohlenlager der Erde könnten ja doch nur noch ein paar Jahrhunderte vorhalten. Bei dem jetzigen Stande des Kohlenverbrauchs werden alle jene großen Kohlenlager, welche die Sonne in der Kohlenzeit für uns angelegt hat, binnen wenigen Generationen aufgebraucht sein.

Aber nicht die Gefahr des Kohlenmangels allein droht uns, wir werden auch, wie es Lord Kelvin prophezeit hat, unsere Luft dabei völlig verbrannt haben; denn jede Tonne Kohle, die von uns verbraucht wird, macht 12 Tonnen Luft zum Atmen untauglich, so daß, wenn wir selbst hinreichend Kohle auf ganz unbegrenzte Zeit hätten, wir doch nicht genug Sauerstoff in der Luft vorrätig fänden, um sie zu verbrennen; denn die Luft würde schon bis zum Ersticken mit Kohlensäure angefüllt sein.

Möglicherweise erfinden wir eine Art Motor, der die Wärme nutzbar machen kann, die von den Sonnenstrahlen ausgeht. Man schätzt den Totalwert der Energie, welche die Erde von der Sonne empfängt, als gleichwertig mit der, die von einem Wasserfalle entwickelt werden würde, der, wenn er dem Niagarafall an Mächtigkeit gliche, 75 000 englische Meilen breit sein müßte, breit genug also, um die Erde dreimal damit zu umspannen. Die ungeheuere Kraft verteilt sich aber auf eine riesige Ausdehnung, daß die Schwierigkeit nur darin liegt, sie zu konzentrieren. Freilich ist die Wasserkraft selbst nichts anderes als eine indirekte Ausnutzung der Sonnenwärme. Aber würden wir auch wirklich jeden Strom, jeden Wasserfall und jeden Wasserlauf bis zu seiner höchsten Möglichkeit aus=

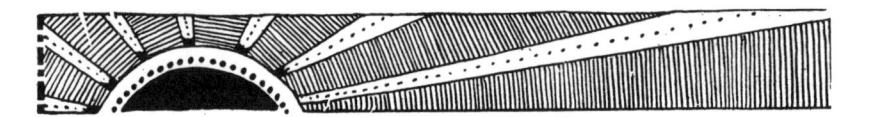

nutzen, so würde die also gewonnene Kraft doch nicht mehr ausreichen, den menschlichen Bedürfnissen zu genügen.

Die Entdeckung der strahlenden Materie hat uns eine ganz neue Perspektive und so wunderbare Möglichkeiten eröffnet, daß wir mit unserem gegenwärtigen Wissen kaum wagen können, an deren doch so zweifellose Verwirklichung auch nur zu glauben. Wir haben gefunden, daß die der Materie innewohnenden Molekularkräfte so über jeden irdischen Begriff hinausgehen, daß, wenn es uns jemals gelingen sollte, sie dem menschlichen Gebrauch dienstbar zu machen, wir bis in alle Ewigkeit hinein die Welt damit erleuchten, erwärmen und befahren könnten.

Jedes Molekül der Materie ist aus einer großen Anzahl kleiner Partikelchen zusammengesetzt, die wir Atome nennen; diese Atome aber bewegen sich mit einer Geschwindigkeit von 100 000 englischen Meilen in der Sekunde — d. i. mit mehr als der Hälfte der Geschwindigkeit des Lichts. Ins gewandte Technische übersetzt, heißt das aber nichts anderes, als daß in jedem Pfund wägbarer Substanz eine Kraftmenge vorhanden ist, die genügen würde, ein einpfündiges Projektil mit einer Geschwindigkeit von 100 000 englischen Meilen in der Sekunde hinausschleudern zu können!

Zukunftsträume.

Die Erfüllung jedes menschlichen Erfordernisses hängt lediglich mit Wärme und Kraft zusammen, und wenn Wärme und Kraft so billig zu haben sein werden, dann wird die Erde nichts als ein Spielplatz sein und jedes Land und jedes Meer wird unter der Hand des Menschen und der Führung des menschlichen Hirns pulsieren und vibrieren. Wenn jener Tag einst kommen wird, dann werden alle unsere Felder mit Hilfe der auf elektrischem Wege direkt aus dem Stickstoff der Luft gewonnenen Stickstoffdüngung fruchtbar gemacht werden können, und die Landwirtschaft wird zu einem bloßen Zeitvertreib werden. Es wird elektrisch geheizte Treibhäuser geben, die Tausende von Aeckern bedecken, und selbst die Landgüter unter nördlichem Klima werden ihre Sommer- und Winterernten haben. Man wird neue Methoden erfinden, das Wachstum der

Nachts, wenn Millionen von Lichtern den Himmel erhellen, werden die Flug=
maschinen riesigen Motten gleich vorbeischweben und verschwinden.

Pflanzen durch elektrische Wärme und elektrisches Licht zu beschleunigen.
In Gärten, die in dieser Weise eingerichtet sein werden, wird es Johannis=
beeren geben, so groß wie die Damascenerpflaumen, Damascenerpflaumen
in der Größe von Aepfeln, Aepfel, so groß wie Melonen, Erdbeeren,
so groß wie Orangen, und alle werden in Form und Wohlgeschmack die
besten von heut übertreffen, so daß sie selbst dem wählerischesten Geschmack
eines Gourmets entsprechen werden.

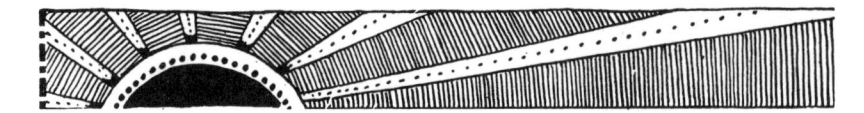

Das drahtlose Telephon wird zu jener Zeit die ganze Welt umfassen, und es wird dann ebenso leicht sein, mit unseren Antipoden Zwiegespräche zu halten, wie wir jetzt zwischen Newyork und Boston, London und Paris, Berlin und Budapest sprechen.

Einsame Bauernhäuser wird es keine mehr geben; das Volk wird sich vielmehr zu kleinen Städten mit hauptstädtischen Erholungs- und Vergnügungsplätzen zusammenfinden. Obgleich auch die kleinste Ortschaft ihr Theater haben wird, werden doch die Schauspieler nur in Newyork, London, Paris oder Wien leben und auch nur dort spielen. Die Bühne solch einer Kleinstadt wird ein einfacher Vorhang sein, und der „Hamlet", der in London gespielt wird, wird mittelst Fernseher, Fernsprecher und Fernharmonium auf dem Schirm, der die Bühne in Chautauqua ersetzt, reproduziert werden. Die Patti jener Zeit wird nicht nötig haben, erst weite Konzertreisen zu machen, denn jedes Theater der ganzen Welt wird sich das Weltrepertoire gleichzeitig zu eigen machen: Gestern abend Londoner Schauspiel, heute abend Pariser Premiere, morgen abend Newyorker Posse, Petersburger Oper, Wiener Hofoper und Mailänder Ballett, und selbst der Polarreisende wird sich dieses Repertoire auf dem ewigen Eise der Arktis oder Antarktis zu leisten vermögen.

Neuerliche Versuche haben die Hoffnung der Alchimisten erneuert, daß wir denn doch noch dazu kommen werden, gemeine Metalle in Gold umzuwandeln, und wenn wir damit wirklich Erfolg haben, dann wird das Gold eine neue ausgedehnte Anwendung finden. In schwacher Legierung würde Gold ganz genielle Gewehrkugeln abgeben; denn es könnte so hergestellt werden, daß es die erforderliche Härte besitzt, während seine Dichtigkeit den Geschossen eine ungeheuere Tragweite und Durchschlagsfähigkeit geben würde. Eine solche Kugel müßte selbst von jedem Friedensfreunde auf das wärmste empfohlen werden, denn wer würde nicht lieber eine goldene Kugel in seinem Fleische verheilen lassen, als eine von gewöhnlichem Blei!

Der Erfinder des ersten Maschinengewehres versah dieses mit e i n e m Lauf für runde und mit einem zweiten für eckige Geschosse, und zwar waren erstere für Christen und letztere für die Türken bestimmt. Nun ist

Die Stücke, die in London gespielt werden, werden selbst im ewigen Eis der Arktis oder Antarktis mittelst Fernseher und Fernsprecher auf einem Schirm reproduziert werden.

es keineswegs leicht, Kugeln von angenehmer Wirkung herzustellen, in jedem Falle aber würde die runde, g o l d e n e Kugel doch die mildtätigste und menschlichste sein.

Die Kriegsführung der Zukunft wird einem Schachturnier gleichen. Jede Bewegung wird dem Auge der ganzen Welt sichtbar sein, und Verstecke und Scheinmanöver werden unmöglich sein. Die Zeitungen werden ihre Luftkorrespondenten haben, die über allen Schlachtfeldern, über allen

— 21 —

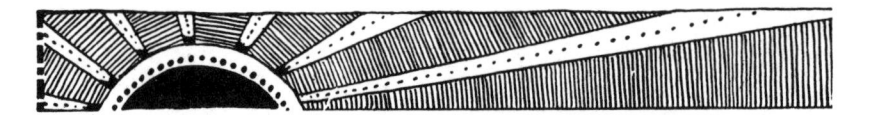

Lagerplätzen und allen Flotten schweben und jede Bewegung der Seeschiffe und Landheere wird man in jedem Hause verfolgen und jeder seine Kritik üben können.

Im Jahre 1896 leitete ich in Faradays Haus in London einige Experimente mit elektrischer Heizung, und da gelang es mir bekanntlich zuerst, auf galvanischem Wege mikroskopisch kleine Diamanten herzustellen. Damals nahm ich mir vor, diese Arbeit später wieder aufzunehmen. Ich bin fest überzeugt und neuere Experimente geben mir Recht, daß es sehr bald gelingen wird, Diamanten jeder beliebigen Größe so billig und zahlreich herzustellen wie man nur will.

In jedem Falle aber werden sie nicht kostspieliger sein, als alle anderen elektro-chemischen Produkte. Diamanten in Erbsengröße wird man zweifellos bei einer Mark noch mit Gewinn verkaufen, und Diamanten, so groß wie der Kohinoor, werden nicht mehr als einen Taler kosten.

Die Stadt der Zukunft.

Der Fremde, der Newyork besucht, wird bei dem Anblick der gen Himmel strebenden Geschäftsgebäude von Staunen ergriffen; könnte er aber wie Rip Van Winkle schlafen gehen und erst nach einem Jahrhundert wieder erwachen, dann würde er den größten Teil der jetzigen Stadt dem Boden gleichgemacht und von neuem aufgebaut finden. An Stelle der alten Häuser würden sich Monumentalbauwerke erheben, mit denen verglichen ihm die mächtigsten Gebäude der Jetztzeit wie kleine Hütten vorkommen würden.

Die Stadt der Zukunft wird nicht mehr aus einzelnen getrennten Gebäuden bestehen, die eine verschiedenartige Architektur haben, nein, sie wird ein einziges weit ausgedehntes Gebäude sein.

Die Straßen von jetzt werden nur die Zugangsstraßen zu dem untersten Stockwerk bilden, sofern wir nicht gar, was sehr wahrscheinlich ist, auch in die Tiefe der Erde unsere Häuser hineinbauen werden, die eigentlichen Geschäftsstraßen aber werden sich hoch oben in der Höhe der verschiedenen Stockwerke ziehen. Riesige Brücken und Bogen, mächtige

Wenn man solch eine Stadt aus der Ferne betrachten wird, dann wird sie wie ein durchbrochenes Netzwerk von Stahl und Eisen erscheinen.

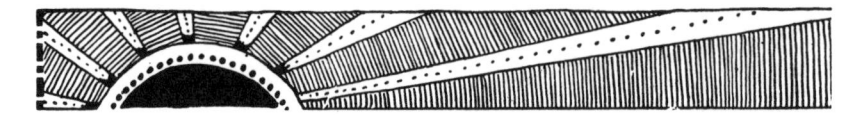

Durchgänge, wundervolle Gärten und Spielplätze werden sich immer einer über dem anderen hoch und höher erheben, so hoch, daß das Auge kaum bis hinauf wird reichen können, und der ganze luftig schöne Häuserkomplex wird durch mächtige turmähnliche Bauten gestützt und gehalten werden, die zweitausend Fuß hoch und noch höher emporragen werden, und deren jeder eine Basis haben wird, die zehn, zwölf oder mehr Häuservierteln von jetzt entsprechen wird. Jedes Gebäude wird natürlich so eingerichtet sein, daß es bequem mehrere hunderttausend Leute beherbergen kann. Die höchsten Wohnungen werden in Gärten liegen, die gleichsam im Himmel hängen, oder in großen Parkanlagen hoch oben in der klaren, kühlen, reinen Luft, und die Leute werden Expreß-Elevatoren nehmen, um nach mühevollem Tagewerk ihr Heim zu erreichen, das wirklich im luftigen, schönen Traumland der Lerchen und Nachtigallen liegen wird, dort wo die Wolken vorüberziehen und noch lange im Abendsonnenschein glühen werden, während das Dunkel der Nacht die niedrigen Stockwerke längst wird umfangen haben.

Wenn man solch eine Stadt aus der Ferne betrachten wird, dann wird sie wie aus durchgebrochenem Netzwerk von Stahl und von Eisen erscheinen, durch welches Licht und Luft einen weit freieren Zutritt zur Erde finden werden, als dies jetzt, innerhalb der Mauern unserer jetzigen Städte der Fall ist.

Und nachts, wenn Millionen von Lichtern den Himmel erhellen, und durch ihr vereintes Feuer weit in das Dunkel umher eindringen werden, dann wird die Stadt einer ungeheueren Fackel gleichen, um die schnell vorwärtsstrebende Flugmaschinen, riesigen Motten gleich, vorbeihuschen und verschwinden werden.

Der Nachthimmel der Landbewohner aber wird in der kommenden „tausendjährigen Zeit" der Maschine durch hellstrahlende, hoch in der Luft verankerte Fahrzeuge erleuchtet werden, deren Schein die Sterne verdunkeln und den bleichen, neidischen Mond sicher beschämen wird.

Robert Sloss

Das drahtlose Jahrhundert.

Das drahtlose Jahrhundert.
Von Robert Sloss.

Der "Sturmvogel" war seit länger als achtundvierzig Stunden ruhig und sicher über die Eisfelder geflogen, als ein plötzliches Stillstehen des Motors den Kapitän aus seinem tiefsten Schlummer weckte.

"He, Kettner, was ist denn los?" rief er, aus der Kajüte auf Deck tretend, dem Leutnant zu.

"Die Kraft ist ausgeblieben", kam die Antwort. "Ich habe aber die Ersatzbatterien sofort angeschlossen und 's hat nichts weiter zu sagen. Sie sehen ja selbst, es geht ganz gut auch so."

Und tatsächlich flog der "Sturmvogel" ganz wundervoll seinen Kurs weiter.

"Keine Meldung vom Schiff?" fragte der Kapitän, sich ans Steuer begebend, und gerade, als er fragte, kam ein zuckendes, blitzartiges Aufleuchten und ein metallisches Knistern von dem Telephonapparat zu seinen Füßen. Er nahm den kombinierten Reciver und Transmitter sofort auf und befestigt ihn an seinem Kopfe.

"Das Schiff spricht mit uns", sagte er. "Der Dynamo ist nicht in Ordnung."

"Wie lange kann der Schaden denn dauern?" fragte der Leutnant, dem man's wohl ansah, wie schwer ihm das Mißgeschick des Flugschiffs zu Herzen ging.

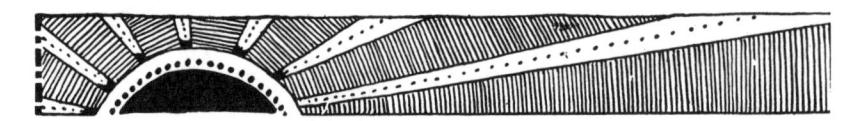

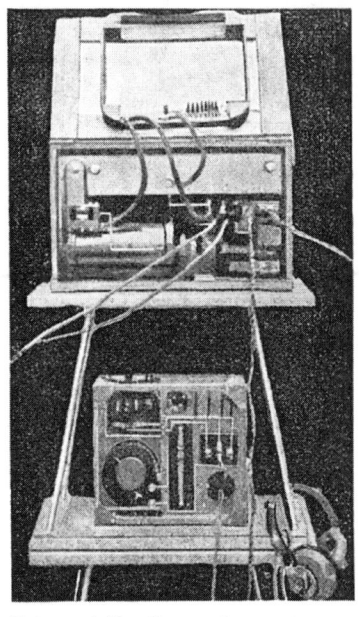

Geber und Empfänger einer modernen Telefunken-Station.

"Sie können's nicht sagen", war die Antwort des Kapitäns, der noch immer am Telephon lauschte, "in jedem Fall aber können sie uns in absehbarer Zeit keine Kraft mehr abgeben."

"Dann ist es wohl besser, wir landen", meinte der Leutnant, "und sparen uns unsere Batterien für alle Fälle auf."

Und da der Kapitän zustimmend nickte, so lenkte er sofort den Aeroplan gegen eine etwa eine Meile weit ab südlich liegende Eisfläche zu. Hier wurde die Maschine glatt zum Landen gebracht und von den beiden Männern fest vertaut und verankert.

"Ja, ja", sagte der Kapitän, durch den Zwischenfall sichtlich sehr deprimiert. "Das ist's, was ich gefürchtet habe. Steinmetz hat den von Cook entdeckten Nordpol 1918 nur deshalb durchforscht, weil es ihm möglich gewesen ist, in Spitzbergen seine Dynamos aufstellen zu können. Wir aber müssen uns mit einem einzigen begnügen und haben d e n noch auf einem Schiffe. Ich weiß, ich weiß, Kettner, was Sie sagen wollen. Ich weiß, daß der Südpol so unglücklich liegt, daß ihm kein Festland nahe genug liegt, um mit Sicherheit operieren zu können. Gerade darin aber liegt unser Nachteil, denn Steinmetz konnte immer von einem oder dem anderen seiner Dynamos Kraft genug von dem kolossalen Energiestrom abbekommen, den die Kraftanlagen am Niagarafall durch den Aether entsandten. Wir aber . . ."

"Wir werden uns durch diesen Zwischenfall auch nicht entmutigen lassen, Kapitän", sagte der Leutnant. "Denken Sie nur daran, wie sehr wir heutzutage Richtung und Kraft des Stromes in unserer Gewalt haben, und wie viel drahtlose Kraft zur Zeit Steinmetz verloren ging. Nein, nein, ein Pech ist es freilich, daß wir nur einen Dynamo haben, aber daß wir von unserem Schiff von Melbourne aus ebenso viel Kraft erhalten, wie er damals vom Niagara, das ist gewiß."

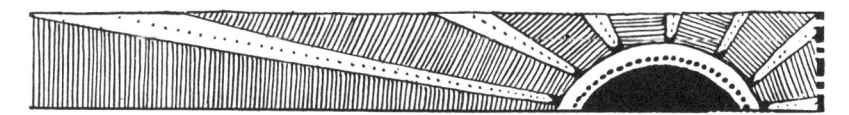

„Sie können recht haben", sagte der Kapitän, „aber eine verdammte Geschichte bleibt es doch. Im übrigen können wir wenigstens feststellen, wo wir uns befinden, und Sie, Kettner, sehen Sie mal zu, daß Sie ein bißchen Feuer hinter den Leuten machen, sie sollen sich mal sputen, denn, hol' mich der Teufel, wenn ich diesmal die Fahrt unterbreche und n i c h t bis zum Pol komme."

Und während sich Leutnant Kettner den Hörer anschnallte, ging der Kapitän in seine Kabine zurück. Noch aber hatte der Leutnant keine Verbindung erhalten, als der Kapitän, den Sextanten in Händen, atemlos auf ihn zustürzte.

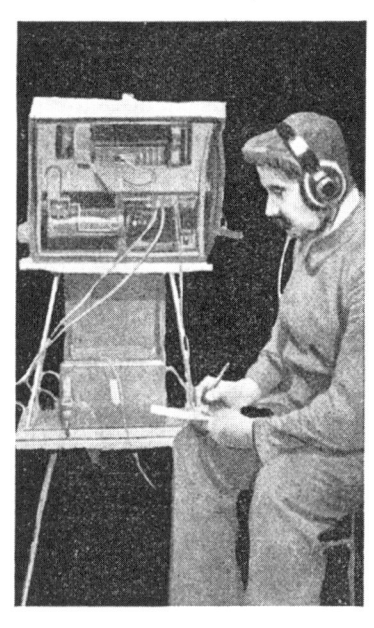

Eine fahrbare Telefunkenstation im Betriebe.

„Kettner! Freund! Mensch! Wissen Sie, wo wir sind? Weit näher dem Pole, als Steinmetz damals dem Nordpol war, als er sein letztes Lager bezog, von dem aus er dann seinen glücklichen Flug unternahm. Und wissen Sie, was das heißt? ... Daß wir in drei Stunden unser Ziel erreichen können. Daß wir den Südpol erreichen w e r d e n, selbst wenn uns das Schiff im Stich läßt, denn unsere Batterien müssen genügen."

„Darf ich dem Schiff davon Nachricht geben?" fragte der Leutnant, der den Enthusiasmus seines Vorgesetzten selbstverständlich teilte.

„Ja, lieber Kettner, tun Sie das."

Auf dem Schiffe erregte die Nachricht natürlich lauten Jubel.

„Sie sind außer Rand und Band", sagte der Leutnant. „Sie lassen Ihnen Glück wünschen zu dem grandiosen Erfolge. Sie fragen an, ob sie die Nachricht weiter geben können. Sie versichern, daß sie alles daran setzen werden, um die Maschine wieder in Gang zu bringen." Und plötzlich schmunzelte er, „Conners vom Internationalen Nachrichten-Bureau will die Nachricht noch rechtzeitig für die Londoner Morgen- und die Newyorker Abendblätter geben. Er möchte aber gern ein Interview mit Ihnen selbst haben. Geht's?"

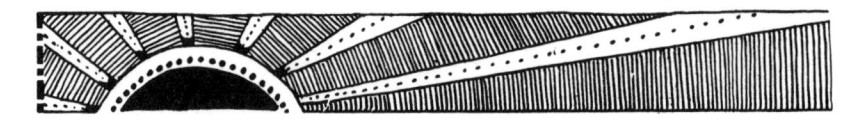

Der Kapitän lachte. „Das ist ein unternehmender Bursche", sagte er. „Sagen Sie, ich stehe ihm später gern zur Verfügung. Gibt's sonst noch was? Hat meine Frau nicht angefragt?"

Kettner gab die Frage an das Schiff, das hart an den Eisbarrieren des Mont Erebus lag, die Antwort weiter.

„Nein. Sobald sie aber anrufen wird, wird man Sie davon verständigen."

„Gut. Dann wollen wir also vor allem etwas essen, und es uns dann bequem machen und schlafen. Wir werden unsere Kräfte noch brauchen."

Und mit diesen Worten begab sich der Kapitän auch schon in die asbestausgelegte, feuersichere Kabine, und bald waren beide Forscher emsig damit beschäftigt, sich über den elektrischen Kocher ihr Mahl zu bereiten, und als der Kaffee dampfte und die Pfeifen gestopft und in Brand gesteckt waren, da kam jene behagliche Stimmung über die beiden, in der man wenig spricht und sich im Schweigen doch so unendlich viel sagt.

Plötzlich aber legte der Kapitän die Pfeife beiseite. „Kettner", sagte er, „ich habe eine Idee. Wie wär's, wenn wir mal alle unsere Batterien in Gang brächten und den Versuch machten, uns mit Umgehung der drahtlosen Station mit der Welt telephonisch in Verbindung zu setzen. Das wäre mal wieder was, wovon die Welt sprechen könnte. Hier, nicht hundert Meilen vom Südpol und . . . ja, wir wollen versuchen. Wie spät ist es jetzt?"

„Zehn Uhr siebenundzwanzig Ortszeit."

„Gut. Wir sind nahezu am 180. Meridian. Dann ist's in London ungefähr halb elf Uhr abends und in Bermuda halb sieben. Da ist sie zu Haus. Bitte, Kettner, verbinden Sie mich mit meiner Frau."

Große Oper am Südpol.

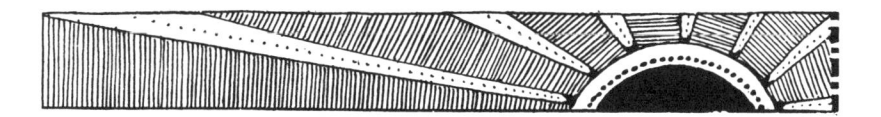

Kettner verband das Halbdutzend leichter, aber ungemein kraftvoller Batteriezellen mit einander, machte die nötigen Handgriffe, drückte den Knopf nieder und das allgemeine Anrufsignal ging hinaus in den Aether. Der Leutnant lauschte und lauschte, aber keine Antwort kam; plötzlich aber lächelte er: "So, jetzt habe ich sie; die Bermuda=Station hat sich gemeldet. Ja . . . mit Frau Kapitän Kingsley . . . jawohl."

Ein Blitz zuckte auf und ein eigentümliches Summen wurde gehört.

"Die Kälte hat den Ton ein bißchen beeinflußt", sagte er, "der Apparat ist verschnupft. So . . . das werden wir gleich beheben . . . ja . . . jawohl . . . bitte, Kapitän, Ihre Frau ist am Apparat."

Sofort legte sich der Kapitän den Hör= und Sprechapparat um und schaltete den Fernseher mit ein, so daß er mit seiner Frau nicht nur sprechen konnte, sondern sie in dem an den Apparat aufgeschraubten, feingeschliffenen Metallspiegel auch sah und jede ihrer Bewegungen und den Ausdruck ihres Gesichtes beobachten konnte. Eine Viertelstunde lang und noch länger dauerte das Gespräch, denn was hatte man sich nicht alles zu sagen. Er gab einen ganz genauen Bericht von seiner Fahrt über das ewige Eis und seinem Zwischenfall, der ihn verhinderte, jetzt schon am Südpol zu sein. Sie war natürlich stolz auf den unsterblichen Triumph ihres Mannes, und ehe sie das Gespräch abbrach, ließ sie noch des Kapitäns Töchterchen, seinen Liebling, an das Telephon kommen.

"Großartig, Kettner", sagte der Kapitän. "Wenn uns d a s gelungen ist, dann können wir auch versuchen, uns mit Newyork zu verbinden. Da ist's gerade um die Theaterzeit. Wie wär's, wenn wir uns auch ein klein wenig Musik gönnten und uns die Oper ein Stündchen anhörten? — Wollen wir?"

Statt jeder Antwort gab Kettner wieder das Anrufsignal. Wieder sprühten, zuckten und flammten die knisternden Blitze. "In fünf Minuten haben wir die Musik. Soll ich den Megaphonreciver anschließen?"

"Selbstverständlich. Wissen Sie schon, was gegeben wird?"

"Jawohl. "Der Held der Lüfte"."

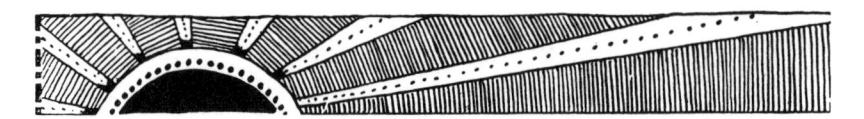

"O," rief der Kapitän. "Von Redfers, dem Wagner unserer Zeit? Das trifft sich famos." Und nun saßen die beiden Männer und lauschten — hier im ewigen Eise der Polarregion den Klängen und Stimmen der Newyorker Oper.

Mitten in der Aufregung aber kam ein anderer Ton. Ein Anruf. Ein wahrer Sprühregen von Blitzen prasselte nieder.

"Nanu, was ist denn los? Hurra!" rief er aber plötzlich aus. "Der Dynamo auf dem Schiff ist wieder im Stand. Wir haben wieder die Kraft. Herr Leutnant, der Platz am Steuer gebührt jetzt mir."

Und fünf Minuten später erhob sich das zierliche Luftschiff auf seinen Schwingen hoch in die Luft und glitt über die Eisfelder hin — dem Pole entgegen.

Wunder, denen wir entgegengehen.

Ich könnte in diesem Stile fortfahren, Gott weiß wie lange, und Wunder über Wunder erzählen, ohne meine Phantasie auch nur im geringsten anzustrengen, denn alles, was in dem bisherigen Gang der "Erzählung" so wunderbar sich angehört hat, sind Probleme, die heut schon gelöst sind und die keineswegs mehr in das Gebiet der frommen Wünsche oder der überspannten Hoffnungen und Erwartungen gehören. Nein, es sind Tatsachen, die nur darauf warten, in unser praktisches Leben eingeführt zu werden, gerade so, wie Telegraph und Telephon und Phonograph sich darin eingeführt haben.

Der Berliner Graf Arco und der Amerikaner De Forest und der Däne Paulsen haben den Nachweis geliefert, daß eine Entfernung von 4 bis 500 englischen Meilen kein ernstes Hindernis für ein drahtloses Telephongespräch ist, und daß man Musik und Gesang ebenso drahtlos übertragen kann, wie jede andere menschliche oder andere Stimme. Und was das "Sehen" der Person betrifft, mit der man spricht, so ist das Problem auch schon gelöst, wenn auch noch nicht jene Vollkommenheit erreicht ist, auf die wir aber keineswegs mehr zehn, geschweige denn hundert Jahre warten müssen. Und was das Treiben eines Aeromobils

Wilhelm Marconi. Der Erfinder der drahtlosen Telegraphie.

durch diese erstaunliche Kraft, die wir die „Drahtlose" nennen, anbelangt, weshalb nicht? Gerade im letzten Jahre haben wir das Problem auch dieser Kraftanwendung gelöst, und ein schwerer Treidelzug wurde auf „drahtlosem" Wege in Bewegung gesetzt. Was aber die Geschwindigkeit

Professor Korn.

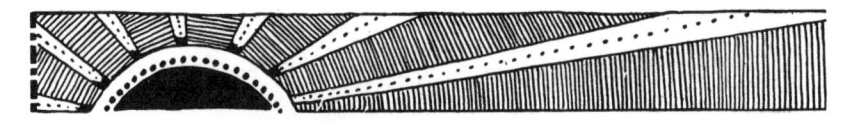

der Luftschiffe und Flugmaschinen anbelangt, so haben wir selbst gesehen, daß man jetzt schon Geschwindigkeiten von 90 Kilometern in der Stunde erreicht, und auf dem letzten „Fliegerkongreß" wurde die gar nicht sanguinische Ansicht vertreten, daß wir „jeden Tag" diese Geschwindigkeit auf 500 Kilometer werden erhöhen können.

Alles, was wir jetzt durch den Draht senden und erreichen können, können wir auch auf drahtlosem Wege senden und erreichen. Das ist die Wahrheit, die gegenwärtig alle Ansichten und Methoden unserer wissenschaftlichen und maschinellen Welt revolutioniert, und wir können uns dieser Tatsache freuen, wenn auch die Kupfermagnaten kein allzu freundliches Gesicht dazu machen und das drahtlose Jahrhundert, das nicht nur kommen muß, sondern schon im Kommen ist, zu allen Teufeln wünschen.

Das Prinzip, auf welchem die drahtlose Kraftübertragung aufgebaut ist, ist eines der einfachsten, das die Wissenschaft kennt, und wird und kann nie eine Aenderung erfahren, es sei denn, die Welt und der Weltenbau selber ändern sich.

Wir wissen alle, daß uns das Sehen nur dadurch möglich gemacht ist, daß das Licht in Wellen zu uns gelangt, die bis zu unseren lichtempfindlichen Sehnerven dringen. Ebenso geht jeder Ton in Wellen durch die Luftatmosphäre und dringt an unser Trommelfell, das unter ihrem Einflusse vibriert, und uns das Hören ermöglicht. In ganz gleicher

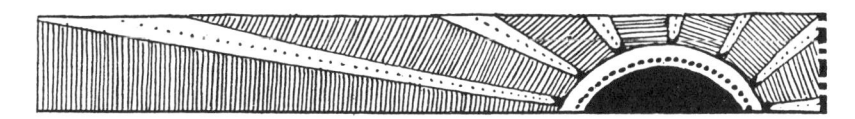

Weise geht ein elektrischer Impuls, von wo er immer auch ausgeht, in Wellen durch den Aether, der jedes Molekül jeder Materie umgibt und die elektrischen Vibrationen durch die Luft, durch das Wasser, durch die Erde und durch Wälle und Mauern führt. Und es ist möglich, diese Vibrationen überall aufzufangen, vorausgesetzt, daß man den richtigen, auf die richtige Wellenlänge abgestimmten Reciver (oder Empfänger) zur Verfügung hat.

Eduard Belin

Sobald die Erwartungen der Sachverständigen auf drahtlosem Gebiet erfüllt sein werden, wird jedermann sein eigenes Taschentelephon haben, durch welches er sich, mit wem er will, wird verbinden können, einerlei, wo er auch ist, ob auf der See, ob in den Bergen, ob in seinem Zimmer, oder auf dem dahinsausenden Eisenbahnzuge, dem dahinfahrenden Schiffe, dem durch die Luft gleitenden Aeroplan, oder dem in der Tiefe der See dahinfahrenden Unterseeboot. Ueberall wird er mit der übrigen Welt verbunden sein, mit ihr sprechen und sich mit ihr verständigen können, und er wird sie sehen, wenn er sie sehen will, und sei er auch tausend Fuß tief unter der Erde oder unter dem Spiegel des Ozeans, und wird gesehen werden in jeder, auch in der kleinsten seiner Bewegungen.

Das Telephon in der Westentasche.

Die Bürger der drahtlosen Zeit werden überall mit ihrem „Empfänger" herumgehen, der irgendwo, im Hut oder anderswo angebracht und auf eine der Myriaden von Vibriationen eingestellt sein wird, mit der er gerade Verbindung sucht. Einerlei, wo er auch sein wird, er wird bloß den „Stimm=Zeiger" auf die betreffende Nummer einzustellen brauchen, die er zu sprechen wünscht, und der Gerufene wird sofort seinen Hörer vibrieren oder das Signal geben können, wobei es in seinem Belieben stehen wird, ob er hören oder die Verbindung abbrechen will.

Solange er die bewohnten und zivilisierten Gegenden nicht verlassen wird, wird er es nicht nötig haben, auch einen „Sendapparat" bei sich zu führen, denn solche „Sendstationen" wird es auf jeder Straße, in jedem Omnibus, auf jedem Schiffe, jedem Luftschiffe und jedem Eisenbahnzug geben, und natürlich wird der Apparat auch in keinem öffentlichen Lokale und in keiner Wohnung fehlen. Man wird also da nie in Verlegenheit kommen.

Und in dem Bestreben, alle Apparate auf möglichste Raumeinschränkung hin zu vervollkommnen, wird auch der „Empfänger" trotz seiner Kompliziertheit ein Wunder der Kleinmechanik sein.

Dieses System des Abgestimmtseins für ganz bestimmte Schwingungen kann durch die jedem bekannte Tatsache verständlich gemacht werden, daß, wenn man in der Nähe eines offenstehenden Klaviers oder einer Violine einen bestimmten Ton singt, die entsprechende Saite des Instrumentes sofort mitzuvibrieren und mitzuklingen beginnt. Und gerade so wie ein tiefer Ton in langen und ein hoher Ton in kurzen Wellen schwingt, so kann auch in der drahtlosen Telegraphie und Telephonie durch einen eigenen Apparat die Länge der entsandten Vibrationen genau kontrolliert werden.

Der drahtlose Telephonapparat, der jetzt allerdings noch in seiner Kindheit steckt, ist ziemlich schwerfällig und groß. Aber das Ballsche Telephon erforderte Anfangs auch eine eigene und noch dazu ziemlich geräumige Zelle, während man heute schon Taschentelephone hat, mit denen man sich auf fünf, sechs Kilometer Entfernung ganz gut verständigen kann, und schon jetzt gibt es Forscher auf drahtlosem Gebiete, die, möglichst in regnerischen Nächten, mit einem gewöhnlichen Regenschirm, der ihnen die nötigen Antennen liefert, Nachrichten aus dem Aether mit einem Reciver auffangen, der nicht größer als eine Pillenschachtel ist. Wenn aber dieser Apparat erst so vervollkommnet sein wird, daß auch der gewöhnliche Sterbliche sich seiner wird bedienen können, dann werden dessen Lebensgewohnheiten dadurch noch weit mehr beeinflußt werden, als sie dies schon jetzt durch die Einführung unseres gewöhnlichen Telephones geworden sind.

Auf seinem Wege von und ins Geschäft wird er seine Augen nicht mehr durch Zeitunglesen anzustrengen brauchen, denn er wird sich in der Untergrundbahn, oder auf der Stadtbahn, oder im Omnibus oder wo er grad' fährt, und wenn er geht, auch auf der Straße, nur mit der „gesprochenen Zeitung" in Verbindung zu setzen brauchen, und er wird alle Tagesneuigkeiten, alle politischen Ereignisse und alle Kurse erfahren, nach denen er verlangt.*)

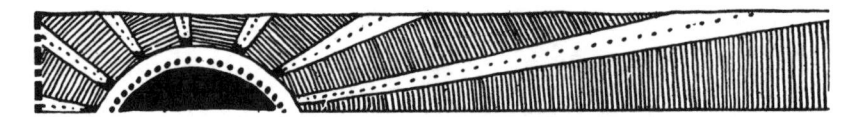

Und ist ihm damit nicht gedient, sondern steht sein Sinn nach Höherem, so wird er sich mit jedem Theater, jeder Kirche, jedem Vortrags- und jedem Konzertsaal verbinden und an der Vorstellung, an der Predigt oder den Sinfonieaufführungen teilnehmen können, ja, die Kunstgenüsse der ganzen Welt werden ihm offen stehen, denn die Zentrale der Telharmonie wird ihn mit Paris, Wien, London und Berlin ebenso verbinden können, wie mit der eigenen Stadt. Diese Errungenschaft des drahtlosen Zeitalters werden wir übrigens auch über kurz oder lang schon erreicht haben; denn jetzt schon sind die Vorbereitungen im Gange, um Groß-Newyork mit einer solchen drahtlosen Telephonverbindung zu versorgen, da gefunden wurde, daß dieses Telephon Ton und Klang weit klarer wiedergibt, als unser bisher gebrauchtes Telephon mit Drahtleitung. Das einzige, noch in weite Ferne gerückte Problem ist das, unsere Empfangsapparate so empfindlich zu gestalten, daß sie alle Vibrationen aufnehmen können, und daß wir den Sendungsimpuls so in unserer Gewalt haben, daß er direkt zu dem ihm entsprechenden Reciver geht, ohne sich in alle Richtungen hin auszudehnen und zu zerstreuen, wie die Wellen, die nach allen Richtungen hin sich verbreiten, wenn man einen Stein ins Wasser wirft.

Verbrecherjagd auf drahtlosem Wege.

In jüngster Zeit wurde die fabelhafte Kunst der drahtlosen Bildertransmission so außerordentlich vervollkommnet, daß sie kein Spielzeug mehr ist, sondern zweifellos berufen ist, in der Ausgestaltung unserer zukünftigen Lebensverhältnisse eine sehr große Rolle zu spielen. Und wenn diese Erfindung auf die Höhe der Vollkommenheit gehoben sein wird, dann werden wir eine neue Reihe von täglichen Wundern zu verzeichnen haben. Hier ist beispielsweise eine Szene, die sich in hundert oder weniger Jahren alltäglich abspielen wird.

---
*) Eine solche „gesprochene Zeitung", allerdings noch nicht auf „drahtlosem Wege", gibt es jetzt schon u. a. auch in Budapest.

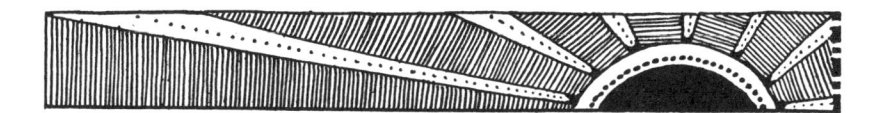

Der erste Leutnant des Elektroturbinenschiffs „Vorwärts" stürzt in die Kajüte seines Kapitäns. „Kapitän", sagt er, „wir erhalten soeben die drahtlose Nachricht von der Newyorker Polizeidirektion, daß Präsident Kramington von der Newyorker Stadtbank eine Million Dollars unterschlagen und die Flucht ergriffen hat. Es wird vermutet, daß er sich auf dem Wege nach Europa befindet." Der Kapitän liest die im Steckbrief enthaltene Beschreibung und lächelt sarkastisch.

„Bis auf den weißen Bart und das weiße Haar ist nichts da, was den Dieb von anderen Sterblichen unterscheiden würde und da er wahrscheinlich sein Haar gefärbt und seinen Bart abrasiert hat, so werden wir ihn wohl kaum finden können, wenn die liebe Polizei sich nicht dazu bequemt, uns wenigstens sein Bild zu schicken."

Im selben Augenblick kommt der zweite Leutnant und übergibt im Auftrage des Telegraphenbeamten die auf drahtlosem Wege übersandte Photographie, die die Newyorker Polizei sofort dem Steckbrief nachgesandt hat.

„Donnerwetter", sagt der Kapitän, „das ist ja der Mensch da in der Luxuskabine. Der war mir längst schon verdächtig. Er gibt sich für einen alten Missionar aus, der nach Afrika zurück will, und behauptet, daß er am Fieber erkrankt ist. Trotz der Veränderung, die der Kerl mit sich vorgenommen hat, ist die Aehnlichkeit unverkennbar. Der Ausdruck in den Augen und die Art seiner Kopfhaltung sind derart, daß ich mich absolut nicht täuschen kann. Teilen Sie nach Newyork mit, daß wir den Burschen haben."

Und um zu begreifen, daß es künftighin nicht einem Verbrecher mehr möglich sein wird, über das Meer zu kommen, ohne der Gerechtigkeit in die Hände zu fallen, brauchen wir uns nur vorzustellen, daß künftighin sämtliche Schiffe, und nicht nur die wenigen großen Ozeandampfer, von jetzt an mit Apparaten drahtloser Telegraphie versehen sein werden. Daß diese Zeit nicht nur kommen wird, sondern sogar in nicht allzu weiter Ferne steht, ist sicher. Auf diese Art würde dann auch sehr häufig die lästige Auslieferungsformalität vermieden werden. Der deutsche Verbrecher, der Amerika auf einem deutschen Dampfer wird erreichen wollen, wird auf die eben geschilderte Art, auf hoher See erkannt und gleichzeitig mit der Meldung an die Berliner Zentralbehörde wird eine andere Meldung an irgend ein in der Nähe befindliches deutsches Kriegsschiff gehen, den Verbrecher einfach auf hoher See in Empfang zu nehmen. Oft wird auch durch den schnellen Vorgang eine Panik an der Börse oder eine Verstimmung derselben umgangen werden; denn häufig wird der Dieb noch eher in den Händen der Gerechtigkeit sein, als sein Diebstahl den Blättern, und durch die Blätter dem großen Publikum bekannt geworden sein wird.

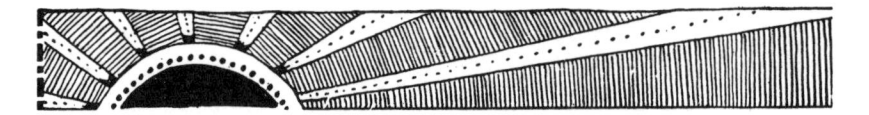

Das Senden von Bildern und Photographien an in Bewegung befindliche Schiffe, Züge, Autos und Luftschiffe wird einfach durch die Anwendung der beiden, jetzt „drahtlich" in Gebrauch befindlichen Methoden nunmehr „drahtlos" vonstatten gehen.

Die Methode des Herrn Professors Korn, der bisher in München gewesen ist und nun in Berlin weilt, basiert auf der Eigenschaft des Selens, eine größere oder geringere Menge von Elektrizität mit sich zu führen, die in einem ganz bestimmten Verhältnis zu dem Lichte steht, das auf dieses Metall fällt. So werden die verschiedenen Intensitäten von Licht und Schatten, die sich auf einem Negativbild zeigen, auf dem elektrischen Drahte in die Ferne versandt, und dort übertragen sie sich auf einen gewöhnlichen photographischen Film, der in der üblichen Art dann entwickelt wird. Die etwas zerrissene Art der dadurch erhaltenen Bilder, die namentlich bei Landschaften und Bildern mit feineren Details unangenehm auffällt und sehr störend wirkt, wird durch die Methode Edouard Belins in Paris vermieden. Da wird erst eine dicke Kohlenzeichnung von der zu sendenden Photographie gemacht, und über diese Kohlenzeichnung fährt, vermittels eines rotierenden Zylinders, die feine Saphirspitze eines Stiftes, der über die ganze Fläche des Bildes in Spirallinien zieht, die nur ein Zwanzigstel eines Millimeters von einander abstehen. Der Höhenunterschied an der Oberfläche der Zeichnung, der für das Auge ebensowenig wie für das Gefühl bemerkbar ist, genügt, um auf den Hebel übertragen zu werden, der den Stift hält, und diese Bewegung überträgt sich wieder auf den Reciver der Empfangsstation, wo man sie auf eine Lichtspitze wirken läßt, die durch ihre größere oder ge-

Drahtlose Telephonie. Eine Allegorie von Ernst Lübbert.

ringerer Intensität, ebenso wie bei dem Kornschen System, auf einen Film einwirkt, der dann einfach entwickelt wird.

Ein anderes Wunder unserer Zeit ist der Graysche Telautograph, der ein geschriebenes Manuskript durch den drahtlosen Aether zu senden vermag. Man male sich nur aus, welche große Rolle diese Möglichkeit künftighin in den Stücken unserer Sensations-Komödienschreiber spielen wird.

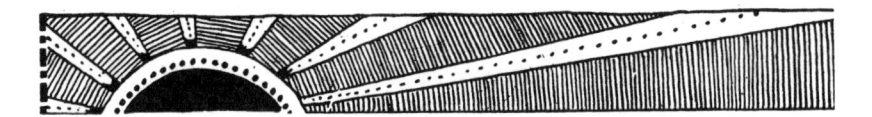

Szene: Ein Zuchthaus, weiß der Himmel wo. Zeit: Eine Stunde vor der Hinrichtung eines unschuldig Verurteilten. Die Mutter und die Braut des Verurteilten bitten um Gotteswillen die Hinrichtung zu verschieben, weil ein neues Gnadengesuch an den Kaiser abgegangen ist. Aber kein Aufschub ist möglich. Die Hinrichtung muß pünktlich zur festgesetzten Zeit stattfinden, und der Kaiser ist weit, weit auf einer seiner Nordlands- oder Mittelmeerreisen. „Ohne des Kaisers Unterschrift", lautet die Antwort, „ist kein Aufschub möglich". Der Henker ist bereit, der Henker wird seines Amtes walten. Alle Hoffnung ist somit verloren. Aber nein. Die Heldin des Stückes eilt zu einer drahtlosen Station. Sie kennt die Nummer des Kaisers, die sonst nur seine Vertrautesten kennen. Sie ruft ihn an und spricht mit ihm, der Gott weiß wo auf der Jagd oder mit Staatsgeschäften beschäftigt ist. Und plötzlich ein Leuchten, ein Knistern und auf dem sich langsam abrollenden Papier erscheinen die Schriftzüge des Kaisers. Die Begnadigung ist von ihm unterschrieben. Sie eilt zurück und kommt gerade zur rechten Minute, um die Hinrichtung noch zu verhindern.

Wenn wir so einem Stück auf der Bühne begegnen werden, so werden wir uns bald über diese „Unwahrscheinlichkeit" nicht mehr wundern, denn schon jetzt ist das Problem der Uebertragung der Handschrift vollständig gelöst, wenn es auch der Allgemeinheit noch nicht zugänglich gemacht worden ist. Der Graysche Telautograph überträgt mit Hilfe zweier Seidenfäden die zitternde Bewegung, die ein Stift verursacht, mit dem man auf einer sich schnell abhaspelnden Rolle Papier schreibt, die über diese zwei Seidenfäden läuft. Diese Bewegung übernimmt der Reciver an der Empfangsstation und sie verursacht die entsprechende Bewegung einer ganz dünnen, offenen Tintentube, die infolgedessen auf dem sich ebenso gleichmäßig abrollenden Papier dieselben Schriftzeichen wiedergibt, die auf der Empfangsstation verursacht wurden. Man kann auf diese Art selbstverständlich nicht nur Handschriften, sondern auch jede andere Zeichnung und alle Zeichen übertragen. Was der Telautograph in Verbindung mit der drahtlosen Bilderübertragung auf dem Gebiete der Identifizierung bei weiten Distanzen alles wird leisten können, das entzieht sich gerade unserer Beurteilung, denn dies würde uns auf Gebiete führen, die uns heute noch ganz phantastisch erscheinen müssen, obwohl sie zweifellos nichts als die Wahrheit sind. Allerdings die Wahrheit der Zukunft. Kein Bankbetrug wird mehr möglich sein, es wird keine falschen Anweisungen und keine gefälschten Schecks mehr geben. Jeder Mensch wird jeder Bank sozusagen persönlich bekannt sein; denn wenn sie mit ihm in Verbindung steht, wird sie ihn sehen, wird seine Schrift kennen, wird ihn selbst seine Unterschrift leisten sehen, und das auch dann, wenn die Bank in Berlin ist und der Auftraggeber in Meriko. Das drahtlose Jahrhundert wird also sehr vielen, wenn auch nicht allen Verbrechen ein Ende machen. Es wird ein Jahrhundert der Moralität sein, denn bekanntlich sind Moralität und Furcht ein und dasselbe.

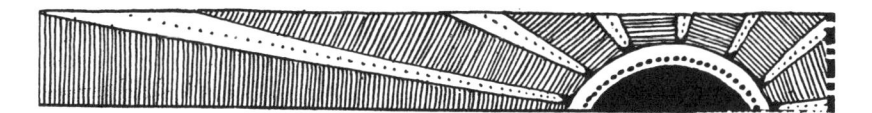

Das Ende von Raum und Zeit.

Monarchen, Kanzler, Diplomaten, Bankiers, Beamte und Direktoren werden ihre Geschäfte erledigen und ihre Unterschriften geben können, wo immer sie sind. Direktoren einer und derselben Gesellschaft werden ganz ruhig eine legale Versammlung abhalten können, wenn der Eine auf der Spitze des Himalaya ist, und der Andere in einer Oase der afrikanischen Wüste, der Dritte in irgend einem Badeort und der Vierte sich gerade auf einer Luftreise befindet. Sie werden sich sehen, miteinander sprechen, werden ihre Akten austauschen und werden sie unterschreiben, gleichsam, als wären sie zusammen an einem Orte. Nirgends, wo man auch ist, ist man allein. Ueberall ist man in Verbindung mit allem und jedem. Jeder kann jeden sehen, den er will, sich mit jedem unterhalten, mit jedem Whist, Skat und Poker, mit jedem Schach und Dame spielen und wäre der Betreffende auch tausend Meilen von ihm entfernt. Er kann jedes Vergnügen und jede Zerstreuung, wie sie sich jeder andere Mensch gönnen kann, auch mitmachen. Er kann die Tänzerinnen des Königs von Siam ebensogut in Paris in seinem Studierzimmer sehen, wie er während der Fahrt im Bahncoupé einer Vorstellung der großen Oper von Monte Carlo beiwohnen kann. Es gibt nichts, was er sich nicht zu leisten vermag. Er kann die Berühmtheiten seiner Zeit alle mit Augen sehen, er kann, wenn sie sich darauf einlassen, mit ihnen sprechen. Ja, vielleicht wird auch noch der Apparat erfunden, durch den man ihnen die Hand drücken und ihren Händedruck empfinden kann.

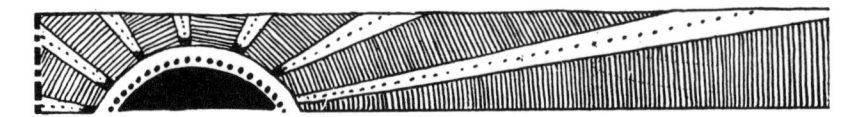

Auch das Reisen wird im drahtlosen Jahrhundert eine fabelhafte Umgestaltung erfahren. Es wird mit einer riesigen Schnelligkeit auch eine großartige Sicherheit verbinden. Schon jetzt haben die „drahtlosen Techniker" den Aerophor nicht nur erfunden, sondern auch derart vervollkommnet, daß ein automatischer Signalapparat dem Lokomotivführer selbsttätig anzeigt, wenn ein anderer Zug auf demselben Schienenstrang läuft und sich in einer Entfernung von nur zwei englischen Meilen befindet. Natürlich gibt der Apparat auch die Richtung an, in der dieser Zug sich bewegt. Dadurch sind die Lokomotivführer der beiderseitigen Züge imstande, die Fahrt zu verlangsamen oder zu halten oder eventuell auf ein anderes Gleise zu führen. In jedem Falle aber ist ein Zusammenstoß ganz unmöglich. Derselbe Apparat warnt den Seemann bei schwerem Nebel und kündigt ihm die Nähe eines andern, seinen Kurs kreuzenden, oder in seinem Kurs auf ihn zufahrenden Schiffes an. Und jedes andere, in einer gewissen Entfernung befindliche Schiffahrtshindernis, wird ihm ebenso sicher durch den Apparat signalisiert, und er wird ihm auch die genaue Entfernung angeben können, in der es sich befindet. Ja, man hat den Apparat sogar derart konstruiert, daß er beim Signalisieren der Gefahr sofort im Maschinenraum nicht nur das Haltesignal gibt, sondern auch die Maschinen selber automatisch zum Stillstand bringt.

Man wird künftig ganz wundervoll reisen, sei es **auf** dem Meer, oder **unter** dem Meer, sei es **auf** der Erde oder **unter** der Erde oder über der Erde in unserem neuen eroberten Reiche der Luft. Wer aber trotz alledem nicht wird reisen wollen, der wird, wie gesagt, ganz bequem in seinem eigenen Zimmer die ganze Welt bereisen können. Es wird keine Zeit und keine Entfernung mehr geben, und einer Katastrophe, wie der jüngsten von Messina und Kalabrien werden wir alle beiwohnen können, sicher in unserem Hause sitzend, wo immer dieses auch steht. Wir werden einfach auf drahtlosem Wege uns mit der Unglücksstätte verbinden lassen, und wer an dem Anblick allein nicht genug hat, sondern die Sensation furchtbarster Art ganz wird auskosten wollen, der wird, wenn er will, auch das Angstgewimmer der Leute, das Verröcheln der Sterbenden und die Schreie der Hungrigen und die Flüche der Irrsinnigen hören. Jedes Ereignis werden wir so mitmachen können. Die ganze Erde wird nur ein einziger Ort sein, in dem wir wohnen. Kein Raum wird uns mehr trennen, wir werden überall sein, nur dadurch schon, daß wir überhaupt da sind. — Auch dieses Bild, das ich eben ausgemalt habe, ist keineswegs eines, das wir erst in hundert Jahren erreichen werden. Nein. Der Apparat, der das vermag, ist auch schon erfunden und wurde erst im vergangenen Dezember einem jungen New Yorker Erfinder, Rothschild, patentiert. Und im Grunde ist es eigentlich nichts weiter, als die geniale Kombination von Kinematograph, Telautograph, Telephon und wie die großartigen Vorläufer=Erfindungen desselben alle heißen.

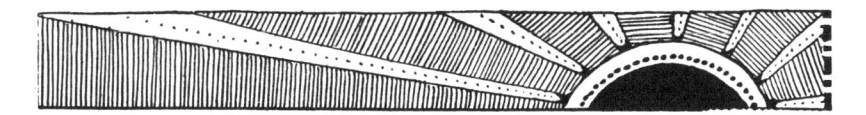

Auch im politischen Leben wird die drahtlose Telegraphie eine außerordentliche Rolle spielen. Der Wahlvorgang zum Beispiel wird vollständig zentralisiert werden können, und Wahlen werden einfach bloß noch in den Reichshauptstädten vorgenommen werden. Jeder wird instande sein, seine Stimme von dort abzugeben, wo er sich grade befindet und jeder Wähler wird einfach durch Vergleichen mit den Wahllisten identifiziert werden, die nicht nur den Namen und Stand des Wählers enthalten werden, sondern auch dessen Photographie. Von den höchsten Gletschern, von den Feldern und Sümpfen der Marschen aus wird man seine Stimme abgeben können, und das Staatsoberhaupt wird Gelegenheit haben, sich, wenn er will und auf welche Weise immer er dies zu tun beabsichtigt, von der Stimmung im Volke ein wahrheitsgetreues Bild zu schaffen, denn kein Kaiser und kein Präsident wird mehr auf den Bericht irgend eines Schranzen angewiesen sein, sondern wird selbst, in seinem Schlosse sitzend, jeder Volksversammlung, jeder Volksdemonstration beiwohnen können und wird sich mit jedem in Verbindung zu setzen vermögen, von dem er wahrheitsgetreuen Aufschluß zu erhalten

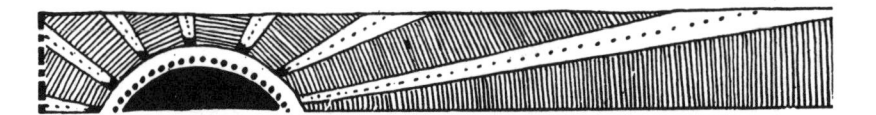

glaubt. Die Stimme der Wahrheit wird bis in die abgeschlossensten
Paläste hineindringen und dort nicht mehr ungehört verhallen können.

Auch im Gerichtssaale wird die drahtlose Telegraphie eine gewaltige
Rolle spielen. Zeugen werden nicht mehr von weit her herbeigeschafft
werden müssen, sondern sie werden einfach vor Gericht erscheinen, während
sie ruhig zu Hause bleiben oder ihren Geschäften nachgehen. Die Kosten
des Gerichtsverfahrens werden dadurch wesentlich billiger werden; die
Zeitverschwendung wird nicht mehr ins Gewicht fallen wie jetzt, und
niemand wird im Gerichtsgebäude stundenlang warten müssen. Ein
Anruf wird genügen, und jeder Zeuge, und sei er selbst am Nordpol,
wird im Augenblick zur Stelle sein. Konfrontationen werden auf die=
selbe Weise zustande kommen. Der Mörder in Chikago wird auf draht=
losem Wege dem Kronzeugen, der sich vielleicht in Sibirien befindet,
gegenüber gestellt werden. Beide Zeugen werden einander Aug in Auge
gegenüber stehen, und hier wie dort wird man der ganzen Gerichtsver=
handlung folgen und an ihr teilnehmen können. Das einzig störende
wird eben der Zeitunterschied sein, so daß einige Zeugen mitten in der
Nacht werden aussagen müssen, wenn sie an einer Verhandlung teil=
nehmen, in der der lokale Zeitunterschied ein so bedeutender ist.

Das drahtlose Zeitalter und die Mode.

Szene: Ein elegantes Boudoir in der 5. Avenue in New York.
Eine Braut, die Tochter eines Multimilliardärs, ist ganz außer sich
und schwimmt in Tränen. Ein furchtbares Unglück ist geschehen. Ihre
Brauttoilette ist ruiniert worden; ein Loch wurde durch eine Zigarette
eingebrannt. So kann sie unmöglich am nächsten Sonnabend zur Hochzeit
gehen, lieber gar nicht heiraten. Und den Schaden durch eine Spitze
etwa zu verdecken, nicht um die Welt. Entweder ist das Kleid tadellos
oder sie zieht es nicht an. Ein heimischer Schneider? Fällt ihr gar nicht
ein. Das Kleid muß von Paquin sein. Von jener weltberühmten,
über hundertjährigen Firma, die schon 1908 tonangebend in ihrem Ge=
schmack war. „Aber Kind", ruft der Bräutigam, „das ist doch ganz
einfach. Wir lassen uns telautophonisch mit Paquin verbinden, suchen

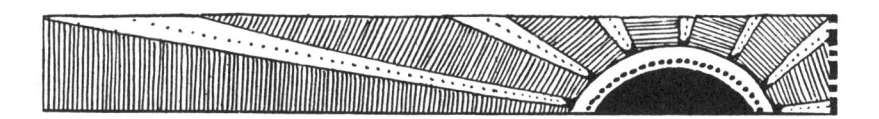

uns eine Brauttoilette aus, geben Dein Maß an und lassen uns das Kleid durch drahtlosen Luftmotor hierherkommen." Wie weggeflogen ist in diesem Augenblick der Schmerz der jungen Braut. Sie jubelt laut auf, klatscht in die Hände und gibt sofort Befehl, ihren Apparat hereinzubringen. Fünf Minuten später wandeln schon die Pariser Modelle mit den ausgesuchtesten Brauttoiletten an ihr vorüber. Die Maße werden genau genommen und angegeben, und sechs Stunden später hat die jetzt wieder glückliche Braut ihr Kleid, das zehnmal so schön ist, wie das, was ihr Bräutigam verdorben hat. Ueberhaupt wird das Einkaufen zu jener Zeit ein noch größeres Vergnügen sein, als jetzt. Man wird einfach von seinem Zimmer aus alle Warenhäuser durchwandern können und in jeder Abteilung Halt machen, die man eingehender zu besichtigen oder wo man etwas auszuwählen wünscht. Die Kommis werden die Waren in den Warenhäusern ausbreiten, so wie jetzt; die Kundinnen werden nicht in den Warenhäusern selbst sein, sondern da, wo sie grad' weilen. Bei sich zu Haus, oder in einer Gesellschaft oder irgendwo anders. Und sie werden wählen und an ihrer Wahl alle ihre Freundinnen teilnehmen lassen können, und alles wird leibhaftig vor ihren Augen erscheinen; denn natürlich werden alle die Bilder in ihren natürlichen Farben zu sehen sein.

Auch auf Ehe und Liebe wird der Einfluß der drahtlosen Telegraphie ein außerordentlicher sein. Liebespaare und Ehepaare werden nie von einander getrennt sein, selbst wenn sie Hunderte und Tausende Meilen von einander entfernt sind. Sie werden sich immer sehen, immer sprechen, kurzum, es wird die Glückszeit der Liebe angebrochen sein und die des Strohwitwertums vernichtet; denn künftighin wird sich die leibliche Gattin stets davon überzeugen können, was ihr Herr Gemahl treibt; aber auch der Herr Gemahl wird ganz genau wissen, wie und ob seine Gattin nur an ihn denkt.

Auch der Krieg wird wesentlich durch das drahtlose Zeitalter modifiziert. Das Durchschneiden der Kabel und das Zerstören der telegraphischen Leitungen wird in den Bewegungen der Heere keine Verzögerungen herbeiführen. Es wird keine falsch verstandenen Befehle mehr geben, und der Oberbefehlshaber wird nicht erst darauf warten müssen, daß man ihm berichtet, wo der Gang der Schlacht ist, sondern er wird das ganze Schlachtfeld selber übersehen, und nicht das eine Schlachtfeld allein, sondern das ganze Land, in welchem die kriegerischen Operationen vor sich gehen. Er wird sogar imstande sein, nach seinem Willen nicht nur die große Armeekolonne in Bewegung zu setzen, sondern auch die kleinen Abteilungen. Sein Feldherrnblick allein wird entscheiden; denn er in seinem Zimmer oder in seiner Baracke wird alles sehen, die Bewegungen seiner Armeen, sowie die der feindlichen Heereshaufen. Die Berichterstattung wird natürlich auf außerordentlicher Höhe stehen; denn jedes, selbst das allerkleinste Blättchen, ja jeder Abonnent desselben wird sich den Luxus erlauben können, von seinem Zimmer aus den Kriegs= ereignissen beizuwohnen und alle Details derselben zu sehen. Kurz, alle diese Wunder der drahtlosen Telegraphie werden das kommende Zeit= alter zu einem großartigen, unglaublichen machen.

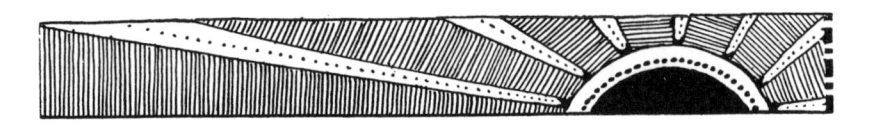

Unglaublich? Nicht doch. Wir haben ja ebenso große Wunder auch schon erlebt. Noch vor dreißig Jahren gab es kein elektrisches Licht, kein Telephon, kein Grammophon und keinen Phonographen. Die großen Wunder haben wir jetzt geschaffen, und was ich geschildert habe, ist nichts als die allgemeine Nutzanwendung derselben; das ist nur das, was ganz bestimmt kommen wird und zum Teil schon da ist. Doch es liegen noch ganz andere Möglichkeiten vor. Es ist möglich, daß der Landmann sechs= bis zehnfach so große Früchte züchten wird, als jetzt. Es ist wahrscheinlich, daß er statt einer und zweier Ernten sechs= bis zehnmal im Jahre die Früchte nach Hause bringen wird. Es ist möglich, daß ein Arzt eine ganze, von einer Seuche heimgesuchte Stadt auf einmal dadurch heilen wird, daß er eine elektrische Zyklonwelle drahtloser Energie über sie wird fluten lassen. Der Wetterprophet wird nicht mehr das Wetter ansagen, sondern das Wetter machen. Sonnenschein und Regen wird nur von dem Willen der Menschen abhängen. Ueberall auf Erden wird man den Winter und jeden Sturm durch elektrische Wärmewellen vertreiben, die den ewigen Frühling über das Land breiten werden. Und ein neuer Marconi wird vielleicht mit den Bewohnern des Mars sich verbinden und wird die Geheimnisse der fremden Welten dadurch offenbaren.

Professor Cesare Lombroso

Verbrechen und Wahnsinn
im XXI. Jahrhundert.

„Die Welt in 100 Jahren."

Säuferwahnsinn. Eine Allegorie von Ernst Lübbert.

Verbrechen und Wahnsinn im XXI. Jahrhundert.
Von Professor Cesare Lombroso.

Es ist heutzutage nicht so leicht wie früher, als Prophet aufzutreten, noch schwerer aber ist es, wenn man prophezeiht, die Leser oder Zuhörer zum Glauben zu zwingen. Trotz alledem gibt es Voraussagungen, die nicht auf die mehr oder weniger glaubwürdigen und unglaubwürdigen Eingebungen gestützt sind oder gar aus Geistermunde verkündet werden, sondern die nichts weiter sind, als die logischen Folgerungen, die man aus den bestehenden Prämissen zieht und die daher zweifellos Anspruch auf Beachtung und Glaubwürdigkeit haben.

Wenn wir zum Beispiel die Behauptung aufstellen wollten, daß es im nächsten Jahrhundert im Verhältnis zur Bevölkerungsziffer fünfmal mehr Wahnsinnige geben wird, als jetzt, so ist das nichts als eine statistische Deduktion aus den Zahlen, die uns die zivilisierten Völker aller Länder heutzutage bieten.

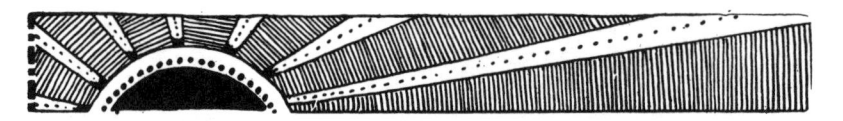

Jacobi weist nach, daß die Zahl der Irrsinnigen in Frankreich in 33 Jahren um 53 Proz. stieg, während im gleichen Zeitraum die Bevölkerungsziffer nur um 11 Proz. gestiegen ist.

In Italien gab es im Jahre 1880 17 471 Irrsinnige und 27 Jahre später zählte man in dem italienischen Königreiche nicht weniger als 45 000.

In England kamen im Jahre 1889 auf je 10 000 Einwohner 18 Irre. Im Jahre 1893 war diese Zahl schon auf 29 gestiegen, und bis zum heutigen Tage hat diese Steigerung noch immer bedeutend zugenommen.

In den Vereinigten Staaten wuchs die Bevölkerungsziffer in 30 Jahren um das Doppelte an, die Zahl der Irrsinnigen aber um mehr als das sechsfache; denn sie stieg von 15 610 auf 95 998.

Diese erschreckenden Zahlen sind leider nur allzu verständlich; denn die Gründe, die den Irrsinn zur Folge haben, werden immer stärker und häufiger und mannigfacher.

Der Orient überschwemmt uns mit seinem Opium und seinem Haschisch; der Norden Europas gibt dem Süden ungeheure Mengen seines Mutterkornes ab, und der Süden schickt als Revanche dem Norden seinen verdorbenen Mais, die alle in sich das tödliche Gift für unsern Geist und unser Hirn tragen.

So wie seit Jahrhunderten der Wein unsere Psyche vergiftet hat und wie es in noch ärgerem Maße das Bier, der Schnaps, der Absinth und der Wermut tun und getan haben, so wirkt jetzt auch noch zum Ueberfluß der Aether, das Morphium und Codeïn tödlich auf unsern Geist ein, und man hat gut gegen diese Gifte, insbesondere aber gegen den Alkoholgenuß zu predigen und zu reden, es wird doch immer weiter getrunken werden, teils um sich zu betäuben, teils um dem immer trüber dahinfließenden Strome des Lebens doch wenigstens eine Stunde des Glücks und des Vergessens zu entreißen. Und man wird weiter trinken, um lustig zu sein und immer lustiger, bis eine weisere, aufgeklärtere, gescheiter gewordene Menschheit dem immer genußdurstigen, menschlichen Hirn andere harmlose, aber ebenso mächtige, ebenso energische Genüsse verschafft haben wird, wie sie ihm heute das Trinken tatsächlich schafft.

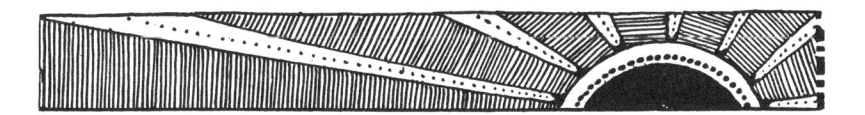

Vom Tee und Kaffee spreche ich hier gar nicht, die zwar auch Erregungs=
mittel des Geistes sind, aber doch nicht kräftig genug, um auf die Phan=
tasie und die Sinne derart zu wirken, daß sie als Ersatzmittel derselben
gelten könnten. So lange die Welt so bleibt, wie sie ist, wird man mit
den Verheerungen rechnen müssen, die der Alkohol anrichtet. Nun füge
man noch den höllischen Wirbel hinzu, in den der Mensch jetzt durch das
Hasten des Lebens gerissen wird, und der ihn arbeiten und arbeiten und
immer arbeiten läßt, bis auch die stärkste Energie aufgebraucht
und die widerstandsfähigsten Kräfte gebrochen werden; und man nehme
das Ruhelose dieses Lebens hinzu, das die Ruhe nur findet, wenn sie
längst schon zu spät kommt, und denke an all' die horrenden Arbeits=
mengen, die jeder schaffen muß und die, wie Beard sagt, jeden Ameri=
kaner schon in einen Neurastheniker verwandelt haben und auch jeden
gebildeten Europäer dazu machen, von welch letzterem schon Kräpelin
sagt, daß er viel zu viel Nerven und viel zu wenig Nerv hat! Vielleicht
ist auf diese Erschöpfung, die sich in der Degenerationsvererbung zeigt,
zurückzuführen, daß wir in den letzten Jahren das Kolorit des Wahn=
sinns sich merkwürdig verändern sehen, und daß wir diese Veränderung
im nächsten Jahrhundert zweifellos noch prononzierter sehen werden.
Es verschwinden nämlich allmählich jene eigentümlichen Fälle von Para=
noia, Melancholie und Halluzinationen, die früher so häufig waren und
unsere Irrenanstalten mit so viel Fürsten, so viel Genies, so viel Er=
findern und so viel eingebildeten Opfern von Jesuiten= und Freimaurer=
Verfolgungen übervölkern. Jetzt treten dafür immer mehr jene ver=
schwommenen Formen auf, die wir geistige Zerstreutheiten und Störungen
nennen, oder jene frühen Wahnsinnsformen, die im Jugendalter auf=
treten und eine Mischform der eben genannten Zerstreutheitsstörungen
mit den alten Formen der Monomanie und Melancholie bilden, durch
welche die Grenzlinien dieser vollständig verwischt werden. Die Ent=
deckung d i e s e r Form verdanken wir dem großen Deutschen K r ä =
p e l i n, obwohl sie schon v o r ihrer Entdeckung, d. h. vor ihrer Er=
kennung Opfer über Opfer gefordert hat.

Dieser frühzeitige Irrsinn, die alkoholischen Wahnsinnsformen und
die allgemeinen progressiven Paralysen, sowie die anormalen Formen
der Epilepsie werden dann die Insassen für unsere Irrenanstalten ab=

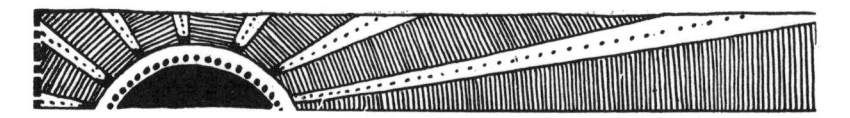

geben, dagegen wird die Zahl der Idioten, vor allem aber die der Kretins ganz außerordentlich abnehmen. Ebenso wird die vornehmlich bei uns in Italien herrschende, durch den Maisgenuß hervorgerufene Pellagra kein Opfer mehr fordern. Das Verschwinden dieser Formen wird nur eine Folge unserer zunehmenden Kultur und unseres nicht zu leugnenden, zunehmenden Wohlstandes sein.

Das Verbrechen.

Im Gegensatz zum Wahnsinn wird das Verbrechen sowohl an Zahl wie an Größe und Intensität immer mehr abnehmen. Wer die Verbrecherstatistik von Mitteleuropa studiert, würde auf den ersten Blick allerdings diese rosige Voraussetzung nicht verstehen; denn die ganz schweren Verbrechen, d. h. Mord und Totschlag, haben zwar ein klein wenig abgenommen, aber Diebstahl, Betrug und Fälschungen haben im ganzen so außerordentlich zugenommen, daß sie in den letzten 25 Jahren auf beinahe das Doppelte stiegen. Der Zahl nach sind also die Verbrechen jetzt noch immer in der Zunahme begriffen. Wer aber genauer hinsieht, wird trotzdem zu dem von mir angegebenen günstigen Resultate der Zukunft gelangen, weil er die Verminderung der kapitalen Verbrechen in Australien mit in Rechnung ziehen wird und nicht nur der Kapitalverbrechen, sondern der Verbrechen überhaupt. Auch wird er nicht übersehen können, daß in Nordamerika der Verbrechenszuwachs eigentlich nur zu Lasten der nach Amerika eingewanderten, sowie der farbigen Bevölkerung fällt. Und ebensowenig wird er es unterlassen, seine günstigen Schlüsse aus der Abnahme des Verbrechens sowohl in London als in Genf zu ziehen, wo man mit allen Mitteln versucht hat, dem Verbrechen energisch zu Leibe zu gehen und ihm möglichst den Garaus zu machen, ein Versuch, der, trotzdem es sich um große Zentren des Verbrechens handelt, dennoch einen günstigen Erfolg zu haben scheint. Und wer nun das alles in Rechnung zieht, der wird ohne viel Mühe prophezeien können, daß im nächsten Jahrhundert die Zahl der Verbrechen ganz außerordentlich abgenommen haben muß, wobei allerdings nicht zu übersehen ist, daß sehr viele Verbrecher infolge unserer weit ausgedehnteren Kenntnisse des Wahnsinns und der psychischen Er-

Verbrechen.

krankungen ihr ganzes Leben lang in Irrenhäusern oder in Irrenreservationen eingeschlossen sein werden. Diese Art, die Verbrecher unschädlich zu machen, wird der Menschheit aber zum größten Nutzen gereichen, da eine weitere Vererbung des Uebels dadurch unmöglich gemacht werden wird.

Die momentane Verschlechterung in bezug auf die Zahl der Verbrecher, die namentlich auffallend in der großen Zahl Rückfälliger*) und Minderjähriger, namentlich in Europa, zum Ausdruck kommt, findet ihre Erklärung in dem doppeltabnormen Zustande unserer Gesetzgebung und unseres Gefängniswesens, die sich beide, wenn auch erst ganz schüchtern und zaghaft, einerseits den Theorien jener so sehr angefeindeten Schule nicht mehr verschließen können, die das Verbrechen als ein Krankheitssymptom auffaßt, die aber andererseits noch in den alten, alteingewurzelten Ideen fußen, die auf der freien Willensäußerung basieren. So vereint unsere Zeit in blindem Unverstande alle Schäden der beiden

---

*) Rückfällige waren im Jahre 1880 20 Prozent aller Verbrecher und im Jahre 1900 40 Prozent. Ganz genau dasselbe Verhältnis zeigte sich auch in Belgien. In Italien wuchs die Zahl der minderjährigen Verbrecher, die zu längeren oder kürzeren Strafen verurteilt wurden, von 30118 im Jahre 1890 67944 im Jahre 1905.

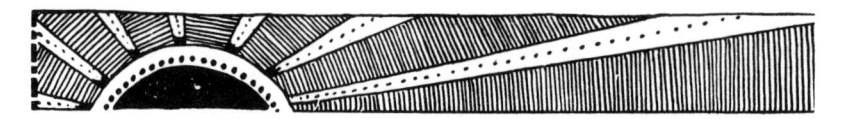

Anschauungen, ohne daß die Allgemeinheit irgendwelche Vorteile aus deren Vorzügen zieht. Es ist dies ein Zustand, der etwa dem zu vergleichen wäre, wenn ein Irrenarzt, der mit den alten Ideen so sehr verwachsen ist, daß er die Wahnsinnigen gleich Verbrechern behandelt und sie in Ketten legt, schlägt und mißhandelt, nun plötzlich von den Ideen der modernen Erkenntnis angehaucht würde und plötzlich anfinge, seine Pfleglinge gleichzeitig sowohl als Verbrecher wie als Kranke zu behandeln.

Tatsächlich bricht sich, was das Verbrechen anbelangt, immer mehr u n s e r e Anschauung Bahn, daß auch dieses als eine organische Erscheinung, nicht aber als eine menschliche Willensäußerung aufzufassen ist. Daß wir uns daher wohl vor ihm schützen müssen, nicht aber in Unmenschlichkeiten gegen den Verbrecher ausarten dürfen. Mit dieser Erkenntnis nun stehen unsere starren, eisernen Gesetze noch völlig im Widerspruche, und die „mildere Auffassung" derselben schadet weit mehr als sie nützt, denn sie geben der Menschheit den Verbrecher immer wieder, und geben ihm so die Gelegenheit, den Keim des Verbrechertums immer weiter und weiter zu verbreiten.

Im kommenden Jahrhundert aber werden alle Hindernisse, die sich heute noch einer vernunftgemäßen Behandlung von Verbrechen und Verbrechern entgegenstellen, längst beseitigt sein. Die Anfänge dazu sind ja schon da, und die Erfolge zeigen sich überall, wo man den Mut hatte, die Neuerungen einzuführen. In London sowohl wie in Nordamerika, wo man jetzt mit aller Energie daran geht, die Verbrecher im Sinne der modernen Wissenschaft für die Menschheit ungefährlicher zu machen. An die Stelle unserer Zuchthäuser werden große Verbrecherkrankenhäuser treten, in denen der rückfällige Verbrecher auf Lebenszeit interniert werden wird, ohne an der Behandlung körperlich, geistig oder seelisch zu leiden. Große humane Arbeitsanstalten werden errichtet werden; riesige Farmen werden dem Verbrechernachwuchs zum Aufenthalt dienen, aber auch denen, die Neigung zum Alkoholismus verraten, und sich darin als unverbesserlich erweisen; und an die Stelle unserer furchtbaren Zuchthaus- und Gefängnisstrafen werden Geldstrafen, Arbeitsstrafen, Duschen, Feldarbeiten und

Wahnsinn.

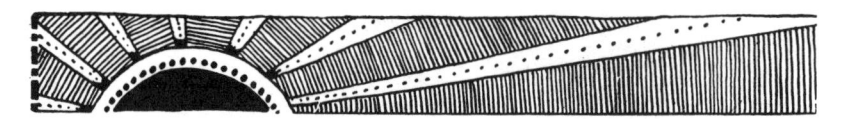

Hausarrest treten. Natürlich werden d i e s e Strafen nur die Gelegenheitsverbrecher treffen und die jugendlichen Verbrecher, die ja die Mehrheit unserer Verbrecherwelt bilden und die erst d u r c h unsere Gefängnisse in ihren Verbrecherinstinkten bestärkt werden. Keiner wird dann mehr die „Strafe" als solche empfinden, sondern nur einen Versuch darin sehen, den psychischen Krankheitskeim in ihm zu stören, ihn wieder „gesund" zu machen, und ihn als gesundes Mitglied der Menschheit wiederzugeben. Schulen, Bibliotheken, Vorträge und der Verkehr mit geistig hervorragenden und charakterfesten Menschen, die wahre Aerzte der Seele sein werden, werden das ihrige dazu beitragen, diesen Heilungsprozeß zu ermöglichen und zu beschleunigen.

Damit ist noch immer nicht gesagt, daß im kommenden Jahrhundert das Verbrechen vollständig verschwinden wird. Gerade weil das Verbrechen teils von unserem Organismus, teils von unserem sozialen Verhältnis abhängt, wird das Verbrechen zwar abnehmen und andere Formen annehmen, aber niemals vollständig verschwinden. In jedem Falle werden, wie man jetzt schon statistisch nachweisen kann, in den nächsten Jahrzehnten in den zivilisierten Ländern die durch Frauen begangenen Verbrechen aller Voraussicht nach ganz außerordentlich an Zahl zunehmen. Gegenwärtig ist das Verhältnis der Verbrecherin zum Verbrecher ein geradezu minimales; aber der große Zahlenunterschied verwischt sich immer mehr, und auch in bezug auf die Schwere der Verbrechen werden die Frauen ihren männlichen Kollegen bald ebenbürtig werden, wenn sie sie nicht überflügeln werden. Haben wir nicht jüngst erst eine M a d a m e H u m b e r t gesehen, die sich jahrelang die finanziellen Kombinationen und Geldoperationen in so außerordentlich raffinierter und schlauer Weise zunutze machte, wie es kein Mann imstande gewesen wäre. Wir haben die G o u r a n s e e gesehen, die sich den Annoncenteil der Blätter und die unglaublichsten Kenntnisse auf dem Gebiete der Toxikologie zunutze machte, um unter dem Vorwande einer reichen Heirat Personen anzulocken und sie zu vergiften und im eigenen Garten zu begraben. Und eine G r e t e B e i e r , die in Deutschland die juridischen Kenntnisse, die sie sich im Laufe der Zeit angeeignet hatte, dazu benutzte, um ein falsches Testament aufzusetzen, die Handschriften fälscht, die Gift braucht und überdies zur Feuerwaffe greift, um einen

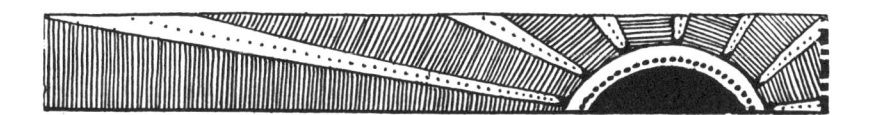

Verliebten zu töten und seine Erbin zu werden. Diese Kompliziertheit der Verbrechen wird man auch bei den Missetaten der Männer bald in verhältnismäßig zunehmender Zahl finden, wenn auch die Gesamtsumme der Verbrechen selber abnehmen wird. Denn keiner macht sich die technischen, ökonomischen und sozialen Errungenschaften so schnell und so sicher zunutze wie der Verbrecher. Wir haben schon in diesem Jahrhundert ganz neue Arten von Verbrechen auftauchen sehen, bei denen das Zweirad, das Motorrad und das Automobil eine große Rolle gespielt haben. Und in Amerika, wo alles, selbst das Verbrechen einen großartigen Zug hat, werden auch Eisenbahnzüge und Dampfmaschinen dazu benutzt. So brach der berüchtigte T r a s s y aus dem Zuchthaus von Oregon, sprang auf eine Schnellzugs-Lokomotive und raste mit ihr davon, so daß er nur dadurch festgenommen werden konnte, daß eine noch schnellere Maschine ihm nachraste und ganze Züge von Polizeisoldaten ihm entgegen fuhren. In unserer Zeit der Genossenschaften und Vereinigungen ist es selbstverständlich kein Wunder, daß wir auch auf große Verbrechergenossenschaften stoßen. In Nord-Amerika, in Rußland, in Deutschland und in England hat man geradezu Aktiengesellschaften von Dieben, Einbrechern und Falschspielern entdeckt. Aktiengesellschaften, die eigene luxuriös eingerichtete Bureaus hielten, über jedes Verbrechen Buch führten und es im Einnahmen- und Ausgabenkonto verzeichneten. In Moskau hob man eine, aus dreißig Aristokraten bestehende Verbrecherbande auf, die mit enormem Kapital arbeitete, das in die Millionen ging. Dieser Bande standen in den verschiedensten Städten prachtvolle Wohnungen, Paläste und glänzend ausgestattete Villen, sowie ein Heer von Dienern, Automobilen und Equipagen zur Verfügung, und sie hatten überall ihre Komplizen. In New York gibt es Hunderte von Assekuranzschwindlern, die sich zu einer Spezialität ausgebildet haben. Vor zwei Jahren wurden acht Versicherungsgesellschaften von einer Verbrecherbande von Fälschern um fünf Millionen Dollars, das ist über zwanzig Millionen Mark, beschwindelt; sie versicherten alte, sterbenskranke Menschen auf hohe Summen, statt der Kranken aber wurden bei der Untersuchung vollständig gesunde Personen für die zu versichernden ausgegeben; überdies wurden von ihnen Hunderte von Ausweispapieren und Totenscheinen gefälscht, und sie gingen in ihrer Frechheit so weit, selbst ein Begräbnis zu inszenieren und eine Wachspuppe in pomphaftem Leichenzuge zur letzten Ruhestätte geleiten zu lassen, während derjenige, den die Wachspuppe vorstellte, sich den Spaß machte, mit unter den Leidtragenden mitzugehen und seinem eigenen Begräbnisse zuzusehen!

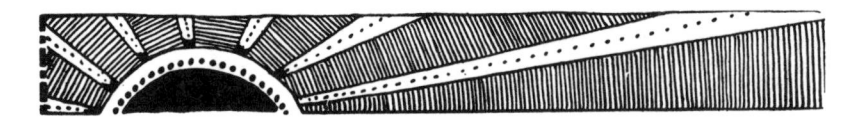

Der berühmte Giftmischer H o l m e s könnte als der vollendetste Typus des Verbrechers der Zukunft gelten. Er versicherte das Leben seiner Opfer auf hohe Summen, brachte ihnen dann Gift bei und strich zuletzt das Geld ein. Als hypermoderner Mensch, der er war, spielte bei allen seinen Verbrechen der Anzeigenteil der Journale, der Telegraph, das Telephon und sogar die drahtlose Telegraphie eine ganz bedeutende Rolle. Er war der Virtuose des modernen Verbrechertums und führte jedes Verbrechen so künstlerisch, d. h. so kompliziert wie nur möglich aus, um nicht nur den Nutzen, sondern auch seine Freude daran zu haben.

Aber wenn sich die Verbrecher von einst auch all der Erfindungen ihrer Zeit noch ausgiebiger werden bedienen können, wie es die Gauner unserer Zeit jetzt schon in oft ganz verblüffender Weise tun, so werden doch damit auch gleichzeitig die großen Erfindungen Hand in Hand gehen, die den Verbrechern das Handwerk legen werden. Es wird immer schwerer und schwerer werden, ein Verbrechen auszuführen, ohne geradezu im selben Momente auch schon entdeckt zu werden. Und auch darin wird ein guter Teil des Grundes liegen, warum die Verbrechen werden abnehmen müssen. Allerdings werden gerade die Gefahren manchen verlocken, die Ueberlegenheit seines Geistes zu zeigen, die ihn befähigt, d e n n o c h ein Verbrecher zu sein, aber das werden nur wenige Enthusiasten sein, die man immer noch findet und die es auch heute schon gibt.

Regierungsrat Rudolf Martin
Der Krieg in 100 Jahren.

Der Krieg in 100 Jahren.
Von Regierungsrat Rudolf Martin.

Die Kriegführung in hundert Jahren wird sich von der Kriegführung der Gegenwart weit mehr unterscheiden, als diese von der Kriegführung vor der Erfindung des Schießpulvers. Und doch hat die Erfindung des Schießpulvers die gewaltigsten Veränderungen zustande gebracht. Das gesamte Kriegswesen wurde durch das Aufkommen des Schießpulvers um die Mitte des 14. Jahrhunderts in Europa umgestaltet. Das Rittertum verschwand. An die Stelle des Lehnsaufgebots trat das stehende Heer. Der Lehnsstaat hörte auf. Die Macht des unbeschränkten Königtums kam in den meisten Ländern zur Geltung.

Daneben zeigten sich Wirkungen des europäischen Schießpulvers, durch das mit dem Jahre 1492 einsetzende Zeitalter der Entdeckungen. In Amerika und in Ostindien unterlag die Kultur der Eingeborenen den Schießwaffen der europäischen Entdecker. Aber das Schießpulver war nur ein Teil der Ueberlegenheit der Europäer. Im übrigen verdankten sie ihre Erfolge ihrer Seetüchtigkeit. Das Aufkommen des Kompasses seit ungefähr dem Jahre 1310 hatte die Sicherheit der Schiffahrt vermehrt und die Entdeckungsfahrten ermöglicht. Die Fortschritte der Astronomie, der Geographie und die Zunahme der Bildung im Zeitalter der Reformation ermöglichten die Herstellung brauchbarer Seekarten. Selbst die Erfindung der Buchdruckerkunst um das Jahr 1462 hat an den Erfolgen und Siegen der Seefahrer und Entdecker einen großen Anteil.

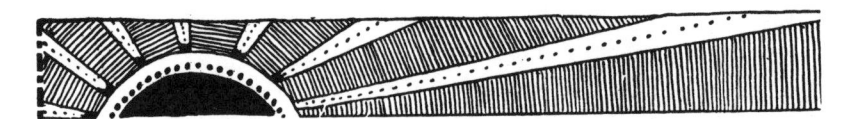

Von größter Bedeutung aber war das Aufkommen reiner Segelschiffe, die nicht mehr auf Ruder eingerichtet waren. Der Transport des Proviants und des Trinkwassers für die vielen Ruderknechte hatte bis zum Jahre 1300 jede größere Entdeckungsfahrt unmöglich gemacht. Indem im Laufe der Jahrhunderte die Segelschiffe immer größer wurden, konnten weitere Reisen unternommen und eine größere Zahl von Soldaten transportiert werden. Wäre aber in der Zeit von 1300 bis 1500 die Kunst des Lavierens nicht aufgekommen, so würden die europäischen Seeschiffe an größeren Unternehmungen verhindert worden sein.

Diese umgestaltende Wirkung der Technik auf die Kriegsführung wird sich in verstärktem Maße in den kommenden hundert Jahren vollziehen. Die Technik der Motorluftschiffahrt der Unterseeboote, der drahtlosen Telephonie und Telegraphie und wahrscheinlich auch der drahtlosen Uebertragung von Starkstrom wird neben der Fortbildung der Sprengmittel, der Artillerie und der Schutzvorkehrungen den Krieg vollkommen umgestalten und eine weitgehende Einwirkung auf die Politik ausüben.

Besonders aber wird die Motorluftschiffahrt die gesamte Kriegführung umgestalten. Die Motorluftschiffahrt verstärkt die Macht der industriellen, kapitalreichen Großmächte mit dichter, geistig hoch entwickelter Bevölkerung und mit großen Landheeren gegenüber den agrarischen, armen Großmächten mit dünner, geistig rückständiger Bevölkerung oder mit kleinen Landheeren.

Begünstigt kann die militärische Stärke einer Großmacht im Zeitalter der Motorluftschiffahrt auch durch die geographischen Verhältnisse werden. Deutschland, welches im Zentrum des Kontinents von Europa gelegen ist, kann vermittels seiner Motorluftschiffahrt Einfluß nach allen Seiten und auf alle anderen europäischen Großmächte ausüben.

Auch in hundert Jahren dürfte die Lage Deutschlands sich besser für die Motorluftschiffahrt eignen als die Lage Englands. Der Verkehr über den Atlantischen Ozean wird wesentlich schwächer sein, als der Verkehr auf dem Kontinent von Europa. Von jedem Punkt Europas oder Asiens oder Afrikas kann man aufsteigen, um irgend einen Punkt in Deutschland auf dem Motorluftfahrzeug zu erreichen. Man kann aber nicht von einem einzigen Punkte in dem Atlantischen Ozean aufsteigen, um auf dem Motorluftfahrzeuge England zu erreichen. Dabei soll nicht in Abrede gestellt werden, daß auch die Dampfer auf dem Meere in hundert Jahren einen Verkehr durch Drachenflieger mit dem Festlande unterhalten.

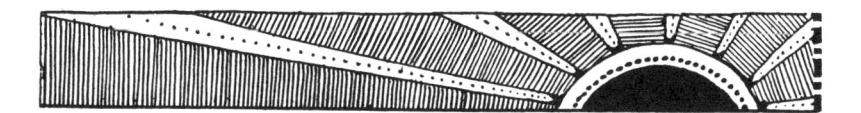

Für die Seeschiffahrt war England als Insel besonders günstig veranlagt. Für die Motorluftschiffahrt ist England als Insel besonders ungünstig veranlagt. Denn auf dieser Insel herrschen heftige Stürme, und lagert häufig ein dichter, gefährlicher Nebel. Ueberdies aber ist der Verkehr über den Ozean weit seltener als der Verkehr über Land. Deutschland aber erfreut sich nicht nur des größten Landverkehrs durch die Luft, sondern auch wahrscheinlich des größten Seeverkehrs durch die Luft. In jedem Falle ist Deutschland für den transatlantischen Verkehr durch die Luft ebenso geeignet wie Großbritannien. Da aber auf den britischen Inseln heute nur 42 Millionen Einwohner wohnen, gegenüber 62 Millionen Köpfen in Deutschland, so ist anzunehmen, daß die stärkere Bevölkerungsvermehrung, durch welche sich Deutschland schon heute auszeichnet, in hundert Jahren eine gewaltige Ueberlegenheit an Zahl der Bevölkerung geschaffen hat. Auf Grund einer weit stärkeren Bevölkerung, welche die englische um etwa 50 Millionen überragen dürfte, wird Deutschland auch einen viel größeren Verkehr an Personen und leichten Gütern durch die Luft mit Amerika unterhalten.

Da die Bevölkerung Frankreichs schon seit Jahrzehnten stagniert, während die Bevölkerung Deutschlands jährlich um 860 000 Köpfe zunimmt, so wird Deutschland in hundert Jahren mehr als die doppelte Einwohnerschaft von Frankreich haben. Schon aus diesem Grunde ist die aeronautische Ueberlegenheit Deutschlands über Frankreich eine gewaltige. Verstärkt wird diese Ueberlegenheit durch die zentrale Lage Deutschlands im Herzen von Europa. Da Rußland an Industrie, Kapital und geistiger Bildung Deutschland in hundert Jahren noch längst nicht erreicht haben wird, so wird auch Rußland auf dem Gebiete der Motorluftschiffahrt weit hinter Deutschland zurückstehen. Die großen internationalen Luftlinien von Berlin bis Peking oder von Berlin über Südrußland nach Teheran und Indien werden nicht im Eigentume russischer sondern deutscher Firmen stehen.

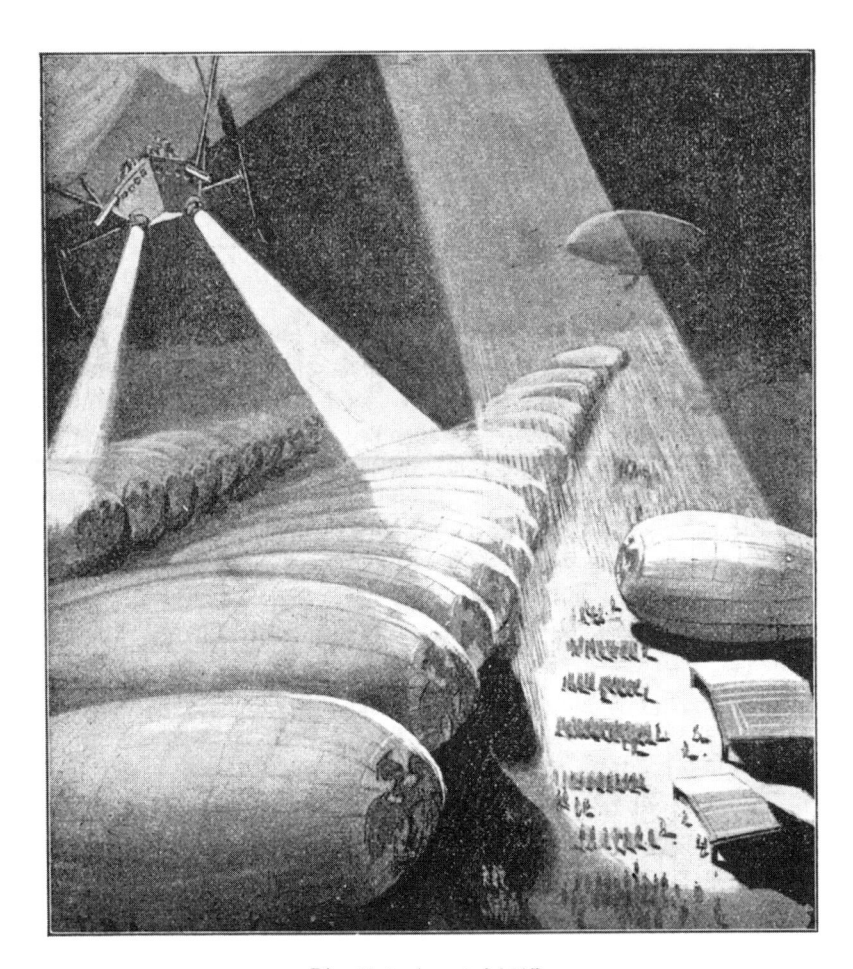

Die Flotte der Luftschiffe.

Je mehr Motorluftfahrzeuge eine Großmacht im Kriege besitzt, um so stärker ist sie. Die Masse der Motorluftfahrzeuge kann eine Großmacht in hundert Jahren während des Krieges aber nur aus dem Verkehr entnehmen. Die Großmächte können nicht für die Heeresverwaltung und die Marineverwaltung für 10 oder gar 20 Milliarden Mark Motorluftfahrzeuge im Frieden für den Kriegsfall beschaffen. Dasselbe gilt von den Luftschiffhäfen. Wie das Deutsche Reich sich heute im Kriegsfalle der bestehenden und dem Verkehre dienenden Eisenbahnen bemächtigt, so wird es in hundert Jahren bei Ausbruch eines Krieges seine Hand nicht nur auf die Verkehrsluftlinien und Luftschiffhäfen, sondern auch

Das Drama in der Luft.

auf die im Besitze der Sportsleute befindlichen Drachenflieger und Motorballons legen.

Nur wenn man diese Veränderungen des Verkehrs und des Stärkeverhältnisses der Mächte im Auge behält, kann man sich ein Bild von der Art der Kriegführung in hundert Jahren machen. Der Charakter des künftigen Krieges wird schon durch die Tatsache ein verändertes Aussehen haben, daß die sich feindlich gegenüberstehenden Kriegsmächte andere geworden sind, als wir es aus der Geschichte der letzten tausend Jahre gewohnt sind. Zwischen Deutschland und Frankreich oder Deutschland und England oder Deutschland und Oesterreich-Ungarn ist ein Krieg in hundert Jahren vollkommen ausgeschlossen. Sämtliche europäischen Staaten, keinen ausgenommen, bilden in hundert Jahren eine Staatengemeinschaft, welche den gegenseitigen Krieg ebenso ausschließt, wie heute etwa ein Krieg zwischen dem Königreich Bayern und dem Königreich Preußen oder dem Deutschen Reiche unmöglich ist. Der zunehmende Luftverkehr hat eine solche Menge gemeinsamer Bedürfnisse und Interessen geschaffen, daß in hundert Jahren sämtliche europäischen Staaten als Staatengemeinschaft ein gemeinsames europäisches Parlament und eine gemeinsame europäische Gesetzgebung haben. Durch die gemeinsame Gesetzgebung und durch die Verfassung der europäischen Staatengemeinschaft ist aber ein Krieg zwischen europäischen Staaten nicht nur ausdrücklich untersagt, sondern auch tatsächlich zur Unmöglichkeit geworden.

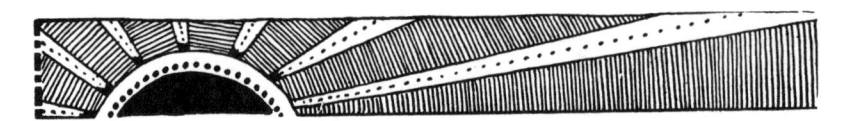

Solange ein märkischer Raubritter einen benachbarten Raubritter bekriegen konnte, bewegte sich die Kriegführung in den entsprechenden primitiven Formen. Sie wurde großartiger in dem Zeitalter der Entdeckungen und des Schießpulvers. In hundert Jahren können die vereinigten Staaten Europas Kriege nur führen mit der gelben Rasse, also mit China, Japan und Siam oder mit den Vereinigten Staaten Amerikas. Im übrigen hat das europäische Militär nur die Aufgabe der Niederwerfung von Aufständen. Volkserhebungen in Europa sind undenkbar, da die europäische Gesamtverfassung und die Regierung aller Einzelstaaten eine sehr freiheitliche und dem Volkswillen entsprechende ist. Nicht selten aber finden sich gewaltige Erhebungen der Neger und anderer Stämme in Afrika, der Indier und der Bewohner Vorderasiens.

Nur durch die massenhafte Anwendung der Motorluftfahrzeuge kann Afrika, welches unter die verschiedenen europäischen Großmächte aufgeteilt ist, niedergehalten werden. Auch die Herrschaft über die 400 Millionen Einwohner Indiens würde den Engländern längst dauernd entwichen sein, wenn nicht die gesamten europäischen Staaten die riesenhafte Menge ihrer Motorluftfahrzeuge und Luftschiffertruppen gemäß den Verpflichtungen der Gesamtverfassung bei jeder indischen Revolution den Engländern sofort zur Verfügung gestellt hätten.

Zwischen den Vereinigten Staaten von Amerika, welche den gesamten Kontinent von Nordamerika und Südamerika umfassen, und den

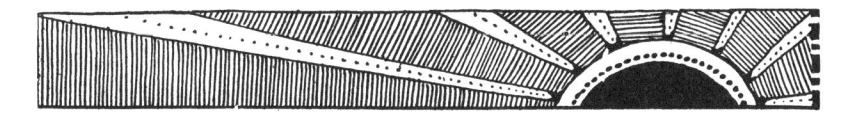

Vereinigten Staaten von Europa bestehen die denkbar besten politischen Beziehungen. Allerdings sind die europäischen Generalstäbe ebenso wie die amerikanischen Generalstäbe auf die Möglichkeit eines Krieges vorbereitet. Aber es ist außerordentlich unwahrscheinlich, daß ein solcher Krieg jemals ausbrechen wird.

Der einzige wirklich bedeutende Weltkrieg, der in hundert Jahren stattfindet, ist ein Krieg der Vereinigten Staaten Europas gegen das verbündete China und Japan. Während dieses viermonatlichen ungewöhnlich blutigen Krieges haben sich die Vereinigten Staaten von Amerika vollkommen neutral gehalten. Tatsächlich haben sie aber zur schnellen Niederwerfung der gelben Rasse einen bedeutsamen Beitrag geliefert, indem sie die Ausfuhr von allem Kriegsmaterial nach Ostasien verhinderten.

In diesem Weltkriege ist aber die fortgeschrittene Kriegstechnik, wie sie in dem ersten Jahrhundert der Motorluftschiffahrt sich ausgebildet hat, voll und ganz zur Geltung gekommen. Der Hauptangriff Europas gegen China wie gegen Japan erfolgte von der Landseite, also vom Westen aus. Unterstützt wurde diese Aktion durch einen Angriff der vereinigten europäischen Flotten in dem Stillen Ozean.

Die Ursache des Krieges ist nicht ohne Zusammenhang mit der Strategie und Taktik des Feldzuges. China und Japan hatten beide beschlossen, die Motorluftschiffahrt zu verstaatlichen und den europäischen Verkehrsluftlinien die Erlaubnis zu entziehen, eigene Luftschiffhäfen in China und Japan zu besitzen und den Transport von Personen und Waren durch die Luft zu betreiben. Die europäische Staatengemeinschaft hatte einstimmig von vornherein diese Verletzung der althergebrachten Rechte der europäischen Verkehrsluftlinien abgelehnt. Am 1. Juni des Jahres 2008 setzten China wie Japan das wenige Tage zuvor von ihnen erlassene Gesetz in die Wirklichkeit um, indem die staatlichen Behörden sämtliche Luftschiffhäfen Chinas und Japans mit Beschlag belegten und die europäischen Motorluftfahrzeuge auswiesen. Da sich die deutschen, russischen, englischen und französischen Beamten der Luftschiffhäfen und der Motorluftfahrzeuge diesen Anordnungen der chinesischen Behörden vielfach widersetzten, und in einer Reihe chinesischer Städte schwere Ausschreitungen des Pöbels gegen die Europäer vorkamen, an denen auch nachweisbar chinesische Beamte und Soldaten nicht unbeteiligt waren, beschloß die Gesamtvertretung der europäischen Regierungen die sofortige Kriegserklärung.

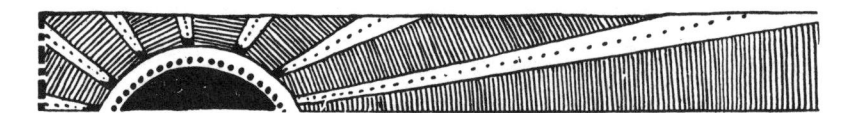

Durch drahtlose Telegraphie wurden alle Motorluftfahrzeuge europäischer Gesellschaften aus China und Japan zurückberufen und ihnen der Auftrag gegeben, nach Möglichkeit die europäische Bevölkerung nach Europa oder Indien oder Sibirien zurückzuführen.

Sofort begann die Mobilisierung der europäischen Luftflotte. Siam bat die europäischen Regierungen neutral bleiben zu dürfen, versprach aber der Rüstung europäischer Motorluftflotten in Siam nicht entgegentreten zu wollen.

Innerhalb von wenig Stunden wurden alle Luftschiffhäfen rings um das chinesische Reich von Wladiwostock bis Samarkand in Zentralasien und weiter bis nach Lee 3434 Meter hoch in den Bergen des Himalaya-Gebirges, in Kalkutta, Siam und Tonking in Kriegszustand gesetzt. Mehr als tausend Motorballons waren von Sibirien, Indien und Tonking schon in den ersten drei Stunden nach der Kriegserklärung in das Innere von China unterwegs, um den Europäern behilflich zu sein, auf den Motorluftfahrzeugen zu entkommen und um an Benzin oder Gas notleidende europäische Motorluftfahrzeuge auf ihrer Heimreise zu unterstützen. Von zahlreichen Luftschiffhäfen und in der Luft fahrenden Motorluftfahrzeugen treffen in Sibirien, in Anam, Indien und russisch Turkestan drahtlose Depeschen mit Nachrichten über den Stand der Dinge ein. Da eine Reihe von Luftschiffhäfen in China sich gegen die chinesischen Behörden und den Pöbel verteidigen, so muß ihnen von den ersten verfügbaren Streitkräften der Luftflotten zunächst Hilfe gebracht werden. Die ersten großen Luftgeschwader, welche Wladiwostock, Hanoi in Anam, Kalkutta verlassen, dringen gleich tief in das Innere von China ein. In Erwartung der kommenden Ereignisse hatte die englische Regierung ebenso wie die internationalen Luftlinien Vorsorge getroffen, daß eine ungewöhnlich starke Luftmacht in Lasar, der Hauptstadt Tibets, konzentriert war. Insonderheit waren auch die Luftschiffhäfen an der Nordgrenze Tibets mit gut ausgerüsteten Riesenluftschiffen versehen.

Anmarsch der Luftflotte im Jahre 2010.

Die Entscheidung in einem solchen Kriege liegt nicht bei den Aluminiumluftschiffen oder Ballonetluftschiffen. Sie liegt auch nicht bei den Drachenfliegern. Die Schlachtluftflotte der Zukunft besteht aus den riesenhaften Vakuumluftschiffen, die nicht von Gas getragen werden, sondern auf Grund der Leere des Raumes aufsteigen. Die alte Idee des Jesuitenpaters Franzesko Lana aus dem Jahre 1670 war bereits am 9. September 1908 in einem Leitartikel des hervorragenden deutschen Gelehrten G. J. Derb in den Illustrierten aeronautischen Mitteilungen wieder aufgenommen worden. Seitdem ist sie nicht mehr zur Ruhe gekommen. Im Jahre 2008 verfügen die europäischen Luftlinien zusammen über mehr als 10 000 Vakuumluftschiffe, während die Heeresverwaltungen und Marineverwaltungen der europäischen Staaten etwa 5000 Vakuumluftschiffe besitzen. Keines dieser Vakuumluftschiffe hat einen geringeren Umfang als 300 000 Kubikmeter. Die Wände sind aus feinem Nickelstahl hergestellt, welcher fester ist als im Jahre 1908 die Panzerplatten. Eine genaue

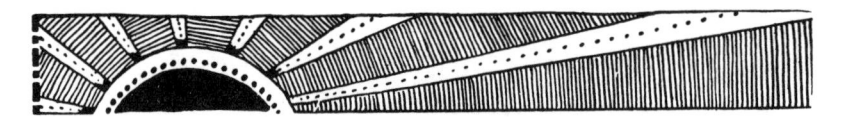

Beschreibung dieses wichtigsten Motorluftfahrzeuges der Zukunft habe ich in meinem soeben erschienenen Buch „Von Ikarus bis Zeppelin" (Brandussche Verlagsbuchhandlung, Berlin) Seite 144 gegeben. Ein solches Luftschiff wird vor der Fahrt durch große Luftpumpen vollkommen von Luft entleert. Solche Pumpen sind in allen Luftschiffhäfen vorrätig. Auch führt das Luftschiff selbst eine durch einen Motor in Gang gehaltene Luftpumpe mit sich. Das Vakuumluftschiff hat den großen Vorzug, daß es allen Gefahren des Wasserstoffgases überhoben ist.

Das Vakuumluftschiff kann nicht explodieren oder verbrennen. Ueberdies kostet das Wasserstoffgas der Aluminiumluftschiffe und Ballonetluftschiffe viel Geld und muß immer wieder ergänzt werden. Das Vakuumluftschiff kann sich solange in der Höhe halten, wie die Luftpumpen ordnungsgemäß arbeiten, also Monate lang und unter Umständen Jahre lang.

Auf Grund ihres riesenhaften Umfanges haben die Vakuumluftschiffe eine ungeheure Tragfähigkeit. Allerdings wiegt die schwere Stahlumhüllung eines Vakuumluftschiffes von 300 000 cbm bereits 200 000 kg. Aber der noch verfügbare freie Auftrieb von 100 000 kg oder 100 Tonnen gestattet den Transport von 1000 Personen auf eine kürzere und 600 Personen auf eine weitere Entfernung.

Ein Teil der Vakuumluftschiffe in Sibirien, Zentralasien und Indien wurde mit Militär beladen, ein anderer Teil mit Dynamittorpedos. Insgesamt gingen gleichzeitig 200 Vakuumluftschiffe von allen Seiten in das Innere von China vor. Dies alles geschah in den ersten drei Stunden nach der Kriegserklärung. Gleichzeitig wurden zunächst alle Vakuumluftschiffe in Deutschland, Frankreich, England aus dem Verkehr genommen und auf dem kürzesten Wege zu den Luftschiffhäfen an den Grenzen des Reiches der Mitte gesandt. Auch allen Vakuumluftschiffen, die zwischen Berlin und Ostasien oder zwischen Berlin und Kalkutta verkehrten, wurde durch drahtlose Telegraphie die Anweisung gegeben, sofort in dem nächsten Luftschiffhafen die Passagiere wie die Waren auf Aluminiumluftschiffe oder Drachenflieger zu verladen und selbst unverzüglich nach bestimmt angegebenen Luftschiffhäfen an der chinesischen Grenze zu fahren. Innerhalb 24 Stunden waren nicht weniger als 1000 Vakuumluftschiffe längs der chinesischen Grenze zum Ersatz und zur Verstärkung der schon vorhandenen Vakuumluftflotte zusammengezogen. Innerhalb drei Tagen waren insgesamt 12 000 Vakuumluftschiffe auf dem Kriegsschauplatz.

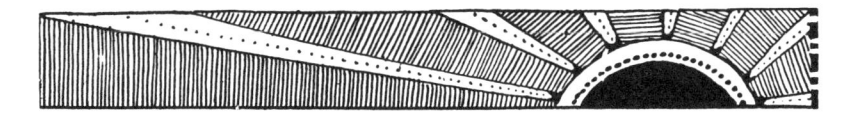

Der größte Unterschied, abgesehen von der Motorluftschiffahrt selbst, zwischen der heutigen Kriegführung und der Kriegführung im Jahre 2009 ist vielleicht darin zu finden, daß der Krieg nicht an den Grenzen des feindlichen Landes beginnt, sondern sofort tief in das Innere hineingetragen wird.

Sobald die Gesandtschaften Peking verlassen haben würden, sollte das Bombardement Pekings und insbesondere der militärischen Gebäude sowie des Kaiserpalastes beginnen. Von Hongkong, Anam und Wladiwostok waren sofort nach der Kriegserklärung insgesamt 20 Aluminiumluftschiffe nach dem Gesandtschaftsviertel in Peking beordert, um das ordnungsmäßige Aufsteigen der Gesandtschaften in ihren Aluminiumluftschiffen sicher zu stellen und diese Luftfahrzeuge gegen die Angriffe der chinesischen Luftflotte zu beschützen.

Die Luftmacht des chinesischen Reiches bestand aus etwa 300 Aluminiumluftschiffen und 600 Ballonetluftschiffen. Die chinesische Regierung besaß im Jahre 2009 noch nicht ein einziges Vakuumluftschiff. Der geringe Umfang der chinesischen Luftflotte hatte seinen Grund in der Ausdehnung der europäischen Verkehrsluftlinien über das ganze chinesische Reich. Gerade um zu einer großen, selbständigen Luftmacht für den Kriegsfall zu gelangen, wollten China und Japan das unbequeme Joch der europäischen Verkehrsluftlinien von sich abschütteln.

Ganz ausgezeichnet war aber die japanische Luftflotte. Sie hatte einen großen Rückhalt an den japanischen Luftlinien, die von Tokio bis Wladiwostok, Peking und selbst bis Schanghai reichten. Japaner pflegten nach Rußland wie China aus Patriotismus regelmäßig nur auf japanischen Luftschiffen zu fahren. Den inneren Verkehr Japans haben von Anfang an nur japanische Luftlinien versorgt. Natürlich war die japanische Luftmacht noch nicht ein Viertel so groß wie die englische und noch nicht einmal ein Zehntel so groß wie die deutsche. Auch qualitativ stand sie nicht unerheblich hinter der deutschen zurück. Ein welterfahrenes, mit den Eigentümlichkeiten aller Länder vertrautes Luftschifferkorps kann eine Kriegsmacht nur auf Grund internationaler Verkehrsluftlinien heranbilden.

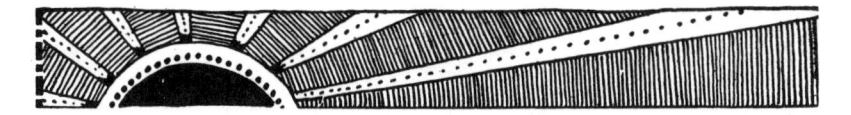

Die japanische Luftmacht war wenig größer als die chinesische, aber qualitativ besser. Zusammen bildeten die Luftflotten Chinas und Japans eine recht ansehnliche Macht, die einer einzelnen weit vorgeschobenen Luftflotte der vereinigten europäischen Kriegsmächte leicht gefährlich werden konnte.

Es ist für unsere Zeitgenossen wirklich nicht leicht, sich eine Schlacht im Jahre 2009 auszumalen. Das Wesen einer jeden Schlacht zu Lande wie zu Wasser besteht in dem Luftangriff. Nur wer das Zeppelinsche Aluminiumluftschiff in der Nacht vom 4. auf den 5. August 1908 oder den Parsevalschen Motorballon am 23. Oktober 1908 in einer Höhe von 1500 Metern jenseits der Wolken hervorschießen und sich hinter den Wolken wieder verbergen sah, wird einen Begriff von dem Wesen des künftigen Schlachtgetümmels haben.

Ein Sieg rein auf dem Lande oder rein auf dem Wasser in Abwesenheit der Luftflotten ist ohne jeden strategischen Wert. Nur durch eine seltene Verkettung von Zufällen könnte sich ein reiner Landsieg ohne Luftsieg denken lassen. Was würde es einer Armee von sechs Armeekorps nützen, wenn sie in einer gewaltigen Feldschlacht eine andere vielleicht gleich starke Armee zurückgeschlagen hätte und nun plötzlich in das Feuer einer Luftmacht von 3000 Motorluftfahrzeugen käme? Es ist nichts leichter, als mit Truppen gefüllte Ortschaften oder Biwaks aus der Luft vollständig zu zerstören oder marschierende Kolonnen auf der Landstraße zu beschießen. Wenn eine Luftflotte auf der Landstraße marschierende Truppen überraschen will, so fahren die Luftschiffe zu Vieren nebeneinander und vielleicht in hundert Reihen oder Gliedern hintereinander. Wenn ein auf der Landstraße marschierendes Infanterieregiment plötzlich bei bewölktem Himmel von einer Luftflotte von 400 Luftschiffen, die sich hintereinander über das marschierende Regiment begeben, beschossen wird, so ist das Regiment vernichtet. Innerhalb einer Stunde kann aber dieselbe Luftflotte eine Reihe von Regimentern vernichten, solange eben der Vorrat an Dynamittorpedos reicht.

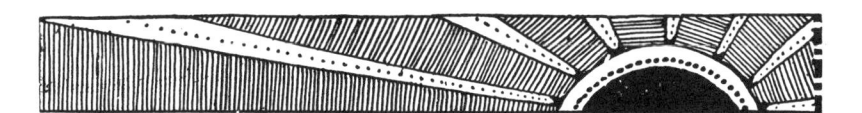

Ein einziges Vakuumluftschiff normaler Größe trägt neben der Besatzung von etwa 500 Mann auf kürzere Entfernungen 950 schwere Dynamittorpedos à 75 kg oder 4750 leichte Dynamittorpedos à 15 kg. Welches Bataillon könnte wohl einen Hagel von 4750 Dynamittorpedos aushalten? Wenn nun aber 20 solcher Vakuumluftschiffe hintereinander fahren, so können sie aus der sicheren Höhe von 1500 Metern die marschierende Infanterie einfach wegrasieren. Breite Streuapparate, die sechsmal so breit sind als eine Landstraße, lassen gleichzeitig die Dynamittorpedos fallen, so daß ein Zielen nicht nötig und ein Nichttreffen ausgeschlossen ist. Der Transport ganzer Armeekorps und Armeen auf den Hauptstraßen eines Landes ist in der Nähe feindlicher Luftschiffe überhaupt nicht mehr möglich.

Wenn die Fachleute der Aeronautik und die Generalstäbe im Jahre 1908 noch nicht zu dieser Erkenntnis gekommen waren, so liegt dies lediglich daran, daß sie immer nur an ein Exemplar oder höchstens drei Exemplare des Zeppelinschen Aluminiumluftschiffes denken. Mit der Möglichkeit, daß man 1000 oder gar 10000 Motorluftschiffe verschiedener Art herstellen könne, haben sie überhaupt nicht gerechnet. Die deutsche Nation allein hatte im Jahre 1909 ein Nationalvermögen von etwa 225 Milliarden Mark und im Jahre 2009 ein Nationalvermögen von 450 Milliarden Mark, welches zum großen Teil in Afrika und Vorderasien angelegt wird. Nach einer genauen Aufstellung aus dem Jahre 2009 sind etwa 10 Milliarden Mark des deutschen Nationalvermögens in Motorluftfahrzeugen und Luftschiffhäfen angelegt. Unter diesen Umständen ist die ausschlaggebende Rolle der Luftflotten im Kriege nicht zu verwundern.

In dem Weltkriege des Jahres 2009 haben die Kriegsflotten der europäischen Mächte nur insoweit eine Rolle gespielt, als sie bereits im Beginn des Krieges in den ostasiatischen Gewässern zusammengezogen waren. Ihre Hauptrolle haben sie aber nicht als Seeschiffe gespielt, sondern gewissermaßen als Flöße oder Stationen zum Absenden von Motorluftfahrzeugen gegen das feindliche Land.

Gleich bei Beginn des Krieges in den ersten 24 Stunden ließen die Spezialschiffe für Motorballons und Drachenflieger der vereinigten europäischen Luftflotten 100 Drachenflieger und 50 Motorballons in der

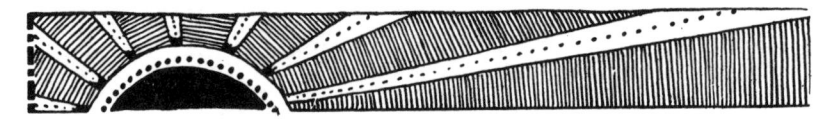

Nähe von Tonking aufsteigen. Diese vom Meere kommende Luftflotte vereinigte sich über Peking mit den ersten von der Landseite eingetroffenen Luftflotten und griff die chinesische Luftflotte direkt über der Hauptstadt an. Wenn die europäischen Luftschiffe nicht wiederholt während des ersten Tages nach der Kriegserklärung zur neuen Aufnahme von Munition nach den vor Taku liegenden Spezialschiffen zurückkehren konnten, so würden sie sich total verausgabt haben. Der stete Ersatz der Munition an Dynamittorpedos, sowie des Benzins ermöglichte aber die Niederkämpfung des bei Peking zusammengezogenen Hauptteils der chinesischen Luftmacht an einem Tage.

Die lange Dauer des Krieges von vier vollen Monaten beruht nur in dem Widerstande der japanischen Luftmacht und in der Größe des chinesischen Reiches, wo fast jede einzelne Stadt bis zur Zahlung von staatlichen Kontributionen und Bestrafung der schuldigen Beamten bombardiert wurde.

Erst im Jahre 2009 ist die gelbe Rasse zu der Erkenntnis gekommen, daß infolge der aeronautischen Ueberlegenheit der weißen Rasse jeder Widerstand künftig vergeblich sei. Die Marine, die Infanterie und Artillerie verloren seitdem mehr und mehr ihre Bedeutung für den Krieg, nachdem die Kavallerie schon um das Jahr 1950 fast ganz verschwunden war. Im Jahre 2009 genügte es, ein guter Aeronaut zu sein, um als ein tüchtiger Soldat mit Erfolg kämpfen zu können. Die Kinder in Deutschland wie in China verwechselten bereits vollständig den Begriff des Soldaten mit dem des Luftschiffers. Meist begriffen sie nicht, daß nicht jeder Soldat ein Luftschiffer sei. Und in der Tat, die Zahl der reinen Infanteristen und Artilleristen war schon enorm zusammengeschrumpft. Die Menge der Infanteristen und Artilleristen ging auf Drachenfliegern in das Gefecht. Das Rückgrat der ganzen Kriegsmacht Deutschlands aber bildete die Mannschaft der Vakuumluftschiffe.

Bertha von Suttner
Der Frieden in 100 Jahren.

Der Frieden in 100 Jahren.
Von Bertha von Suttner.

In der "Sorbonne von Europa" war für den 1. März 2009 ein Vortrag des berühmten brasilianischen Geschichtsprofessors, Dr. Pedro Diaz, angesagt. Allwöchentlich las an dieser Universität ein Gelehrter aus einer anderen Metropole des Globus. Nicht nur die Vortragenden, auch die Zuhörer rekrutierten sich aus allen Weltgegenden. Wie man hundert Jahre früher von allen Ländern zu den Bayreuther Festspielen pilgerte, so kann man jetzt aus den übrigen Kontinenten nach der auf einem Schweizer Hochplateau als Prachtbau errichteten Sorbonnen geflogen, um den Zelebritäten zu lauschen, die dort dozierten.

Das für jenen 1. März angesetzte Thema hieß:

"Die moderne Friedensherrschaft und ihre historische Entwicklung."

Wie das die Geschichtsprofessoren stets zu tun pflegen, so holte auch Pedro Diaz bei der entrücktesten Vorzeit aus und es dauerte etwa anderthalb Stunden, ehe er von den Pfahlbauern bis zum zwanzigsten Jahrhundert vorgedrungen war. Beim Jahre 1908 angelangt, sagte er:

"Dies ist das denkwürdige Jahr, in welchem die Menschheit den Luftozean erobert hat; damit hebt eine neue Epoche — unsere Epoche — an, und da wollen wir in unserem Rückblick ein paar Minuten aussetzen."

Nach kurzer Erholungspause fuhr der Professor also fort: "Der Rüstungswahnsinn war um diese Zeit schon zum Paroxismus gestiegen. Jedes Land war ein bewaffnetes Lager; was immer der menschliche Genius auf technischem Gebiete erfand, wurde in den Dienst der Massentötung gestellt; die Lasten der Heeres- und Flottenbudgets und der daraus entspringenden Steuern- und Schuldenerhöhungen waren so drückend geworden, daß man schon an der Grenze des Unerträglichen stand, und doch war die Losung immer nur: Weiterrüsten. Die Erde war mit Festungen gespickt, mit Minen untergraben, die Meere auf und unter den Wogen mit Todesfahrzeugen gefüllt, und kaum waren die ersten Versuche, sich der Luft zu bemächtigen, gelungen, als sich schon die Heeresleitungen anschickten, auch dieses Element mit Sprengstoff-Schleuderern zu bevölkern. Wirklich ein hoffnungsreicher Zustand unserer lieben Gotteserde! Diese ist zwar auch nicht immer menschenfreundlich; das bewies sie wieder in jenem Jahre 1908, wo sie mit einem ungeduldigen Ruck einen ganzen Landstrich und dessen 200 000 Einwohner vernichtete; aber diese Katastrophe war doch nur ein Spiel gegen jene, welche die zivilisierte Menschheit sich selber vorzubereiten eifrig bestrebt war.

Wenn man, von unserer Zeitdistanz aus, das bis an die Zähne bewaffnete und nach „immer mehr, immer mehr Waffen" rufende Europa ins Auge faßt, so muß dem Unwissenden scheinen, als wäre damals von der Friedensherrschaft, deren wir uns heute erfreuen, noch kein Schimmer am Horizont aufgegangen, und als ob eine gewaltige und plötzliche Revolution — etwa die der Lufteroberung — nötig gewesen sei, um so gänzlich veränderte Zustände herbeizuführen. Das ist aber nicht der Fall. Dem gewissenhaften Historiker offenbart sich die Erkenntnis, daß damals unsere heutige kriegslose Weltordnung schon in Bildung begriffen war, daß alle ihre moralischen und materiellen Voraussetzungen bereits gegeben waren, von vielen erkannt, von der Masse unbemerkt; und daß tausend Kräfte — selbst die scheinbar in der entgegengesetzten Richtung tätigen — sich in der Entwicklungslinie bewegten, die zur modernen Friedensherrschaft geführt hat.

Es gab ja damals auch schon, wie ich in meinen früheren Ausführungen erwähnte, eine direkte Friedensbewegung, die sichtbare und wirksame Ergebnisse gezeitigt hatte: das Zarenreskript, die Union, die zahlreichen Schiedsgerichtsverträge, die Friedensvereine und -Kongresse, eine ganze pazifistische Literatur, eine pan-amerikanische Konvention, ein von Andrew Carnegie gestiftetes Friedens-Palais im Haag usw.; aber

Der Völkerfrieden.

diese Erscheinungen wurden vielfach ignoriert und gering geschätzt. Sie hatten ihr Endziel nicht erreicht, neben ihnen wuchsen und gediehen die militärischen Einrichtungen, stiegen Kriegsgefahren auf, kamen auch Kriege zum Ausbruch — also hatte man leichtes Spiel, sie als leere Träume zu behandeln. Aber die Kräfte, die ich meine, die unsichtbaren, die indirekten, die arbeiteten unablässig an der Organisierung der Welt, d. h. an ihrem Zusammenschluß und an ihrem Aufstieg zu einer höheren Kulturstufe. Immer enger knüpfte sich das Netz der internationalen Interessen. Die Mächte schlossen Ententen, um die zwischen ihnen schwebenden Streitfragen aus der Welt zu schaffen; solche Freundschaftsbündnisse, mit der Spitze gegen niemand — dehnten sich von einem Land zum anderen und von einem Kontinent zum anderen: Frankreich—

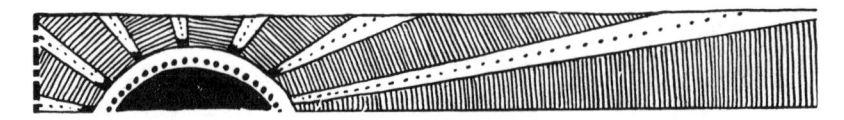

England; Deutschland—Amerika; Amerika—Japan; und besonders was Europa betrifft, so wuchs aus all den verschiedenen Freundschaftsbündnissen langsam ein verbündetes Europa heraus. Noch hieß es nicht so, aber gebärdete sich schon als solches. In moralischer Hinsicht: bei dem Unglück in Sizilien schlug e i n europäisches Herz in Mitgefühl und diktierte vereinte Hilfsaktion; in politischer Hinsicht: bei all den Balkan-Kriegsgefahren arbeiteten die Mächte mit Eifer daran, den Krieg abzuwehren; der Fall von Casablanca wurde dem Haager Schiedsgericht zugewiesen; über die Marokko-Frage schlossen die langjährigen Gegner, Frankreich und Deutschland, ein Abkommen. Der Widerwille vor den Massenschlächtereien, der Respekt vor dem Friedensideal nahmen zu. Die mächtigsten Kriegsherren rechneten es sich zur Ehre, als Friedensfürst gepriesen zu werden, — kurz, der Uebergang von der Gewaltepoche zur Rechtsepoche hat sich schon vor hundert Jahren deutlich vollzogen und hätte — auch ohne Eroberung der Luft — zu unserem heutigen Zustande geführt."

Der Professor blickte auf seine Uhr. „Wir haben nicht mehr Zeit, die Ereignisse des letzten Jahrhunderts, sofern sie sich auf unser Thema beziehen, Revue passieren zu lassen; ich will nur die Grundlagen und Prinzipien erörtern, auf welchen die gegenwärtige Friedensherrschaft ruht.

Leider kann ich nicht, indem ich von unserem Zeitalter spreche, es als ein goldenes schildern. Wir schreiben 2009 — sind also noch dem mittelalterlichen Barbarentum bedenklich nahe. Die Menschheit ist — wenn man bedenkt, daß noch hunderttausend, vielleicht millionen Jahre vor ihr liegen — noch immer in ihrer Kindheit; jedenfalls hat sie noch mehr von der Tierähnlichkeit, die ihrem Ursprung entspricht, als von der Gottähnlichkeit an sich, die ihr Ziel ist. Erwägt man, daß vor hundert Jahren der Mensch noch des Menschen Wolf war, daß ihm von nirgend her mehr Gefahren des Zerrissen- und Zerfleischtwerdens drohten als von seinem eigenen Geschlecht, dazu das tiefe Elend und die krasse Unwissenheit von neun Zehnteln ihrer Masse, so kann man nicht verlangen, daß sie nach so kurzer Frist auf dem Gipfel der Zivilisation angelangt sei, und daß jenes Maß von Kultur, das sie besitzt, schon in alle Winkel und alle Niederungen hätte dringen können. Nein, wir haben noch gegen

Der soziale Frieden ist die Grundlage des Weltfriedens.

vieles Leid und viele Gefahren zu kämpfen, und hinterlassen auch noch unseren Kindern ein großes Kampfeserbe.

Immerhin, gegen unsere Vorfahren, die vor hundert Jahren lebten, sind wir glücklich zu preisen. Vor allem haben wir, was sie gar nicht kannten, wofür sie nur einen Namen, aber niemals das Wesen hatten — wir haben den Frieden. Was bei ihnen so hieß, waren die Pausen zwischen den Kriegen; zu seiner Sicherheit hatte man nichts Besseres erfunden als die durch Drohung eingeflößte Furcht; der Krieg war — akut oder latent — der herrschende Zustand; von dem Kriege der Zukunft wurde täglich als von etwas Selbstverständlichem gesprochen und gedruckt. Den „ewigen Frieden" haben wir ja heute auch noch nicht, denn immer noch können Ueberfälle minder vorgeschrittener Völkerschaften gewärtigt werden, aber dann erscheint dies als etwas Außerlegales, als ein von seiten des Angreifers verübtes Verbrechen. Wir besitzen immer noch zu Lande, zur See und zur Luft diziplinierte bewaffnete Heere, Schutztruppen im höchsten Sinne des Wortes, weil sie — wie die Gendarmerie und Polizei unserer Vorfahren, niemals zu Offensiv- und Eroberungs-, Haß- und Rachezwecken dienen, sondern zur Aufrechterhaltung der Ruhe und der Gesetze im Innern, zur Hilfeleistung und Rettung überall dort, wo ein Volk in Not ist. Durch diese hehre Sendung wird unserem Militärstande noch immer, wie einst, der Rang des „ersten Standes" zuerkannt.

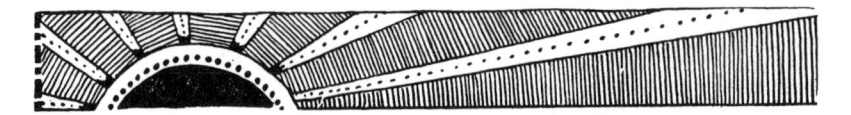

Auf welchen Grundlagen ruht unser Friedensregime?

Einmal auf der einfachen Unmöglichkeit, Kriege zu führen. Wir sind im Besitze von so gewaltigen Vernichtungskräften, daß jeder von zwei Gegnern geführte Kampf nur Doppelselbstmord wäre. Wenn man mit einem Druck auf einen Knopf, auf jede beliebige Distanz hin, jede beliebige Menschen- oder Häusermasse pulverisieren kann, so weiß ich nicht, nach welchen taktischen und strategischen Regeln man mit solchen Mitteln noch ein Völkerduell austragen könnte.

Einmal entschuldigte sich ein Bürgermeister beim Empfang seines Landesherrn, daß er keine Kanonenschüsse abfeuern ließ. „Ich hätte siebzehn Gründe," sagte er, „erstens besitzen wir keine Kanonen — —" „Dann erlasse ich Ihnen die sechzehn übrigen Gründe," unterbrach der Landesherr.

Ebenso könnten Sie mir sagen, es sei überflüssig, noch andere Grundlagen für den Bestand des Friedens anzugeben, wenn schon die Unmöglichkeit des Krieges erwiesen ist. Aber ich will den Schein nicht aufkommen lassen, als ob wir bloß darum nicht mehr Krieg führten, weil wir nicht mehr können. Unser Verzicht auf das Recht gegenseitigen Todschlags hat höhere Motive und sicherere Garantien:

Alle Interessen der kultivierten Menschheit sind als solidarisch erkannt worden. Jahrtausende lang hat man seine Ansichten und seine Taten auf das Recht des Stärkeren gegründet und sich dabei — als man Naturwissenschaft studiert hatte — auf den „Kampf ums Dasein" berufen, und alle Entwicklung durch das Auffressen der Kleinen durch die Großen erklärt. Erst später ist man zu der Erkenntnis gekommen —

Zu den Grundlagen unseres Friedens gehören auch die Religionen.

und unter diesem Einfluß leben wir heute — daß der eigentliche Faktor in Natur und Gesellschaft, der zu höheren Formen führt, d i e g e g e n -
s e i t i g e H i l f e ist.

Zu den Grundlagen unseres Friedens gehören auch die Religionen. Das Christentum hat sich auf seinen tiefsten Sinn besonnen; das Judentum erinnert sich des mosaischen Gebotes „Du sollst nicht töten"; der Buddhismus folgt seinem, die ganze Schöpfung umfassenden, liebevollen tat wam asi; die Anhänger des Confuzius haben seither den Krieg verachtet, und die Bekenner der kosmischen Religion, d. i. jener Religion, die aus allen übrigen Glaubenslehren nur die Ahnung des Göttlichen in die Offenbarungen der Wissenschaft hinübergerettet hat, die verabscheuen den Krieg als die Negation des Gottes in ihrer Brust.

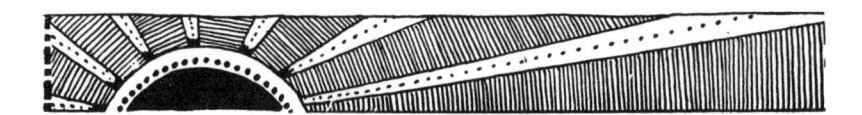

Vor hundert Jahren haben die an Wunder grenzenden Errungenschaften der Technik, des Verkehrs, der gemeisterten Naturkräfte ganz neue Lebensbedingungen geschaffen, aber die moralische Wandlung hielt mit der physischen nicht gleichen Schritt. Man hielt trotz der verwandelten Umstände die alten Zustände, die alten Denkweisen eine Zeitlang fest. Man war mit einem Worte dem Milieu nicht angepaßt. Aber was nicht sterben will, muß sich anpassen, und da kam nun für die Menschheit eine Epoche, wo sie auf dem Gebiete der geistigen und moralischen Kräfte ebensoviel Neues und Umwälzendes schuf, wie ihr dies auf dem physischen Gebiete gelungen war. Seelenkräfte, die früher zwar auch schon vorhanden waren, wie die Naturkräfte auch, wurden sozusagen erst entdeckt, oder vielmehr — sie wurden nutzbar gemacht, in den Dienst der Lebensführung gestellt, in die Regeln des politischen Verkehrs eingefügt, aus dem sie bisher verbannt waren, z. B. die Güte, die Ehrlichkeit, das Vertrauen. Damit ward eine andere Atmosphäre geschaffen, in der wir heute atmen und in der der Krieg — dessen Luft aus Haß- und Verdachtsstoff besteht — einfach ersticken mußte.

Was aber unserem Friedensregime die sicherste, gegen Rückfälle und Zufälle gefeite Basis verleiht, ist dies: Wir wissen, daß es nichts Starres, nichts Ewiggleichbleibendes gibt. Unsere Vorfahren wußten das zwar auch, aber sie bauten darum nicht minder ihre Staaten und ihre staatlichen Einrichtungen auf der Voraussetzung auf, daß an ihren Grenzen nicht gerückt, an ihren Institutionen nicht einmal gemäkelt werden dürfe. Hier führten sie unbeugsame Starrheit ein. Da aber Grenzen sich auch verschieben, Regierungsformen sich auch verändern müssen, so blieb dieser Notwendigkeit keine andere Möglichkeit sich durchzusetzen, als die Anwendung der Gewalt. Und so stellten sich immer zur rechten Zeit Kriege und Revolutionen ein. Wir hingegen lassen das Prinzip der Elastizität walten. Wir wissen, Bevölkerungen nehmen ab oder nehmen zu und müssen sich im letzteren Fall über die Grenzen ergießen; wir wissen, Nationen und Rassen entstehen und vergehen; wir wissen, es finden neue Zusammenschlüsse und neue Trennungen statt; wir wissen, die Bedürfnisse nach Verwaltungsformen wechseln und streben überhaupt immer größerer Freiheit zu, und unser Leben hat sich dieser Naturnotwendigkeit angepaßt; wir widersetzen uns ihr nicht — und auch damit ist die häufige Ursache für Krieg und Bürgerkrieg behoben. Die durch den Luftverkehr aufgezwungene Handelsfreiheit — denn wo wollte man da oben Zollschranken anbringen — hat die Zollkriege aus der Welt geschafft — überall findet jede Handelsmacht die „offene Tür" — kurz, für Wettkämpfe auf industriellem und geistigem Gebiet liegt vor uns die Welt noch offen — für Waffenkämpfe ist sie verschlossen.

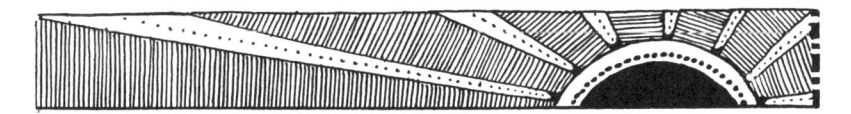

Von den beim Anbruch der krieglosen Zeit freigewordenen, materiellen Reichtümern und geistigen Kräften, welche jetzt, statt für Vernichtungszwecke, im Sinne der „gegenseitigen Hilfe" verwendet werden und ungeahnten Wohlstand und Hochstand verbreitet haben, will ich nicht reden, sondern als unsern herrlichsten Gewinn hervorheben, daß wir, über alle Längen= und Breitengrade hinaus, unsere Mitmenschen lieben und achten dürfen, daß nicht mehr den Grenznachbarn gegenüber Miß= trauen und Mißgunst, Bosheit und Gehässigkeit unsere Seelen trüben. Daß wir nicht mehr, wie einst die Verteidiger der Kriegsinstitution es taten, deren Ewigkeit durch die Ewigkeit unserer bösen Instinkte be= weisen müssen, sondern daß wir mit dem Philosophen, von dem ich Ihnen als einen der Vorkämpfer und Vordenker des Friedens erzählen konnte — mit Immanuel Kant sagen dürfen: „Der Mensch kann nie zu hoch vom Menschen denken".

Frederik Wolworth Brown
Die Schlacht von Lowestoft.

Die Schlacht von Lowestoft.
Von Frederik Wolworth Brown.

Schlacht? Nein, es ist keine Schlacht, die ich schildern will. Es ist etwas anderes. Es ist die Vernichtung einer Flotte und deren Konsequenzen. Es ist . . . doch was es ist, werden die Leser ja sehen, und sie werden Schlußfolgerungen selber zu ziehen vermögen. Die Schlußfolgerungen, die sich ganz von selber ergeben und die darin gipfeln, daß ein Krieg der Zukunft schon deshalb unmöglich sein wird, weil er entschieden sein dürfte, noch ehe er beginnt. Ob allerdings meine Schilderungen erst in hundert Jahren zutreffen wird oder nicht schon viel, viel früher, das will ich nicht direkt entscheiden. Mir kommt es vor, als wäre es eine Sache von Morgen, dem unser Heute mit Riesenschritten entgegengeht.

* * *

Als die Tür aufging, sah der Admiral der Luftflotte auf. „Ah, Sie sinds, Hellborn!" fragte er den vor seinem obersten Vorgesetzten strammstehenden jungen Offizier. „Bitte, setzen Sie sich."

Einen Augenblick lang suchte der Admiral in einigen Akten herum, dann sah er plötzlich wieder auf den jungen Offizier hin, und es war, als wolle er mit seinem Blicke förmlich das Innerste dieses Mannes durchdringen. Der aber hielt den Blick mit der unbefangensten Miene von der Welt aus. „Hellborn," sagte der Admiral, „ich habe Sie für eine

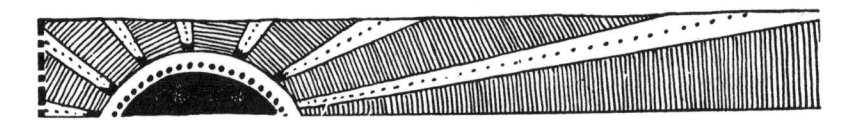

Aufgabe ausersehen, die Sie mit Stolz erfüllen dürfte; Sie wissen wohl, daß uns der Krieg droht und zwar ein Krieg, der dem Lande ganz ungeheure Opfer auferlegen würde, und dessen Ausgang zum mindesten sehr zweifelhaft ist. Es gilt nun, und ich verlasse mich auf Sie, daß Sie mit niemandem davon sprechen, diesen Krieg unmöglich zu machen." „Wie?" rief der junge Offizier, als hätte er nicht recht gehört. „Das kann doch Ihr Ernst nicht sein, Exzellenz? Wir brennen doch gerade darauf, endlich zu zeigen, was wir vermögen; welch eine mächtige, allen überlegene Waffe wir sind, und wollen doch endlich der Seeflotte den Beweis auch erbringen, daß s i e das Spielzeug ist, nicht aber w i r , die wir noch immer dafür gehalten werden." „Das sollen Sie ja auch, lieber Hellborn," sagte der Admiral, „und darum rief ich Sie her. Der „Albatros" ist ja flugfertig, machen Sie sich bereit, heute mit Anbruch der Nacht, sagen wir um ½9, loszufahren, und richten Sie sich auf eine Fahrt von 6 bis 8 Tagen ein." „Und wohin soll es gehen?" „Das kann und darf ich Ihnen nicht sagen. Sie erhalten an Bord des „Albatros" Ihre versiegelten Ordres. So, und jetzt gehen Sie, und Glück auf die Fahrt. V i e l Glück, denn vergessen Sie nicht, daß in Ihre Hand Krieg und Frieden, in Ihre Hand die ganze Zukunft des Landes gegeben ist."

* * *

Leutnant Hellborn war mit der Aufgabe, die seiner harrte, nicht sehr zufrieden. Es wollte ihm nicht recht in den Sinn, daß er, der sich auf den Krieg gefreut hatte, wie sich nur ein Mensch zu freuen vermag, der Soldat in jedem seiner Muskeln, jedem seiner Nerven ist, daß er nun — den Friedensvermittler spielen sollte. Wie, das wußte er ja selbst nicht, aber die Aufgabe paßte ihm nicht. Absolut nicht. Und nun kam ihm noch Leutnant Ester von der Seeflotte in den Weg. „Na, schon gehört? endlich scheint's loszugehen. Freu' mich schon riesig. 's ist wieder mal Zeit, daß wir die Glieder recken. Na, sollst einmal sehen, wie wir die Kerls zusammenschießen. Ihr fliegt wohl auch aus. Ja, ich hörte sogar, wie Admiral Willems von Euch sprach. Ihr sollt ihm den Aufklärungsdienst leisten." „So? weiter nichts?" sagte Hellborn, der über die nebensächliche Rolle, die man der Luftschiff-Flotte wieder zuweisen wollte, empört war. „Na, wenn Ihr Euch nur nicht irrt."

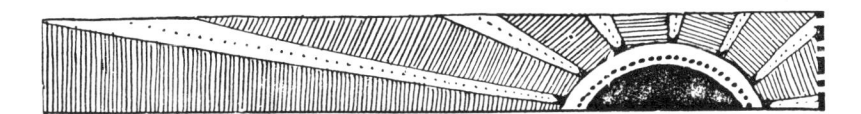

„Wieso irrt? Was anderes könnt Ihr ja doch nicht machen, und nehmt Euch mal vor den Zenithkanonen in acht. E i n e Kugel daraus und Ihr habt genug . . ." „Nur keine Angst um uns. Sieh' Du Dich lieber vor den Lenktorpedos und den Unterseebooten vor. Adieu."

Und in keineswegs gehobener Stimmung setzte er seinen Weg zur Luftschiffstation fort. Es war sieben Uhr, als er beim „Albatros" anlangte. Der kommandierende Offizier war von der Mission Hellborns schon verständigt. „Was ist denn los?" fragte er diesen.

„Weiß nicht. Hab' keine Ahnung. Ich erwarte meine Orders erst hier."

„Ist der Krieg schon erklärt?" „Ich glaube nein." „Und wann macht Ihr klar?" „In anderthalb Stunden."

Hellborn machte sich sofort daran, „sein" Schiff zu inspizieren. Es war das erste Mal, daß er ein selbständiges Kommando führte, und er fühlte einen berechtigten Stolz darüber, daß der Admiral gerade i h n dazu ausersehen hatte, das Schiff zu führen. Uebrigens wuchs seine Bewunderung für seinen Chef mit jedem Schritte, den er auf dem Luftkreuzer machte, denn das sah er sofort, daß die Expedition, die er heute so plötzlich unternehmen mußte, von langer Hand vorbereitet war, und daß sie einen sehr, aber sehr ernsten Zweck hatte. — In weniger als einer Stunde war die Inspektion beendet und Hellborn hatte sich überzeugt, daß nichts fehlte, und alles, jedes kleinste Maschinenteilchen, tadellos funktionierte. Fünf Minuten vor halb neun kündigte er dem Admiral auf drahtlosem Wege seine Abfahrt an, dann befahl er seinem Operator, den Apparat auszuschalten, „denn ich will keine Befehle und keine Contreorders erhalten". Fünfzehn Minuten später begannen die Motore die Arbeit, durch den Schiffsleib ging erst ein leises, bebendes Zittern, dann schoß der „Albatros", gleich als suche er seinen Namen Ehre zu machen, empor in die Luft, in das Reich, in welchem er herrschte. An Bord befanden sich außer Hellborn noch zwei andere Offiziere, Leutnant Schmidt, Leutnant Ester und zehn Mann. Geschützt war der Kreuzer durch

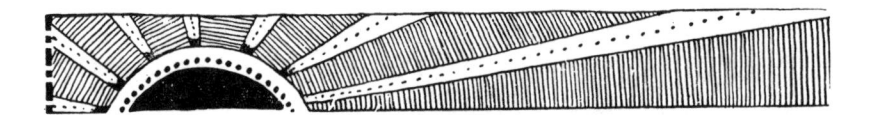

doppelte Stahl- und Kautschuckpanzerplatten, während seine fünfzig Fall-
torpedos eine furchtbare Angriffswaffe waren, deren Explosion wohl
zweifellos nichts stand zu halten vermochte. Das Luftschiff, auf dessen
Leibe alle Lichter gelöscht waren, durchschnitt die Luft mit einer Geschwindigkeit von 92 Kilometern und hatte Kurs NNO. genommen.
Leutnant Hellborn aber zog sich in seine Kabine zurück und öffnete —
seine versiegelten Orders. Was er las, war folgendes: „Der Krieg ist
heute abend 9 Uhr erklärt worden. Es gilt, die feindliche Flotte, die
sich in Lowestoft konzentriert hat, noch in der Nacht zu erreichen, sie zu
überrumpeln und kampfunfähig zu machen. In Lowestoft liegen feindliche Schlachtschiffe vor Anker. Sie müssen zerstört sein, ehe sie morgen
bei Tagesanbruch klar zur Fahrt machen können. Bei gehöriger Aus-
nützung der Munition kann das unschwer erreicht werden." — Ein kleiner
Aerostat zeigt siebzehn Schlachtschiffe! Wahrhaftig, das war ein Befehl, der seines Gleichen nicht kannte. Während aber Hellborn ihn wieder
und wieder las, erhellte sich sein Gesicht immer mehr in strahlender
Freude. Herrlich! herrlich! O, wenn ihm das gelang! Nie, nie, würde
er's dem Admiral vergessen, daß er ihn, gerade ihn zu diesem Heldenstück
ausersehen. Denn ein Heldenstück war es, selbst wenn es ihm gelang,
ungesehen an die nichtsahnende feindliche Flotte heranzukommen. Eine
Stunde lang saß er über seinen Karten, dann suchte er den Maschinenraum auf. „Nun, wieviel machen wir?" fragte er. „Zweiundneunzig,
aber wir könnten gern unsere dreißig mehr machen." „Dann vorwärts
mit ganzer Kraft. Der Kurs bleibt NNO." Bis dahin hatte Hellborn
in der ruhigen, gemessenen Sprache des Kommandanten gesprochen. Jetzt
aber packte er Schmidt plötzlich an beiden Schultern und „weißt Du,
Junge, wo's hingeht? Weißt Du, Fritz, was der alte Herr uns für
eine Aufgabe gegeben? Paß einmal auf. In Lowestoft die Flotte in
Grund bohren, weiter nichts." „Donnerwetter, ist das wahr? und wie
viele sinds?" „Siebzehn." „Und wir ganz allein, wir sollen . . .?"
„Jawohl, mein Junge, wir ganz allein." „Hurra, hurra!" rief der
Leutnant. „Das ist mal was! Da werden die Seehasen Augen machen.
Ich allein nehme siebzehn auf mich. Wie viel Treffer hatten wir immer
beim Schulschießen? Sieben von zehn, was? Da bohren wir mit unseren

Der „Albatros" im Kampf mit der feindlichen Flotte.

Torpedos nicht siebzehn, sondern zwei mal siebzehn in Grund." „Ganz recht. Und nun wollen wir's ihnen mal zeigen, wer mehr wert ist, e i n Luftschiff, oder 'ne ganze Flotte ihrer modernen Schlachtschiffe, die man so bequem treffen kann." Natürlich wurde auch Leutnant Ester und die Mannschaft über Zweck und Ziel der Fahrt aufgeklärt und die Nachricht erregte allgemeinen Jubel. „Wir schaffens! Wir schaffens!" Darüber waren sich alle klar. Und Hellborn stand und rechnete. Wenn's in d i e s e r Geschwindigkeit weiter ging, dann konnte Lowestoft zwischen der zweiten und dritten Morgenstunde erreicht werden, zu einer Zeit also, wo noch die absolute Dunkelheit herrschte, da der Admiral wohlweislich eine Neumondnacht zu der Ausführung seines genialen Planes gewählt hatte.

Der „Albatros" machte jetzt nämlich, auf die höchste Geschwindigkeit gebracht, 118 Knoten in der Stunde, und mit jeder Minute wuchs die

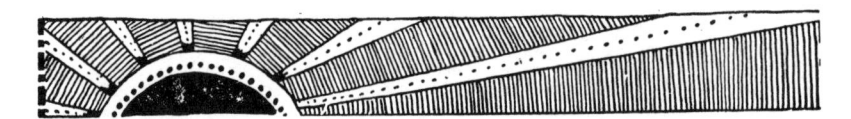

Erregung der kleinen Bemannung, denn jede brachte sie ja dem Ziel, der Entscheidung entgegen. Und nun . . . nun schimmerten unten, tief, tief unter ihnen, Lichter. Das war Lowestoft. Dort blitzte ein besonders helles Licht auf, das in regelmäßigen Zwischenräumen kam und verschwand. Das war das gelbe Licht des Leuchtturms von Lowestoft, und vor diesem lagen kleine Lichtpünktchen, die Signallichter der vor Anker liegenden Flotte. Hellborn legte einen Augenblick lang die Hand aufs Herz, als wolle er dessen Pochen eindämmen; dann atmete er hoch auf und stellte den Indikator auf 1000 Fuß. Sofort senkte das Luftschiff sich auf diese Höhe. Die Motore waren abgestellt, damit ihr surrendes Geräusch unten um Gotteswillen nicht gehört werde, und der „Albatros" glitt nun lautlos durch die Luft und hing über den unten verankerten Schiffen. Diese lagen in weitem Halbkreise regungslos da, und es war leicht, sie alle siebzehn zu zählen und zu übersehen. Die einzige Frage war die, wo sollte der Angriff beginnen? Die beiden Leutnants waren zur Torpedokammer kommandiert, ein Glockenton schrillte durch den Raum, sie gaben das Signal zurück „fertig". Der Plan war der, lautlos über das der Zerstörung geweihte Schiff zu fliegen, sich bis zu einer Höhe von 300 Fuß über dieses herabzulassen und ein Falltorpedo auf das Schiff herabsausen zu lassen. Ging der Schuß fehl, dann sollte Ester seinen Torpedo lancieren, sonst aber auf ein zweites Angriffsobjekt, an dem es ihm nicht fehlen sollte, warten.

In demselben Moment stellte Hellborn den Indikator auf 300. Wieder senkte das Luftschiff seinen Bug und glitt auf die angegebene Tiefe hinab. Ganz, ganz leise arbeiteten jetzt die Motore. Im Maschinenraum wie in der Torpedokammer sah man wie in einer Camera obscura ganz deutlich in ganz, ganz kleinem Maßstabe die Schiffe, über die man langsam hinwegglitt. Jetzt war man genau über der Brücke des einen, jetzt war es Zeit, jetzt konnte das Ziel nicht verfehlt werden, ein Druck auf den Knopf, und der Tod und Vernichtung bringende Torpedo fiel durch die Luke hinab. Gerade zwischen den zwei mächtigen Schloten des Schlachtschiffes fiel er auf, und in demselben Augenblicke zuckte ein grünlicher Lichtschein auf und erhellte den Hafen, dann warfen die Hügel den dumpfen Schall der Explosion donnernd und rollend zurück, und das

Der Falltorpedo traf das Schiff zwischen den Schloten und riß es mittelschiffs auseinander.

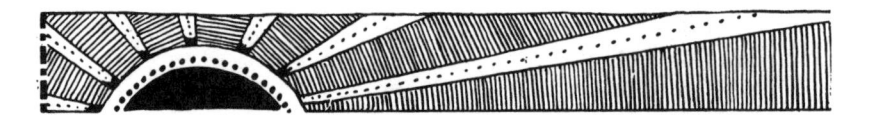

getroffene Schiff sank, mittschiffs auseinandergerissen, und wurde von dem Wirbel des Meeres verschlungen. Hoch oben in den Lüften aber fuhr der „Albatros" nach dem linken Flügel der Schlachtlinie und bereitete sich vor, sein so glänzend geglücktes Manöver von vorhin zu wiederholen. Unten war alles in maßloser Verwirrung. Die Scheinwerfer flammten auf und fuhren grell leuchtend über die Schiffsleiber hin, als suchten sie sie alle gegenseitig ab. Wie leuchtende Schwerter durchschnitten die grellen, weithintragenden Strahlen das Dunkel, empor in die Lüfte aber fuhr keiner, denn an die von dorther drohende Gefahr wurde nicht gedacht. Alles, was man unten wußte, war nur, daß eine furchtbare Explosion eines der stolzen, herrlichen Schiffe zerstört hatte. Niemand aber schrieb diese einem feindlichen Angriff zu. Es war aber ein unerklärliches Unglück und alles eilte den in den Wellen mit dem Tode Ringenden zu Hilfe. Oben im „Albatros" — der im Momente der Explosion wieder in größere Höhen emporgeschnellt war — schrillte wieder das Zeichen. Wieder senkte sich das Luftschiff auf 300 Fuß Höhe herab und schwebte jetzt dicht über dem die Spitze des linken Flügels haltenden Schiffe. An Bord war alles in wilder Bewegung. Das Deck wimmelte von Menschen. Die Boote wurden klar gemacht, oben auf der Kommandobrücke aber brüllte ein Mann seine Befehle durch das Megaphon. Und der „Albatros" flog, einem Nachtvogel gleich, über das Schiff hin. Wieder war es bei dieser Distanz ganz unmöglich, daß der Schuß fehlging. Wieder zuckte der furchtbare grüne Schein auf, wieder rollte der Schall der Explosion als Donner über das Meer hin, und wieder sank eines der stolzen Schiffe hinab zum Grunde des Meeres. Im selben Augenblicke aber hatte der „Albatros" die kurze Distanz vom linken Flügel zur Spitze des rechten überflogen und nun fiel das Falltorpedo, das Leutnant Ester abschoß, auf das dort verankerte Schiff. Das furchtbare Geschoß fiel gerade hinter dem Achterturm des mächtigen Panzerschiffes nieder, das sich aufbäumte gleich einem wild gewordenen Pferde und dann bugaufwärts mit dem Hintersteven zu sinken begann. Die Panik auf all den anderen Schiffen war ganz entsetzlich, das Schauspiel der schwimmenden Trümmer und Menschen und Toten ganz furchtbar, aber das Grauen des Geheimnisses war mit einem Male gewichen, ein Strahl eines Schein-

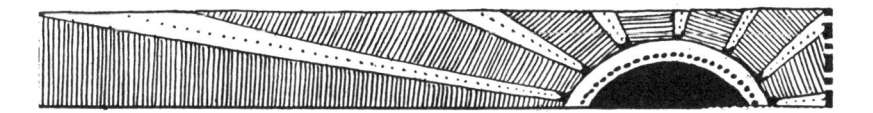

werfers hatte gerade vom sinkenden Schiffe aus durch Zufall das Luftschiff getroffen, und dieses ward so entdeckt. Ein Schrei der Wut erhob sich von den noch unversehrt gebliebenen Schiffen, aber auch ein Schrei des Schreckens. Alle Scheinwerfer spielten jetzt mit ihren Strahlen nach oben und suchten den Himmel ab, während von zwei Schiffen aus der „Albatros" hell beleuchtet wird, auf seiner Fahrt von dem grellen Lichte verfolgt. Hellborn war mit seinem Witz nicht zu Ende, er schoß mit seinem Luftschiff in eine Höhe von 5000 Fuß, bis wohin ihm das Licht nicht zu folgen vermochte, dann beschrieb er hoch oben einen großen Kreis und stürzte in eine Tiefe von nur 40 Fuß ab, so daß die den Himmel absuchenden Strahlen über den „Albatros" weg glitten, diesen völlig im Dunkeln lassend, ihm aber förmlich selber den Weg weisend. Und nun hob sich der „Albatros" plötzlich und erschien so unerwartet über dem einen Schiffe, daß keine Zeit mehr war, die Kanonen zu richten, denn in demselben Augenblick war auch schon das Torpedo gefallen und das Schicksal auch dieses Schiffes besiegelt. Hoch schnellte der „Albatros" wieder empor; aber nun half ihm sein Trick nicht mehr, alle Scheinwerfer warfen Hunderte von Strahlenbündeln nach allen Richtungen hin, sich förmlich zu einem Strahlenmeer vereinend, das kein Fleckchen rundum, nicht in der Luft und nicht auf dem Meere, unbeleuchtet ließ. Diese Fülle von Licht hatte das Unangenehme, ein Ueberrumpeln der noch übrigen Schiffe unmöglich zu machen. Trotzdem mußte Hellborn es darauf ankommen lassen, und so senkte er denn sein Schiff wieder tiefer hinab; in dem Augenblick aber, wo er auf 500 Fuß niedergesunken war, wurde sein Leib von einer Kugel aus einem der großen Zenith-Geschütze getroffen, während ein Hagel von Geschossen aus der Zenith-Schnellfeuerkanone folgte. Glücklicherweise war der Schaden, dank der Panzerbekleidung des Luftschiffes, nicht groß, trotzdem wurde ein Mann der Besatzung verwundet, und Hellborn dachte an die furchtbare Gefahr, wenn ein Geschoß den Stapelraum der Torpedos traf. Dann war alles zu Ende, und er hatte die Hoffnungen getäuscht, die sein Admiral in ihn gesetzt hatte. Er mußte sich also in einer Höhe halten, in der ihm die Geschosse nicht mehr viel anhaben konnten und wo die Zielsicherheit gewissermaßen aufhörte. Er erhob sich also auf 1200 Fuß und lavierte hier in dem Luftmeer. Von dieser Höhe aus sah es natürlich auch für ihn mit der Zielsicherheit böse aus, aber immerhin hatte man bei den Schießversuchen auch aus solchen Höhen noch unter zehn Schüssen zwei Treffer erzielt, warum sollte man im Ernstfalle weniger glücklich sein! So — jetzt war der Moment — Leutnant Schmidt drückte auf den Knopf, der Torpedo durchschnitt sausend die Luft und — fiel ins Wasser, wo er ohne Schaden zu tun dennoch durch die Wucht des Falles explodierte und nur eine hohe Wassersäule emporwarf, im selben Augenblick aber hatte Leutnant Ester seinen Vorteil ersehen. Auch er schoß sein Torpedo ab, der das Vorderdeck des Admiralschiffes traf und seinen Vordersteven bis zur Kommandobrücke fortriß. Einen Augenblick später sausten zwei weitere Torpedos hinab auf das Feld der Verwüstung und Verwirrung, aber ohne weiteren Schaden zu tun, als nur die Panik zu erhöhen. Vergebens spielten alle Kanonen, man konnte dem Feinde, dem man machtlos preisgegeben war, nicht bei. Noch ein Schiff sank und noch eins, und da — da hißten die übrigen Schiffe eins nach dem anderen die weiße Flagge. Sie gaben den ungleichen Kampf, der kein Kampf, sondern ein Vernichtetwerden war, auf und ergaben sich. Nichts aber hätte Hellborn in größere Verlegenheit setzen können, als gerade dieses völlig unerwartete Ereignis. „Teufel," sagte er zu den beiden Leutnants, die er sofort zum Beratschlagen rufen ließ, „was können wir tun? Wir können doch nicht elf Schlachtschiffe mit unseren zehn Mann wegnehmen? Das geht doch nicht an." „Hm," sagte Schmidt, „wir könnten unseren „Drahtlosen" wieder in Stand setzen und unserer Flotte drahten, sie soll die Schiffe in Empfang nehmen." „Können wir nicht," sagte Hellborn, „ist ganz unmöglich, die braucht acht Tage, ehe sie hier ist, und solange können wir uns nicht halten. Wir m ü s s e n sie in den Grund bohren, ob wir wollen oder nicht." Und — so sehr es ihr Soldatenherz auch bedrückte, die schönen Schiffe, die sich ihnen ergaben, zu zerstören, so mußte es doch sein. Langsam senkte sich das Luftschiff, stets einer Verräterei gewärtig, bis auf 200 Fuß Höhe hinab, beide Offiziere mit dem Finger auf dem Drücker, um die todbringenden Torpedos im Bedarfsfalle zu schleudern. Dicht über dem einen der Schiffe hielt sich das Luftschiff, und nun griff Hellborn nach seinem Megaphon. „Ich gebe Ihren Schiffen

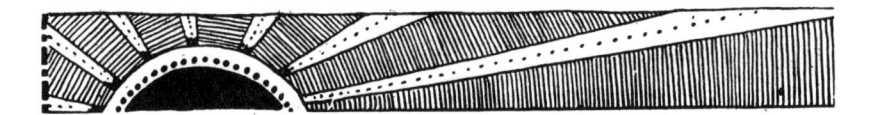

Endlich entdeckten die Schiffe hoch über ihnen den todbringenden Aerostaten.

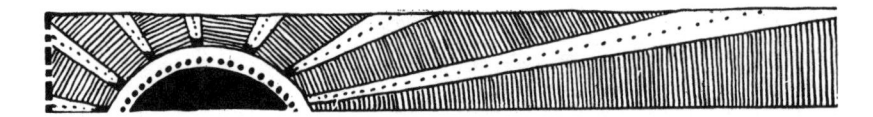

bis 2 Uhr nachmittag Zeit, die Bemannung zu landen, dann werden die Schiffe unerbittlich mit allem, was drauf ist, zerstört . . ." Und wieder erhob sich der Aerostat in die Luft, und die Sonne ging auf und beschien ihn und die flotte, um die es von Booten wimmelte, in denen die Besatzung die Schiffe verließ. Um zehn Uhr war kein Mann mehr an Bord, nur der Kapitän e i n e s Schiffes hatte sich geweigert, das Schiff zu verlassen, er, der darauf gelebt, wollte auch mit ihm gleichzeitig sterben. Um 2 Uhr senkte sich der „Albatros" langsam über die Schiffe hinab. Drüben am Hafendamm stand in atemloser Spannung die angstvolle Menge und nun, nun sauste e i n Torpedo hinab, und wo früher ein Schiff stand, trieben jetzt nur die Trümmer. Neun mal noch wiederholte sich dieses Schauspiel, und in dumpfem Schmerz sah ein Volk seinen Stolz und seine Hoffnung zertrümmert. In stiller, grausamer, erbarmungsloser Weise verrichtete das furchtbare Luftschiff sein Werk. Ein einziges Schiff noch war da, „Inflexible", der Unbeugsame, stand auf seinem Steven zu lesen, und auf seiner Kommandobrücke stand e i n Mann, stumm, mit gekreuzten Armen und sah seinem Schicksal entgegen. Wie ein Vogel aber senkte sich das Luftschiff ganz nahe auf Deck. „Lassen Sie uns einen Helden retten," sagte Hellborn durch sein Sprachrohr, „kommen Sie zu uns an Bord." Der Kapitän aber lachte laut auf. „Zur Hölle ich und Ihr," rief er und drückte auf einen Knopf. Im selben Augenblicke bäumte der Schiffsleib sich auf, das Schiff barst auseinander und hoch empor wurden die Schiffsteile geschleudert. Der „Albatros" aber schwebte, da Hellborn die Bedeutung der Worte des alten Kapitäns sofort erkannt, und sein Schiff in unendliche Höhen gerissen hatte, lautlos über den Wolken und flog der Heimat zu, die glaubte, vor einem Kriege zu stehen, der lange schon beendet war. Beendet durch die neue Waffe — die Waffe der Luft.

Das oder so ungefähr denke ich mir die Zukunft der Kriege. Mit Land- und Seemacht ist nichts mehr zu wollen. Die Zukunft liegt in der Luft. Hoffentlich aber eine Zukunft des Friedens, denn dem Himmel noch näher soll man die Kriege nicht bringen.

Carl Peters
Die Kolonien in 100 Jahren.

Die Kolonien in 100 Jahren.
Von Karl Peters.

Gustav Havermann stand in Morgenkleidung auf der Veranda seines netten Hauses und machte seinen Tee. Die Sonne war gerade im Aufgehen, und im Norden zeigten sich die Umrisse der Gebäude von Windhoek. Seine Frau war noch nicht erschienen. Sie liebte es, bis in den vollen Tag hinein in ihrem Schlafballon, 500 Meter über der Farm, zu ruhen. Havermanns hatten nur ihre Schlafeinrichtungen in höheren Lufträumen; die reicheren Familien, über ganz Afrika hin, wohnten Tag und Nacht 1000 bis 2000 Meter hoch in verankerten Lufthäusern, wo sie frei waren von den Unbequemlichkeiten der tropischen und subtropischen Sonne. Ueber dem Kongo und in den Tropengebieten von Amerika stieg man mit seinen Wohnungseinrichtungen bis zu 3000 Meter und darüber empor.

„Dieser südafrikanische Tee", sagte Havermann, „wird immer noch nichts Rechtes. Wir wollen doch wieder zum Ceylon-Tee zurückgehen, der Geschmack und Aroma hat. Hallo!" fuhr er fort, als er seinen Freund Agatz schnell auf sein Wohnhaus zuschreiten sah, „was bringt Dich so früh her?"

„Hast Du Deinen telegraphischen Empfangsapparat denn noch nicht eingesehen?" antwortete Agatz.

Zeitungen, muß bemerkt werden, gab es 2009 nicht mehr. Der gesamte Nachrichtendienst auf der Erde, und auch vom Mars herüber wurde durch ein weitangelegtes System drahtloser Telegraphie vermittelt, an welches jedes private Haus von irgendwie bemittelten Besitzern angeschlossen war.

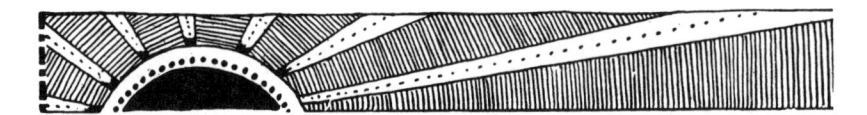

„Was ist denn los?" fragte Havermann.

„Die Bundesversammlung in Durban hat vorige Nacht beschlossen, daß das Dreisprachensystem, welches bislang noch in unserem Parlament zu Recht besteht, aufgegeben werden solle; Englisch und Holländisch seien genügend für die südafrikanischen Staaten."

„Nun, das braucht uns kaum aufzuregen; seit einem Menschenalter wird deutsch kaum noch im Parlament von Windhoek gesprochen, und im Kongreß zu Prätoria ist englisch schon seit einem halben Jahrhundert obligatorisch. Sind wir doch alle nur Glieder der großen angelsächsischen Konföderation."

„Viel wesentlicher für unser Wohl und Wehe", fuhr er fort, „scheint mir die Entdeckung des Professors Buterreck in Berlin, der es endlich fertig gebracht hat, stickstoffhaltige Nahrung aus der Atmosphäre herzustellen, um dadurch die Produktion von Fleisch, Eiern, Milch usw. überflüssig zu machen. Wir Südwestafrikaner sind so wohlhabend geworden durch unsere Rindvieh= und Schafzucht, seit es gelungen war, alle die bösen Viehkrankheiten durch Impfungsverfahren aus der Welt zu schaffen."

„Was nützt uns unsere Mühe nun, wenn Fleisch und Milch nichts mehr gelten werden am Markt?"

„Uns bleiben Häute und Wolle."

„Und Obst und Gemüse; das ist wahr, und unser herrliches Klima. Ich war vorgestern mit dem Schnell=Luftschiff „Möwe" in London; aber ich kann Dir sagen, ich freute mich, heute morgen in Südwestafrika zurück zu sein."

In diesem Augenblick näherte sich eine große, stattliche Erscheinung dem Hause.

„Was will denn Eggers so früh hier?" sagte Havermann.

„Ich komme", sagte Eggers, nachdem er die beiden Männer begrüßt hatte, „um Ihnen, Herr Havermann, mitzuteilen, daß wir Ihre Felder heute erst gegen 10 Uhr berieseln können. Etwas an dem Pumpwerk in Swakopmund ist nicht in Ordnung. Es tut mir sehr leid; aber ich erhalte soeben die Funkennachricht."

Die reicheren Familien, über ganz Afrika hin, wohnten Tag und Nacht 1000 bis
2000 Meter hoch in verankerten Lufthäusern.

Eggers war der Direktor der südwestafrikanischen Elektro-Beriese\=
lungs-Werke. Schon seit mehr als einem Menschenalter war das
Problem gelöst, die Kraft der Meeresfluten in elektrische Kraft um\=
zusetzen, und seit einem halben Jahrhundert verstanden es die Menschen,
das Seewasser durch einen sehr einfachen chemischen Prozeß in Süß\=
wasser umzuwandeln. Das hatte einen enormen Fortschritt, besonders
auch in der wirtschaftlichen Entwicklung des trockenen Südwestafrika
bedeutet. Trinkwasser freilich hatte man längst aus der Atmosphäre

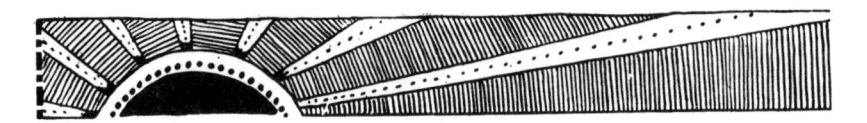

abzuschlagen verstanden. Aber für die Ausbeutung der weiten Gelände von Damaraland war die von der Natur versagte Bewässerung aus dem Atlantischen Ozean nötig gewesen. Die enorme elektrische Kraft, welche die See selbst lieferte, hatte es möglich gemacht, das befruchtende Element, welches die Wolken versagten, über die Felder zu ergießen; und dies hatte zu einer neuen Epoche in der Geschichte des Landes geführt, ähnlich wie in Kapland und Rhodesia. Eine Konkurrenz zu der „Oceano-Elektrischen Gesellschaft mit beschränkter Haftung" war übrigens die „Kalahari-Sunlight and Electrical Co. Ltd.", welche durch gewaltiges Konzentrationsverfahren, das auf die Kalahari-Wüste herabströmende Sonnenlicht in Motorkraft und Erleuchtung umwandelte. Indes versorgte diese mehr den Osten und Süden des Erdteiles. Sie arbeitete nach dem Vorbild der großen Sahara-Gesellschaften, welche schon seit einem Vierteljahrhundert Heizung und Fortbewegungskraft, sowie Erleuchtung für Europa lieferten. Seit dem Niedergang der Kohlenproduktion hatte die Menschheit sich mehr und mehr diesem Ersatz zugewendet.

„Haben Sie übrigens bereits die letzten Nachrichten aus Ostafrika vernommen, welche mein Apparat gerade eben mitteilte?" fragte Eggers die beiden Herren.

„Was ist es?"

„Die ‚Republik der steigenden Sonne' hat gestern beschlossen, die Deutschen wieder in ihrem Lande zuzulassen; und für den Kilimandjaro haben sich sofort drei Familien von Uganda angemeldet."

„Wie geht es eigentlich zu, daß Deutsche dort überhaupt ausgeschlossen waren?" fragte Havermann.

„Wissen Sie das nicht?" sagte Agatz. „Das ist doch die Folge der großen Negerrevolution von 1953, als sich dieses „Haiti' des Indischen Ozeans" konstituierte. Ostafrika, gegenüber Zanzibar, ist früher einmal unter deutscher Flagge gewesen. Aber bereits vor einem Jahrhundert setzte in Berlin eine sentimentale Verbrüderungspolitik an, welche sehr schnell zu Emanzipationsgelüsten der schwarzen Bevölkerung führte. Das war ein Teil der sogenannten äthiopischen Bewegung. Die Reise eines Berliner Kolonialministers, dessen Name nicht weiter überliefert ist, in die sogenannte Deutsch-Ostafrikanische Kolonie, führte zunächst zur Aufsässigkeit der schwarzen Arbeiter gegen ihre weißen Herren!"

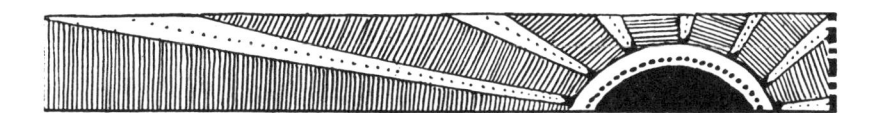

„Wie war denn das möglich?"

„Es wurde den Negern von Regierungs wegen allerhand von Rechten gegen die Arbeitgeber erzählt, wovon sie bis dahin keine Ahnung hatten, und natürlich wirkte das wie ein Funken im Pulverfaß."

„Natürlich, der Schwarze mußte das als direkte Aufforderung zum Aufstand auffassen."

„Anstatt die Entwicklung ihren natürlichen Gesetzen zu überlassen und wesentlich die Vorschläge der deutschen Kolonisten selbst abzuwarten, operierte man vom grünen Tisch in Berlin. Man „taperte" hinein. Die Folge waren Unlust unter den Weißen und Rebellionsgelüste unter den Schwarzen. Das führte zu wiederholten Aufstandsversuchen, und schließlich, 1953, zur allgemeinen Erhebung der Eingeborenen, welcher fast alle Deutschen, Männer, Frauen und Kinder, zum Opfer fielen. Darauf, unter Garantie der Vereinigten Staaten und Großbritanniens, schritten die Rebellen zur Begründung ihrer eigenen glorreichen Republik, und begannen damit, zunächst einmal allen deutschen Reichsbürgern Asyl- und Freizügigkeitsrecht zu nehmen. Schließlich erkannten es auch die alten Weiber in Berlin, die am meisten mit geschrien hatten, „wie so gar herrlich weit wir es gebracht hatten". Die Kolonie war weg, und dafür bestand eine uns Deutschen direkt feindliche Republik."

„Aber wie ist es zugegangen, daß das benachbarte Britisch-Ostafrika nicht in diesen Mahlstrom hineingezogen wurde?"

„Die Briten hätten ihre ostafrikanischen Besitzungen, denen sie noch die italienischen anschlossen, bereits seit 1910 zu Dependanzen des Ostindischen Reiches gemacht. Die Hochplateaus von Naicobi und Naiwasha, das Tanatal und das Hinterland von Guardafui und Berbera wurden systematisch mit auswandernden Hindus besiedelt, denen die britische Regierung in Südostafrika, Australien und Tasmanien, sowie in Neuseeland keinen Ellenbogenraum mehr bieten konnte. Dies hielt die schwarze Gesellschaft in Schach, und erlaubte daher der London Stock Exchange die ungestörte kapitalistische Ausbeutung, worauf es doch im Grunde ankam. Genau, wie in den voreinst deutschen Besitzungen in

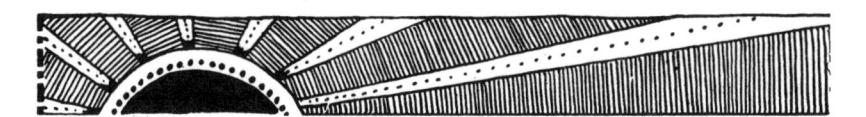

Neu=Guinea, den Karolinen usw., welche heute friedlich und genügsam zum austral=asiatischen Common wealth gehören, wie Kiautschou seit 90 Jahren unter die Flagge des „gelben Drachen" zurückgekehrt ist. Ja, die Deutschen haben Staat gemacht mit ihrer Kolonialpolitik am Ausgang des 19. Jahrhunderts. Ich las vor kurzem ein Buch aus dieser Zeit. Es konnte gar nicht anders kommen, wenn man den Neid, Haß, die Verleumdung und das Geschimpf betrachtet, mit denen sie ins Feld zogen. Einer gegen den andern, und Gnade Gott dem, welcher gegen den Fremden wirklich etwas leistete!"

„Nun, in Europa ist es ihnen kaum besser gegangen, als über See; die Welt ist wesentlich englisch geworden."

„Allemal, damit gehört sie immerhin einer vornehmen Rasse an."

In diesem Augenblick sah Heinrich Agatz nach seiner Uhr. Die Uhren wurden durchweg durch drahtlose Telegraphie von der nächsten Sternwarte aus getrieben und zeigten demnach absolute Universalzeit. „Ich erwarte meinen Bruder Ernst heute morgen mit dem Falken von Kapstadt; wir wollen nach Nyangwe am Ober=Kongo, wo wir um 11 Uhr Termin in einem Minenprozeß haben. Wir bearbeiten dort Kupferminen mit Ozeankraft=Tiefdruck, und finden in den letzten Wochen, daß die Pression über 50 000 Meter Tiefe sehr unregelmäßig ist. Unser Rechtsanwalt, der die Sache hat sorgfältig untersuchen lassen, meint, daß die „Ozean=Elektrische Gesellschaft m. b. H." schuld an dem schlappen Betrieb ist."

„Ich will heute mittag nach Kairo", sagte Havermann, „und morgen mit meiner Frau nach Wien, wo unser Neffe getauft werden soll."

„Da kommt endlich meine Frau von oben."

Frau Havermann kam aus ihrem Schlafballon mit Hilfe eines Lifts, der an dem mittleren Ankertau des Luftfahrzeuges angebracht war. Diese Fahrzeuge waren lange Zeit durch die bei Nacht entstehenden unregelmäßigen Windströmungen in ihrer Lage bedroht gewesen. Seit die Menschheit es jedoch fertig gebracht hatte, die Luftzonen bis in Höhen von 10 000 Metern mit meteorologischen Stationen zu überziehen, seit insbesondere auch die Polargegenden völlig der Beobachtung geöffnet waren, hatte man eine solche Kontrolle über die verschiedenen Witterungs=

Frau Havermann kam aus ihrem Schlafballon mit Hilfe eines Lifts, der an dem mittleren Ankertau des Luftfahrzeuges angebracht war.

Faktoren erzielt, daß man die Wetter=Prognosen bis auf halbe Monate voraus mit voller Genauigkeit stellen und demgemäß jede erforderlichen Maßnahmen zur rechten Zeit treffen konnte. Automatische Wind= und

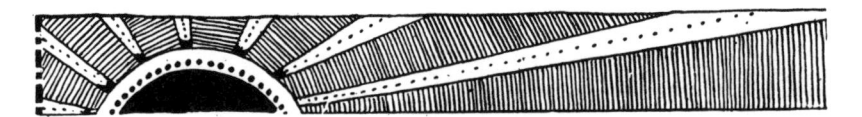

Temperaturnachrichten von allen Teilen unseres Planeten liefen auf allen Stationen ein, und es hatte keinerlei Schwierigkeiten, zu bestimmen, welche Höhe die Wohneinrichtungen einzunehmen hatten, und nach welcher Seite sie besonders stark zu verankern waren. Der Verkehr von oben nach unten war früher durch kleine Luftboote vermittelt; aber bereits seit einem halben Jahrhundert hatte man elektrisch betriebene Fahrstühle, als billiger und bequemer, vorgezogen. Die Erde war jetzt in allen Zonen bewohnt; auch an den Polen, wo man in die Tiefen stieg. Die unbegrenzte Masse elektrischer Kraft, über welche man verfügte, überwand jedes Beleuchtungs= und Erwärmungs=Problem. Natürlich hielt sich um den Nord= und Südpol für gewöhnlich nur auf, wer da zu tun hatte. Insbesondere fand um den Nordpol ein außerordentlich starker Betrieb von Gold= und Platina=Produktion statt.

Eine überplanetarische Verbindung war bislang nur mit dem Mars erzielt worden; und gerade von den drahtlosen Stationen der Pole aus. Jedoch hatte man von dort wirkliche Kunde immer noch nicht erzielt. Elektrische Stöße, welche von der Erde hinübergetrieben wurden, waren beantwortet. Man hatte eine Art von Codebuch, die Sonnenvorgänge und andere astronomische Vorgänge betreffend, zusammengestellt, und war augenscheinlich von der anderen Seite verstanden. Astronomische Beobachtungen konnte man sich jetzt ganz gut mitteilen. Aber sobald es sich um Kunde von Geschichte, Sitte und Völkerleben handelte, versagte der Vermittlungsapparat durchaus. Augenscheinlich lebte und dachte und plante auf dem Mars ein ganz anderes Lebewesen als hier. Selbst die einfachsten irdischen Begriffe versagten dort. Dazu kam, daß die beiden Planeten dauernd sich so fern blieben; 5 Millionen englische Meilen, selbst bei ihrer größten Annäherung. Praktische Vorteile aus den Mars=Mitteilungen — so enorme Kraftleistungen sie erfordert hatten — hatten sich nicht ergeben; und jeder Versuch, mit dem Mond in Beziehungen zu treten, war gescheitert. Augenscheinlich gibt es drüben keine intellektuelle Resonanz mehr.

„Nun, Anna", sagte Havermann, als seine sehr niedliche Frau aus ihrem Fahrstuhl heraustrat, „welche Pläne hast Du denn für heute?"

„Ach, ich möchte in Kamerun, in Buëa frühstücken; meine Schwester erwartet mich, und dann mit ihr den Tee in Togo einnehmen; das sind unsere einzigen beiden deutschen Kolonien, wo Deutsche noch Geld machen. Mein Vater in Stettin hat stets gewünscht, daß ich dort einmal mich niederlassen sollte. Aber Du, Böser, schleppst mich hierher in Euer Britisch-Südafrika."

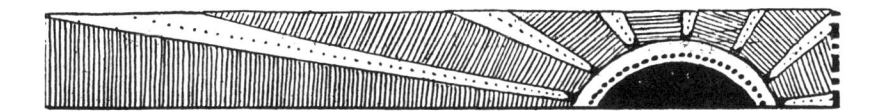

„Nun, gefällt es Dir denn bei uns nicht?"

„Well, das Klima ist hier gut genug; aber, wer kümmert sich heute noch um das Klima, wo Malaria, Dysenterie, Moskitos und Fliegen von der Erde vertrieben sind und wir in den „höheren Regionen" wohnen. Wo bleiben denn aber unsere Schnellboote?"

In diesem Augenblick näherte sich mit der Geschwindigkeit von 1000 Kilometern per Stunde der „Falke", welcher Agatz nach Nyangwe bringen sollte. Er hielt 3000 Meter über Havermanns Farm, und dieser lieh ihm seinen Steigballon, um hinein zu klettern. „Auf Wiedersehen, morgen!" hieß es. Bald darauf erschien das große Expreßluftschiff für den Westen Afrikas, das Frau Havermann gewählt hatte, der „Habicht". Sie trank schnell ihre Tasse Tee und ging hinauf. Man beklagte sich in diesen afrikanischen Kolonien über die Langsamkeit des Luftbetriebes; von Südwestafrika nach Kairo dauerte es an 18 Stunden, während Bahnen und Dampfschiffe nur noch den Frachtverkehr vermittelten. — „Sagen Sie einmal, Eggers", fragte Havermann, „weshalb haben wir Deutschen hier in Afrika, und überhaupt in der Welt, eigentlich so gar nichts fertig gebracht?"

„Das will ich Ihnen sagen", antwortete Eggers, „unsere Landsleute haben den Witz der Sache eigentlich überhaupt nicht kapiert. In den achtziger und neunziger Jahren des neunzehnten Jahrhunderts ulkten sie über Kamerun und Zanzibar. Dann erfand man die Kolonialskandale! Eine Fülle schmutziger Verleumdungen und gemeiner Denunziationen gegen einzelne Pioniere zierten den nationalen Rekord! Das war erst recht etwas für den Berliner. Das war etwas für das Metropol-Theater! Dazu der Neid und die Gemeinheit der Konkurrenten von Leuten, welche wirklich etwas geschaffen hatten, die Streberei und Speichelleckerei der Lumpen, welche sich an die Kolonialpolitik drängten, die Ordenskriecherei, die am Anfang des 20. Jahrhunderts deren eigentliches Charakteristikum auszumachen schien! Was Wunder, wenn der

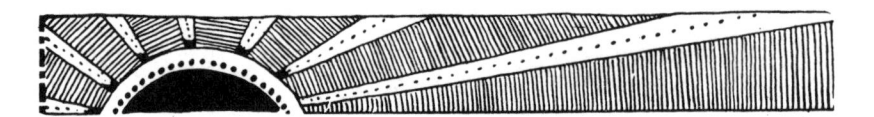

Kram in Deutschland verächtlich ward und die Engländer anfingen, mit Hohn auf diesen „Mitbewerb" herabzublicken! Diese erhielten schließlich die eigentlichen Assets, und das ist für die Entwicklung der Menschheit sicherlich auch gut gewesen. Die Leute in Deutschland, wie z. B. Carl Peters, welche unser Volk zu einer Weltmacht umzuschmelzen gedachten, blieben im Grunde stets Träumer. Wenn Du ein „Herrenvolk" finden willst, kannst Du eher zu Mashonas und Buschmännern gehen, als zu den Leuten in Zentral-Europa."

Ellen Key

Die Frau in hundert Jahren.

Die Frau in hundert Jahren.
Von Ellen Key.

In hundert Jahren sind alle großen Erfindungen der Neuzeit vervollkommnet, und ihre beiden großen Bewegungen — die Frauen- und die Arbeiterbewegung — haben ihre Ziele erreicht. Luftschiffe, mit größerem Komfort als dem der Gegenwart ausgestattet, Luftjachten, führen die Alpinisten zu Bergbesteigungen auf den Mond. Alle modernen Sommerfrischen sind submarine Villenstädte, denn die Landschaftsschönheiten der Erde sind alle zerstört, teils durch ihre Verwertung für die Industrie, durch Gebäude, Kabel und dergleichen mehr, teils durch die noch bis zur Mitte des zwanzigsten Jahrhunderts in Luftballons geführten Kriege. Die „Landwirtschaft" wird jetzt in chemischen Fabriken betrieben, und in diesen vollzieht sich die Arbeit, wie überall, durch Drücken auf Serien elektrischer Knöpfe. In gleicher Weise werden die Säuglinge in den kommenden Kinderheimen, an die sie — eine Stunde nach der Geburt — abgegeben werden, ernährt und gekleidet. Die Kinder werden in der Weise produziert, daß sich Freiwillige — aus sozialem Eifer — für diese Arbeit melden. Unter ihnen wird durch ein ärztliches Komitee die nötige Anzahl ausgewählt. Und von dieser Anzahl werden wieder die für einander Geeignetsten zusammengeführt. Das große Problem der Naturwissenschaft ist die Entdeckung des Mittels, die Menschheit ohne Elternschaft fortzupflanzen, dieses der Menschen unwürdigen Mittels, das die Natur in der Eile zusammengepfuscht hat, aber das die fortschreitende Kultur entbehrlich machen muß. In den ersten Jahren des einundzwanzigsten Jahrhunderts wurde die Welt durch die — leider verfrühte — Botschaft erfreut, daß ein Laboratorium wirklich die Methode gefunden habe, und daß so die einzige noch übrige Frauenbefreiungsfrage aus der Welt verschwunden sei. Aber obgleich immer wieder enttäuscht, lebte die Hoffnung auf den endlichen Sieg doch weiter, und dies um so mehr, als man im Jahre 2006 endlich ein beinahe ebenso kompliziertes Problem löste: man fand das Serum, durch welches die entsetzliche Krankheit, gegen die die Gesellschaft trotz zahlloser hygienischer Verhaltungsmaßregeln vergebens angekämpft hat — die Individualitäts- und Originalitätssucht —, ganz erlöschen wird. Die Paragraphen 123, 456, 789 des hygienischen Gesetzes, das 2008 erlassen wurde, verfügten eine allgemeine Zwangsimpfung mit diesem Serum, so daß die Gesellschaft für alle Zeiten gegen die Verheerungen der Krankheit geschützt sein wird.

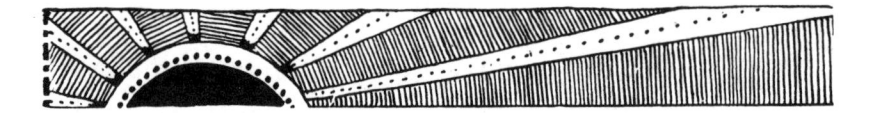

Alle Männer und Frauen haben den Tag in vier gleiche Arbeitspensa eingeteilt: sechs Stunden Schlaf, sechs Stunden Arbeit bei den elektrischen Drückern, sechs Stunden im Parlament und sechs Stunden Gesellschaftsleben. Die Parlamente tagen ständig. Soziale Vorträge ersetzen bei den Sonntagssitzungen die ehemaligen Gottesdienste. Und bei den Alltagssessionen wird alles bestimmt: von der Größe der Stecknadelköpfe und der Zusammensetzung der Eßpillen bis zu der Kinderquantität, die die Bedürfnisse der Gesellschaft im folgenden Jahre erfordern, und der Ideenqualität, die im Interesse des Gemeinwohls für den genannten Zeitraum zulässig erscheint. Nach beendetem schulpflichtigen Alter treten alle ins Parlament ein, auch die Idioten, als eine unbestreitbare Folge der Humanität und der Menschenrechte. Nur verurteilte Verbrecher haben nicht Sitz im Parlament, aber diese irdische Begrenzung beraubt sie keineswegs ihrer Menschenrechte. Sie werden nämlich auf den Planeten Mars deportiert, die neueroberte Kolonie der Erde. Und dort können sie frei die ihnen aus vergangenen Jahrhunderten wohlbekannte Kolonialpolitik treiben.

In der ersten Klasse der Schule lernen die Kinder — nach neuen Methoden — Zähne zu bekommen, zu gehen und zu sprechen. Die Unterrichtsanstalten, die alle nach demselben Lehrplan arbeiten, behalten die Schüler zwölf Stunden im Tag bis zum Alter von dreißig Jahren.

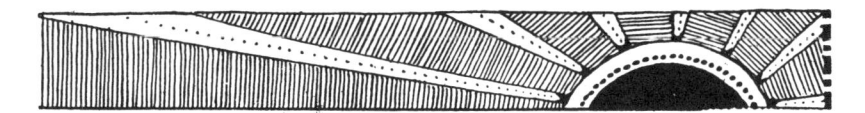

Die Universitätsstudien mit ihren gefährlichen Freiheitsbestrebungen sind hingegen abgeschafft. Nach Schluß der Schule rührt keiner mehr ein Buch an, falls er (oder sie) nicht Spezialist in irgend einem Zweige der Wissenschaft sein sollte. Darum findet man öffentliche Lesesäle ohne Bücher. Hingegen laden die Elevatoren dreimal im Tage die jetzt im Taschenbibelformat gedruckten Zeitungen ab, mit ihren illustrierten Annoncenbeilagen, wo den Künstlern, allerdings innerhalb strenger Grenzen, noch eine gewisse Freiheit der Phantasie gestattet ist. Alle öffentlichen Gebäude — mit anderen Worten alle Gebäude — sind hingegen mit Kunstwerken geschmückt, welche von einem zwölfgliedrigen Komitee ausgeführt werden.

Das Wort „Heim" hat eine bedeutungsvolle Umwandlung durchgemacht und ist jetzt ein Synonym des Wortes Schlafstelle.

Das Gesellschaftsleben ist eine Gesellschaftspflicht, und der Einsame wird als anarchistischer Attentäter betrachtet. Man trifft sich in Sport- und Diskussionsklubs zu einem Verkehr, welcher keine materiellen Genüsse verlangt. Seine Eßpillen nimmt jeder aus seiner Schachtel ein. Nur sehr alte Leute, die sich aus dem zwanzigsten Jahrhundert noch die Lust an den alkoholfreien Weinen, an den nikotinfreien Zigarren und dem coffeinfreien Kaffee bewahrt haben — die einzige Form, in der Genußmittel noch zu finden sind — schleichen zu dem einen oder andern geheimen Automaten, um dort die niedrigen Bedürfnisse zu befriedigen, die die jüngere Generation verachtet. Wenn diese masculinfreien Männer und femininfreien Frauen zusammentreffen, dann ist der einzige Stimulus der Austausch sozial-allgemeinmenschlicher Gedanken. Der männliche und der weibliche Typus sind in so hohem Grade verschmolzen, daß der Blick nur durch gewisse, aus Zweckmäßigkeitsgründen noch beibehaltene Verschiedenheiten in der Kleidung die Geschlechter unterscheiden kann.

Was die öffentlichen Vergnügungen betrifft, so hat das soziale Verantwortlichkeitsgefühl Konzerte ohne Musiker und Theater ohne Schauspieler geschaffen. Denn seit die Pianolas, die Phonographen und die Marionetten so phänomenal vervollkommnet worden sind, braucht man nur elektrische Knöpfe, damit der Kunstgenuß in Gang gesetzt wird. — Aber man hat eine sehr notwendige Vermehrung der Lehrjahre beantragt. Denn die Schulen kommen kaum dazu, ihren Zöglingen die

Vaterfreuden in 100 Jahren: Homunculus! Homunculus!

fünfundfünfzig Uebungsgegenstände und die einhundertelf intellektuellen Gegenstände beizubringen, die jetzt von einem gebildeten Menschen verlangt werden, und in denen alle drei Monate ein Examen abzulegen ist.

Sonntags-Nachmittags-Ausflug nach dem Mond.

Mitten in dieser allgemeinen Glückseligkeit trifft jedoch die unerhörteste Katastrophe der Weltgeschichte ein. Am Neujahrstage 2009, — gerade in dem Jahre, wo die obenerwähnte Zwangsimpfung die

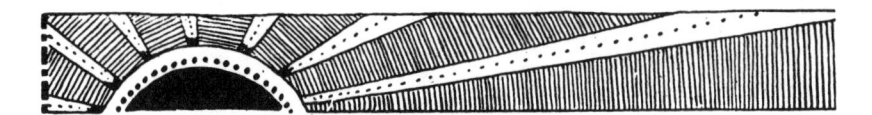

Erde von allen weiteren Heimsuchungen ihrer letzten und gefährlichsten Pest definitiv befreien sollte, bricht eine über den ganzen Planeten verzweigte Verschwörung der Schuljugend zwischen zwanzig und dreißig Jahren aus. Die erste Gewalttat der Revolution ist, in gewaltigen Emigranten-Zeppelins alle Journalisten auf den Mars zu verschicken; die zweite, alle Parlamente zu verbieten; die dritte, alle Schulen zu sperren; die vierte, alle Mütter zusammen mit ihren Kindern einzuschließen; die fünfte . . . aber warum alle diese Greuel aufzählen? Genug, diese gewaltigste aller Umsturzbewegungen stellt schließlich auf Erden jenen barbarischen Zustand wieder her, wo das Leben noch gewaltsam, mühevoll, tragisch, reich, berauschend war. Was dann geschieht, ist leicht vorauszusehen. Eine ebenso heftige Reaktion tritt ein. Erst gegen das Jahr 2100 befindet sich endlich die Menschheit wieder im Gleichgewicht. Sie hat dann vermutlich einen großen Teil dessen wieder erlangt, was für vergangene Geschlechter das Leben lebenswert gemacht. Aber sie hat zugleich viele von diesen Geschlechtern ungeahnte Dinge errungen, die das Leben in höherem Grade denn je liebenswert machen.

Dora Dyx

Die Frau und die Liebe.

Die Frau und die Liebe.
Von Dora Dyx.

In den wenigsten Fällen, in denen wir heutzutage von Liebe sprechen, ist Liebe, Liebe. Wir haben, so paradox dies auch klingen mag, und so lebhaften Protest ich mit meiner Behauptung bei all denen, die zu lieben wähnen, auch wecken mag, den Begriff der Liebe verloren. Sie hat sich unter unseren Händen so verwandelt, daß sie, von einzelnen Fällen abgesehen, keine Liebe mehr ist. Nicht nur die materielle Basis, auf welche unser Jahrhundert gestellt ist, ist zum Grabe jener feinen und feinsten Regungen geworden, aus denen die Liebe besteht, sondern noch mehr haben unsere Moralbegriffe dazu beigetragen, sie so zur Unkenntlichkeit zu verwandeln, daß man gerade von dem als Liebe spricht, was absolut mit ihr nichts zu tun hat, und von dem was Liebe ist, entweder gar nicht, oder nur mit Entsetzen gesprochen werden kann. Es muß zugegeben werden, daß der aktive Eintritt der Frau in den Kampf ums Dasein viel dazu beigetragen hat, das Liebesbedürfnis der Frau herabzumindern. Die körperliche Ermüdung und Uebermüdung ist ebensowenig wie die geistige Erschlaffung ein Erregungsmittel der Liebe, und wir sehen, daß unter dem als leichtfertig verschrienen Volk der Artisten die Turnerinnen und Akrobatinnen geradezu als unnahbar gelten können, insofern bei ihnen nicht auch die „Liebe" Mittel zum Zweck, d. h. Berechnung ist. Andererseits hat die durch die Berufstätigkeit der Frau nahezu aufgehobene Trennung der Geschlechter viel dazu beigetragen, jenen Nimbus des Geheimnisvollen zu zerstören, der bisher die jungen Männer und die Mädchen wechselseitig umgab. Und damit ist e i n

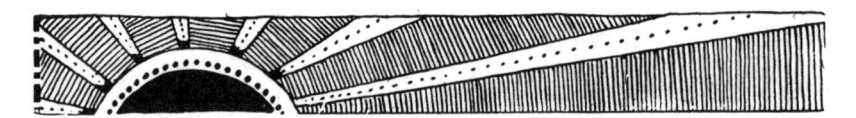

Hauptreiz zum Fortfall gekommen, denn gerade das Geheimnisvolle, das sozusagen Verbotene wirkte auf die Phantasie der Sinne. Die Liebe ist aber, wie wir jetzt wissen, nichts weiter als Seelenphantasie, und daß diese von der Sinnesphantasie ganz gewaltig beeinflußt wird, ist selbstverständlich. Bei uns gibt es drei Hauptformen von dem, was wir „Liebe" nennen. Die Ehe, die Prostitution und die freie Liebe, zu welcher auch die zwischen Ehe und Prostitution liegenden vorübergehenden Verhältnisse gerechnet werden können. Daß die Ehe nur in den seltensten Fällen ein wirkliches Liebesband schlingt, wissen wir alle. Die Ehe ist vor allem zur Versorgung geworden und alle Bedenken „ich liebe ihn nicht" werden durch den selbstlügnerischen Trost niedergeschlagen: „Die Liebe kommt schon in der Ehe". In den meisten Fällen aber kommt sie nicht, und im Punkte der Liebe herrschen darum nur noch Entsagung oder Betrug, die zu den bekannten Erschütterungen führen, welche bei uns den dramatischen Stoff — und nicht fürs Theater nur — liefern. Hie und da allerdings werden solche „Vernunftehen", wie man sie nennt, auch ganz „glücklich". Man lebt sich ineinander ein, keiner verlangt etwas oder viel von dem andern und ist überrascht, wenn er mehr findet, als er erwartet. Meist sind es auch resignierte Naturen, deren Seele keine Ansprüche stellt, so maßlos oft auch die anderen, ans Leben gestellten Ansprüche sein mögen. Die meisten Ehen aber — wenn schon nicht alle — sind unglücklich, und in jedes, auch des glücklichsten Menschen Leben, werden Augenblicke vorkommen, in denen er sich dies eingesteht. Dabei darf nicht verschwiegen werden, daß auch die „Liebesehen" unglücklich werden und gerade deshalb noch viel unglücklicher, weil die Ehe mit Illusionen begonnen wurde, auf welche die dürre Ernüchterung folgen muß. Und so wandelt sich auch in d i e s e n Ehen die Liebe in Gleichgültigkeit und diese in Haß. Der große Philosoph hat recht, der zuerst das Wort sprach: „Die Ehe ist das Grab der Liebe". Die Liebe ist ja das freieste Gefühl, das unserer Seele gegeben, und jeder Zwang — und als solcher ist die Ehe vom Standpunkt der Liebe nur aufzufassen — muß diese Freiheit lähmen, einengen und bedrücken. Von der Prostitution rede ich nicht. Sie ist das schmachvolle Kainszeichen, das unsere Zeit sich selber aufgedrückt hat. Bleibt — die freie Liebe. Aber auch hier, wo wir eigentlich den Inbegriff der heißen, schrankenlosen

„Die Liebe von heute ist auf Betrug, Enttäuschung und materielle Interessen
aufgebaut — —"

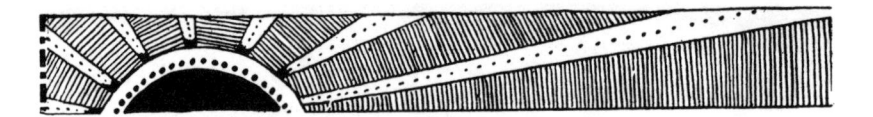

Liebesglut finden müßten, ist davon wenig zu merken. Selten ist es wirklich die Liebe, die „zwei Menschen die müssen" zueinander treibt. Meist sind es der Leichtsinn, die Laune, die Eitelkeit und die Vergnügungssucht, die ihr gewichtiges Wort mitsprechen. In jedem Falle ist die Liebe heutzutage ein Opfer, das die Frauen bringen. Unsere ganzen verkehrten Anschauungen haben die Liebe dazu gemacht und wenn es in diesem Schritt weiterginge, so würde man bald überhaupt nicht mehr wissen, was Liebe ist. Unsere Seelen scheinen für die Schwingungen der Liebe eben nicht mehr empfänglich zu sein; die Seele hat die Sensibilität dafür verloren, und unser Seelenapparat muß erst wieder darauf gestimmt werden. Und auch diese Zeit wird kommen. Mit eilendem Schritte gehen wir der Zeit entgegen, wo für den Menschen die Arbeit nicht Arbeit, sondern nur Lust, Zerstreuung und Erholung sein wird. Die Lebensbedingungen werden sich so gewaltig verändern, daß uns um unsere „Versorgung" nicht mehr bange sein wird; die Herzensfragen werden daher keine Magenfragen mehr sein, und die Schwingungen der Liebe werden wieder gefühlt, gesehen und verstanden werden. Die Liebe ist ja weiter nichts als das Resultat einer Anziehungskraft und infolgedessen auch denselben Gesetzen unterworfen wie diese. So wie der Mond durch die nähere Erde mehr angezogen wird, als durch die entferntere mächtige Sonne, so wird ein Mann durch ein in seiner Nähe weilendes liebliches Geschöpf natürlich mehr angezogen, als durch ein anderes Wesen, dem er und das ihm ferner bleibt, von dem er sich aber unter anderen Verhältnissen weit stürmischer angezogen fühlen würde, als durch das erste. Den Gesetzen der Anziehungskraft zufolge kann nun das Herz gleichzeitig aus verschiedenen Richtungen angezogen werden. Es gibt keinen Himmelskörper, der nicht zu kleinen Abweichungen von der ihm zugewiesenen Bahn gezwungen würde, die man Störungen nennt. Bei uns im menschlichen Leben werden diese Störungen Sünde genannt, Verrat und Betrug. Die Flammen der Liebe gehen dann in die Flammen der Eifersucht und des Hasses über, und bald suchen die einen, den geliebten Gegenstand wieder zu umfassen und zu umhüllen, bald lodern sie zuckend zurück, weg von dem Gegenstand des Hasses und Abscheus! In jener kommenden Zeit aber — wird es keine Eifersucht mehr geben und daher auch keine

Die Liebe der Zukunft beruht einzig und allein auf den radioaktiven Sympathie-
strahlen der Seele und des Herzens.

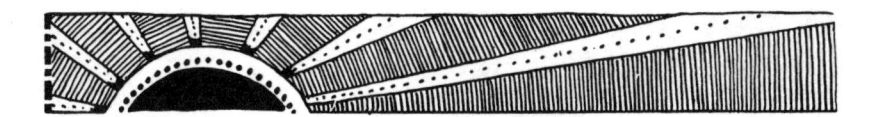

Liebestragödien. Man wird die Radioaktivität der Seele und ihre Wechselwirkung aufeinander sehen und messen können. Man wird die „Flammen der Liebe", von denen unsere Dichter so lange schon geträumt und gesungen haben, einander in heißer Sympathie entgegenschlagen sehen und wird genau d e n Grad der Sympathie und der Liebe aus dem stürmischen einander Entgegenlodern der Flammen oder dem ruhigen in einander Uebergehen derselben erkennen können, und niemand wird m e h r Liebe verlangen, als des anderen Herz für ihn zu empfinden und als des anderen Herz ihm selber zu geben vermag. Der Fall ist ja nun allerdings denkbar, daß die Flammen des Herzens einem und demselben „Gegenstande" von zwei Seiten zulodern, daß sie selber aber nur nach einer Seite hin sich gezogen fühlen. Dann wird sich der, dessen Flammen unerwidert nach des andern Gluten reichen, ruhig bescheiden, denn allmählich legen sich ja auch die heißesten Flammen, und des Dichters Wort bleibt auch für die Zukunft bestehen: „es ist die Zeit das Oel, das all die wilden Wogen unseres Herzens glättet". Natürlich werden und müssen sich bei dieser Erkennbarkeit oder Sichtbarkeit der Liebe auch alle unsere Anschauungen über diese ändern. Ein Vortäuschen und Vorspiegeln von Liebe wird es nicht mehr geben können. Treue in unserem Sinne des Wortes wird man weder mehr verlangen noch wollen, aber ebensowenig wird der Betrug möglich sein. Man wird einander gehören, solange die Sympathie da ist, und wird sich trennen, sobald sie im Erlöschen ist; trennen in guter Freundschaft, in freudigem Erinnern an das, was man sich gewesen ist. An die Stelle der Ehe wird die Gemeinschaft getreten sein, die so lange dauern wird wie die Seelengemeinschaft besteht. Denn ein einander Angehören o h n e das Fortbestehen dieser Gemeinschaft der Seele ist Prostitution, und Prostitution wird es d a n n nicht mehr geben. In gar keiner Hinsicht. Man wird aber andererseits auch seine Liebe nicht verbergen. Vor niemandem schon aus d e m Grunde nicht, weil man sie nicht wird verbergen können. Man wird aber nicht wie jetzt laut ankündigen: „ich will mich in nächster Zeit oder in einem oder in zwei Jahren mit dem oder jenem vereinen", und wird noch weniger allen guten Freunden und Bekannten und Verwandten feierlichst Nachricht geben, ich werde heute oder an dem und dem festgesetzten Tage mich dem von mir Auserwählten hingeben,

Das Kind im Jahrtausend der Liebe.

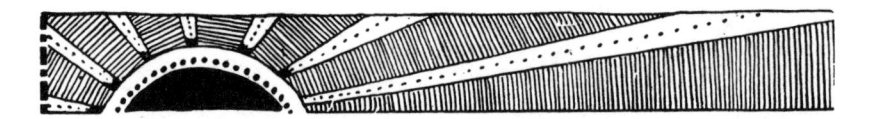

sondern man wird es nicht für möglich halten, daß in einem Zeitalter, das sich für gesittet hielt, so etwas Brauch sein konnte; ebenso wie wir den Kopf darüber schütteln, daß im Mittelalter sogar das Beilager als Krönung der Hochzeitsfestlichkeiten öffentlich stattfinden durfte. In solch einer Sittenroheit, die die feinsten, heißesten Seelenregungen öffentlich preisgibt, wird das Jahrhundert der Zukunft nicht mehr befangen sein. Niemand wird wissen, wann und wo sich ein Paar angehört hat, das zu einander gehört, und er wird einfach die Tatsache vermerken, daß zwei eine Gemeinschaft geschlossen haben, die auf der Harmonie der Seelenschwingungen beruht. Denn, wie gesagt, einen anderen Grund wird es nicht mehr geben und nicht geben können, und die niedrigen, materiellen Gründe von heute werden nicht bestimmend sein können, weil ihnen der Boden der Notwendigkeit fehlen wird. Ein anderes wichtiges Moment aber wird schwer in die Wagschale fallen: Die Kinder. Heutzutage gilt es häufig noch als anstößig, Mädchen wissen zu lassen, daß der Zweck der Ehe die Kinder sind, obwohl Gott sei Dank die sexuelle Aufklärung sich in unserer Erziehung immer mehr Bahn bricht; die ganz aufgeklärten, hypermodernen Braut= und Ehe= leute schwören dagegen auf Kinderlosigkeit und suchen späterhin den Kindersegen auch wirklich tunlichst einzuschränken. Auch das hat seine Begründung in unseren heillosen ökonomischen Verhältnissen, in denen die Existenz nur weniger so gesichert ist, daß sie den Kindersegen nicht als direkte Schädigung ihrer Vermögenslage auffassen müssen. Anderer= seits aber hat sich auch in jenen Kreisen, denen es nicht gerade darauf ankommt, die Ansicht befestigt, daß es nicht zum guten Ton gehört, mehr als zwei Kinder zu haben. In Newyork wird aus den Kreisen der oberen Zehntausend die geradezu köstliche Geschichte kolportiert, daß Mrs. Astor sich über Mrs. Gould (beide bekannte Milliardärinnen) mißbilligend geäußert habe: „Etwas direkt Böses kann man ihr ja nicht nachsagen, aber unanständig ist es doch, daß sie so viel — Kinder hat". — In den kommenden Zeiten, den Zeiten, da die Liebe sich auf sich selbst und somit auch auf ihren Zweck besinnen wird, wird eine solche, sei es selbst erfundene, Anekdote nicht gut möglich sein. Denn da werden nicht nur die Mädchen, nicht nur die Frauen, sondern vor allem die Mütter in hohem Ansehen stehen. Die Mütter werden eine besondere Ehrenstellung in der Gemeinschaft der Menschen einnehmen. Natürlich wird es dann die große Ambition der Mädchen sein, Mütter zu werden, und die der Frauen, gesunde, schöne und begabte Kinder zu gebären. Und es wird auch ein Nachwuchs erstehen, der an Kraft, Schönheit und Geist weitaus alles übertreffen wird, was wir heute als solche bewundern. Denn unser Geschlecht ist, namentlich nach der Seite der Seele und des Geistes hin, ganz gewaltig im Erstarken begriffen. Ein gesundes Geschlecht bereitet sich vor, und da dieses Geschlecht nur Kinder der Liebe erzeugen wird, nicht auch wie wir Kinder der Pflicht, so werden in erhöhtem, verfeinertem, vergeistigtem Maße alle die Eigenschaften des Vaters und der Mutter auch auf sie übergehen und in potenzierter Kraft in ihnen zum Ausdruck gelangen. Das aber kann, wie gesagt, mit Sicherheit nur geschehen, wo die Liebe den Bund geflochten hat. Die Natur selbst verlangt, daß die Rechnung stimme und die Anziehung eine gegenseitige sei, weil nur so der Zweck erreicht werden kann, den sie sich mit der Liebe gesteckt hat. Der Geschlechtstrieb hat allerdings die Aufgabe, das menschliche Geschlecht zu erhalten, die Liebe aber hat die Aufgabe, es zu veredeln. Die Liebe ist die Zuchtwahl in edlerem Sinne und nur in diesem veredelndem Sinne wird die Liebe künftig geübt werden. Wir in unseren, von Kurzsichtigkeit und Engherzigkeit regierten Verhältnissen sind davon weit entfernt und sind im Gegenteil in dem Begriffe der Liebe derart verroht, daß uns sogar das Urteil über das Vernünftige im Haushalte der Natur abgegangen ist, und daß — was viel, viel schlimmer ist — unsere Zeit Lüstlinge und Wüstlinge herangebildet hat, deren Opfer zu Tausenden und Abertausenden ihrem Dasein fluchen.

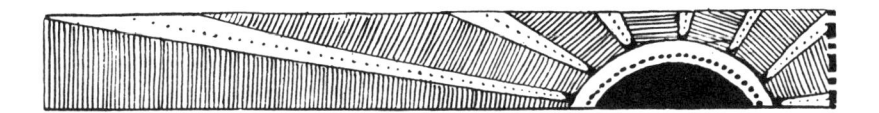

Auch mit unseren Begriffen von Schande und Ehre stehen wir derart im Banne starrer, längst als falsch und verächtlich erkannter, trotzdem aber noch immer zu Recht bestehender gesellschaftlicher Dogmen, daß wir ein Mädchen fallen lassen, weil es Mutter geworden ist, und das Kind zugrunde gehen lassen, weil es die unglaubliche Frechheit hatte, sich erzeugen zu lassen!! Und keiner denkt daran, welche Menschenwerte in diesen Kindern verloren gehen. Denn — ich erwähnte es früher schon flüchtig — gerade die sogenannten Kinder der Liebe, bei deren Entstehen vielleicht wirklich die Liebe, in den meisten Fällen aber zumindest das Liebesbedürfnis und das Temperament mitgewirkt haben, die geistig veranlagtesten sind, gerade so wie bei unseren Ehen das erst= geborene Kind meistens das gewecktere ist. Und das erinnert mich an ein chinesisches Sprichwort. Dieses Sprichwort lautet: „Das erste der Arbeit, das zweite der Schönheit, das dritte dem Geist". Das erste, zweite und dritte Kind nämlich. Das würde nun allerdings dem, was ich früher gesagt habe, widersprechen, aber — in China und überhaupt im Osten ist das mit der Ehe und Liebe ganz anders als bei uns. Ein Chinese selber setzte mir in Frisko den Unterschied einer europäischen und asiatischen Ehe in folgender drastischen Weise auseinander. „Ihr füllt den Teekessel, zu dem ihr euch hinsetzt, gleich mit heißem, glühendem Wasser, und immer mehr und mehr kühlt der Tee sich darin ab, bis er ganz kalt wird und ihr keine Freude daran haben könnt, wir aber setzen das Wasser kalt auf und zünden dann erst das Flämmchen an, das das Teewasser allmählich durchwärmt, bis er schließlich den Grad von Wärme erreicht, der es zu einem uns angenehmen, anregenden und durchwärmenden Getränk macht." Und der Mann hat mit seinem Vergleiche, so wie die Dinge heute stehen, leider, von seinem Standpunkt aus, recht, aber — sie werden anders werden, ganz anders. Bei uns ebenso wie dort. Bei uns natürlich zuerst. Die Kinder, die die Liebe gezeugt hat, werden nicht mehr die Parias der Welt sein, denn es wird keine anderen mehr geben, und eine einzige große Liebe wird alle diese Kinder umfassen, die Liebe der Menschheit. Keines der Kinder aber wird um dessentwillen, weil es auf die Welt kam, seelisch, moralisch und physisch verkommen müssen, sie alle werden sich sonnen in dem Glück ihrer Kindheit, und es wird keinen Vorzug der Geburt mehr geben, weil es keinen Makel einer solchen mehr geben wird. Es wird das Reich der Liebe sein, der großen, unendlichen, allumfassenden Liebe, und man wird über unser Jahrhundert als das Jahrhundert der Lieblosigkeit, Grausamkeit und Härte stillschweigend hinweggehen.

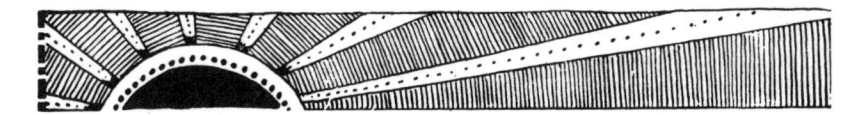

Baronin von Hutten
Die Mutter von einst.

Die Mutter von einst.
Von Baronin von Hutten.

Es gab eine Zeit, in der man Mütter nur aus dem einzigen Grunde verachtete, weil sie Mütter geworden waren. Doch man verachtete nicht alle. Aber einige davon und gerade die, die der Stimme der Natur allein gehorchend und sich nicht um die banalen Gesetze der Gesellschaft kümmernd, die den höchsten Beruf erreicht hatten, den ein Weib überhaupt zu erreichen vermag. Diese wurden verurteilt, verfemt und geächtet; diese wurden aus der Gesellschaft als unwürdig ausgeschlossen, diese wurden womöglich hinausgestoßen in Verzweiflung, in Elend und Schande, denn sie hatten einen Makel an sich:

Den Makel der Mutterschaft,

und schleppten ihn das ganze Leben lang mit sich fort. Es gab solch eine Zeit, und es war eine sittlich erbärmliche, verkommene Zeit, die der Heuchelei voll war. Denn in dieser Zeit galt die Liebe nichts, galten die Impulse der Natur nichts, die alle eingezwängt waren in den schnürenden Panzer wahnwitziger gesellschaftlicher Lügen und Vorurteile, die man zum Gesetz erhoben hatte. Und nicht nur die Mütter wurden verfemt, auch auf den Kindern — merkt wohl auf — lastete zeitlebens der Makel ihrer Geburt, und sie hatten unter ihm zu leiden schwer, schwerer noch als der Galeerensklave unter der Kettenkugel des Bagno. Ja, es gab diese Zeit, und das war eine böse, grausame Zeit, die der Ungerechtigkeit und Unvernunft voll war. Aber diese so häßliche Zeit kannte doch auch die Achtung vor Müttern. Sie neigte sich tief vor den Müttern, die mit dem Manne, mit dem sie nicht im Herzen eins, wohl aber im Range und der „Geburt" eins waren, und dem sie sich nicht aus Liebe, sondern nur aus kühlster Berechnung, vielleicht sogar mit dem Ekel des Herzens hingegeben hatten, um Mütter zu werden, vor d i e s e n Müttern neigte sie sich und pries sie und lobte sie, vorausgesetzt, daß sie — nicht zu oft Mutter wurden. Ja, es gab solch eine Zeit, und es war eine verwerfliche Zeit, eine Zeit, auf die wir zurückblicken als auf eine Zeit, die uns unbegreiflich, unfaßbar ist, und vor der uns graut und ekelt. Denn wir schreiben ja jetzt das Jahr 2010, und diese Zeit, in der das Höchste im Weibe so erniedrigt und so in den Staub gezerrt wurde, liegt hundert Jahre zurück. N u r hundert Jahre, ja, nicht einmal so viele. Viel, viel weniger noch. Und in diesem kurzen Zeitraum, welch ein wundervoller Wandel, der u n s e r e Zeit förmlich

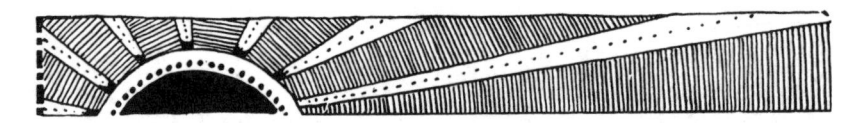

z u m Z e i t a l t e r d e r M u t t e r
gemacht hat.

Mutter! Kein herrlicheres Wort hat bisher noch die Sprache geschaffen. Keinen herrlicheren Begriff hat ein Wort jemals gedeckt. Kein größeres Mysterium hat die Natur jemals hervorgebracht. Neigt Euch, Ihr Frauen und Männer, neigt Euch, ihr Jungfrauen, die Ihr Euch nach der Mutterschaft sehnt, vor dem Weibe, das schon Mutter geworden. Drängt Euch, Ihr Kinder, um sie, denn nur sie kann Euch verstehen, nur sie, die in dem Stolze einhergeht, ein Wesen wie Euch geschaffen zu haben, ein Wesen, bestimmt, die Menschheit emporzuführen bis zu dem weit, weitab liegenden Ziele der Vollkommenheit.

Auch damals schon, in jener häßlichen Zeit, von der ich früher gesprochen,[*] nährte man den Keim, die Ahnung der Mutterschaft in dem Kinde. Man gab ihm in richtiger Erkenntnis seines künftigen großen Berufes Puppen in die Hand und ließ es Kind und Mutter damit spielen, ja, man ging sogar schon so weit, eigene Schulen zu errichten, in denen man das Kind, in dem man die künftige Mutter schon sah, ahnte oder sehen wollte, in denen man dieses Kind unterwies, seine Puppen als wirkliche Kinder zu behandeln, zu behüten und zu betreuen, und in denen man künstlich für die Puppen alle jene „Lebens"lagen schuf,

---

[*] Gemeint ist das Jahr 1909, das soll nochmals ausdrücklich betont werden.

Die Mütter nehmen die Stellung ein, die ihnen gebührt! die erste!

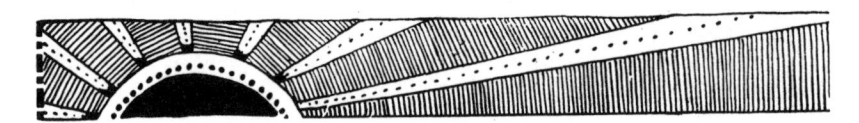

in die ein Kind später vielleicht kommen konnte, so z. B. Krankheiten, Unfälle und allerlei Ereignisse, die eben das Leben ausmachen, und in die sich das Kind so hineinzufinden und hineinzuleben erlernte.*) Dann aber — wenn die Ahnungen wirklicher Mutterschaft in dem zur Jungfrau heranblühenden Kinde erwachten, zerstörte man wieder die Saat, die man vorher gestreut, zerstörte den Keim, der sich aus dieser entwickelte und zerstörte damit alles, was man geschaffen, eine Verwirrung in dem Gefühlsleben des Kindes hervorrufend, die die größten Sinnes- und Gewissenskämpfe zur Folge hatten. Die Natur wurde unterdrückt, ihr Geschrei durfte kein Echo in dem Herzen der heranwachsenden und herangewachsenen Mädchen mehr finden, die ehernen Gesetze der Konvention, die Gesetze der „Gesellschaft" hatten die Forderungen und Gesetze der Natur zu Verbrechen und Vergehen gestempelt. D a s war die Kultur jener Zeit, die Kultur, die wir heute nicht mehr begreifen.

Mutet es uns nicht unfaßbar an, daß in jener Zeit die zartesten Regungen des Herzens und des Temperaments geradezu mit Stolz an die Oeffentlichkeit gezerrt wurden? Daß es „Verlobungen" gab, durch welche aller Welt mitgeteilt wurde, ich, das bisher keusche Mädchen, habe beschlossen, mich diesem und diesem Manne hinzugeben? Aber nicht heute, nicht wenn die Natur, wenn die heiße Liebe mich dazu drängt, mich dem Geliebten selig und beseligend in die Arme zu werfen, sondern in einigen Monaten, in e i n e m Jahre, an dem und dem Tage und zu der und der Stunde? Erinnert das nicht an jene barbarischen, schamlosen Zeitalter, in denen das erste Beilager sogar öffentlich und mit gewissem Prunke gefeiert wurde? Und weitab war man in jenen seltsamen Zeiten, die nur hundert Jahre fernab von uns liegen, auch tatsächlich nicht, denn auch d e r Tag, der festgesetzt war für „das Opfer, das die keusche Scham der Liebe bringt", wurde prunkvoll begangen, und der heilige Bund wurde in heimlicher Stille, unbemerkt und unbelauscht von jedermann, geschlossen, nein, man wies selbst durch allerlei prunkvolle Zeremonien darauf hin, und forderte niedrige Menschen dadurch heraus, schamlosen, unreinen Gedanken hämischen Ausdruck zu geben. Wie ganz anders heut! Sich selber unbewußt, sinken die Liebenden, von heißer

---

*) Solche Puppenspielschulen wurden in London errichtet und in vielen englischen Städten jetzt nachgeahmt.

Durch das öffentliche, prunkvolle Begehen der Hochzeit forderte man niedrige Menschen förmlich heraus, schamlosen, unreinen Gedanken hämischen Ausdruck zu geben.

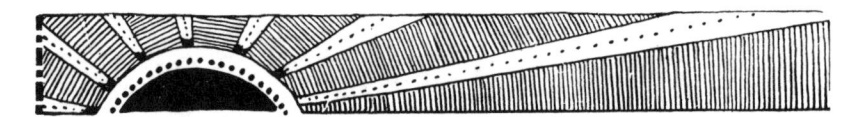

Sehnsucht übermannt, sich in die Arme, und im Kusse der Liebe wird der heilige Bund wortlos und zeugenlos geschlossen. Im übrigen wurde auch damals mehr als e i n Bund auf diese Art geschlossen. Wer's aber tat, der war für immer gerichtet, der hatte sein Recht auf die Gesellschaft für immer verloren! Außerdem war der Bund, der „nach den Gesetzen", also unfrei, geschlossen wurde, sehr schwer nur lösbar. Die Liebe wurde also förmlich für's ganze Leben durch Unfreiheit bezahlt. Das freieste aller Gefühle wurde in Fesseln geschlagen und zu einem Zwang umgewertet. Was Wunder, daß man an andere Münze dachte, die Liebe, die man brauchte, zu bezahlen, und daß die größte Schmach, die je die Welt gekannt hat, daß die Prostitution geschaffen, gestärkt und großgezogen wurde. Was Wunder, daß der Zwang die Liebe gar oft in ihr Gegenteil verkehrte, und die liebeleer gewordenen Herzen, die sich nach einer Liebe sehnten, diese suchten und sich ihr ergaben. Damit aber . . . damit hatten sie sich abermals gegen die Gesetze der Gesellschaft vergangen und verfielen wieder dem Spott und der Mißachtung. Freilich nicht immer. Denn da die Menschen damals nicht gleich in allen ihren Rechten waren, half der „Rang" auch über diese „Mißachtung" hinweg.

Was Wunder, daß in einer solchen Zeit die Mütter nicht jene Achtung, nicht jene große, berechtigte Vorzugsstellung genossen, wie heute, wo wir glücklicherweise dem Jahre 1909 um hundert Jahre voraus sind. Damals gab es mehr Kinder, heutzutage gibt es mehr Mütter. Dieser scheinbare Widerspruch findet in den veränderten Verhältnissen seine Erklärung. Damals war seltsamerweise nicht für jeden Menschen gesorgt. Damals hatte wohl jeder die P f l i c h t z u l e b e n, nicht aber das Recht. Damals mußte, um sich lieben zu „dürfen", ein eigener Hausstand gegründet werden, was von Jahr zu Jahr t e u r e r wurde, so unerschwinglich teuer, daß die Frauen und Mädchen, die sich keinen Mann k a u f e n konnten (durch ihre Mitgift, ihren Erwerb, ihre Stellung), auch keinen oder nur sehr schwer einen fanden. Viele von diesen hielt die Scham zurück, sich einem Manne hinzugeben, selbst wenn man ihn liebte. Dadurch entstand ein seiner ihm von der Natur gegebenen Bestimmung entzogenes Wesen, das man „die alte Jungfer" nannte, und das merkwürdigerweise deshalb, weil es sich den Gesetzen der Gesellschaft fügte, den leisen oder lauten Spott dieser selben Gesellschaft erfuhr!! Hundert=

Wie ganz anders heut! Sich selber unbewußt sinken die Liebenden, von Sehn=
sucht übermannt, sich in die Arme, und im Kusse der Liebe wird der Bund wort=
los und zeugenlos geschlossen.

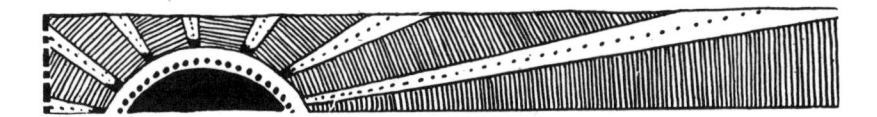

tausenden von Frauen*) wurde es so unmöglich gemacht, zu Müttern zu werden. Dafür trugen die staatlich und gesellschaftlich anerkannten „Ehen" viel dazu bei, den Kinderreichtum zu vermehren, denn durch das gezwungene Zusammenbleiben wurde die Liebe eine Sache der Gewohnheit, und die Gemeinschaft bestand ruhig auch zwischen n i c h t harmonierenden, einander gleichgiltigen, ja sich hassenden und verachtenden Eheleuten aufrecht. Heutzutage haben unsere Frauen den richtigen Instinkt. Sie fürchten den Umgang mit Männern, denen sie schon ein Kind geschenkt haben, während die Mädchen gerade den bewährten, reiferen Männern den Vorzug geben, ein Prinzip, das damals schon für richtig anerkannt wurde, aber nur — in der Aufzucht der Tiere. Die Aufzucht der Menschen aber, das hat u n s e r Jahrhundert, das einundzwanzigste, glücklich erkannt, die Aufzucht der Menschen ist doch ein gut Teil wichtiger noch. Und da es heutzutage n i c h t als eine Schmach gilt, Mutter zu werden, sondern als der größte Stolz, es zu sein, besteht selbstverständlich die größte Ambition unserer Frauen darin, ein gesundes, schönes und begabtes Kind zu gebären. Daher schwärmen unsere Mädchen weit häufiger für Männer, welche das dreißigste Jahr überschritten haben, als für jüngere Elemente. Es war nun damals schon erwiesen, daß Kinder der Liebe im allgemeinen weit geweckter, stärker, kräftiger und gesunder waren, als jene Kinder der Pflicht, die eine Folge jener seltsamen Eheverhältnisse waren. Bei uns nun sind alle Kinder Kinder der Liebe, selbst wenn — was nur vereinzelt vorkommt — e i n e m Paare mehr als e i n Kind entstammt. Denn welche Frau würde ihr Leben (und das tut sie bei jeder Geburt) für einen Mann aufs Spiel setzen, den sie nicht liebt? Keine. Aber nicht eine. Und darum sind unsere Kinder so geweckt, so kräftig, so durch und durch nur gesund, und darum vervollkommnet sich unser Geschlecht von Tag zu Tag, ich möchte sagen von Stunde zu Stunde. Freilich nicht darum allein. Auch die Wissenschaft hat uns neue, wunderbare Kräfte erschlossen, die auch beigetragen haben, das Menschengeschlecht zu veredeln. Die Hauptsache aber sind doch immer die Eltern. Vor allem die Mutter. Von d e m Augenblick an nun, da sie Mutter geworden, hört sie auf, als solche Pflichten zu haben und genießt nur deren Rechte. Da nämlich jedes

---

*) Das Mädchen gibt es zurzeit nach einem bestimmten Alter nicht mehr.

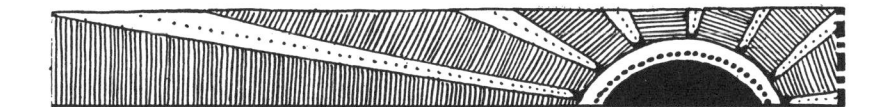

Kind das gleiche Anrecht hat, nach allen Errungenschaften der Wissenschaft aufgezogen zu werden, es aber unmöglich ist, diese Errungenschaften jedem individuell zukommen zu lassen, so werden die Kinder der Mutter abgenommen und mit Kinderwartung und Kinderpflege vertrauten Müttern übergeben, die den entsprechenden, wundervoll eingerichteten Kinderanstalten vorstehen, in denen die Entwicklung eines Krankheitskeimes geradezu ausgeschlossen ist. Kinderkrankheiten, Epidemien also, die in früheren Jahrhunderten und Jahrzehnten die Kinder zu Millionen dahingerafft haben, sind ausgeschlossen, ebenso wie es ausgeschlossen ist, daß Kinder darben und an Nahrungslosigkeit oder schlechter Nahrung zugrunde gehen. Es ist aber für jedes Kind gleicherweise gesorgt. Wohl aber ist es den Müttern erlaubt, ihre Kinder zu bestimmten Stunden des Tages und zwar viermal täglich selber zu nähren. Dadurch wird den Kinder die ihnen von der Natur zugedachte Nahrung zugeführt, gleichzeitig aber verhindert, daß die Kinder schlecht gewöhnt oder überernährt werden, was in früheren Zeiten sehr häufig der Fall war, da auch jedes Schreien der Kinder durch die Muttermilch „gestillt" wurde. Solch eine verständnislose Ernährung hat aber nicht wenig dazu beigetragen, die Krankheits- und Sterblichkeitsziffer der Kinder zu erhöhen, oder aber die Erziehungsfähigkeit der Kinder zu vermindern. Denn bei uns beginnt die Erziehung mit dem ersten Tag. Dadurch nun, daß die Erziehung nicht den Müttern überlassen bleibt, sind auch die Gefahren vermieden, die in der mütterlichen Erziehung früher oft lagen. Und diese Gefahren waren keine geringen, denn wenn e i n e Liebe blind ist, so war es und ist es zum Teil noch heute die mütterliche gewiß. Wie jeder Mensch, jeder Künstler d a s Werk, das er selber geschaffen, für das beste hält, so hält zweifellos jede Mutter ihr Kind für das beste und liebste und schönste, und die Schwachheit der Mutter gegen dieses, ihr Werk hat mehr Schaden geschaffen als Nutzen. Sehr viele Knaben sowohl wie Mädchen haben sich jenem „Kampf ums Dasein", von dem wir heute glücklicherweise nur vom Hörensagen noch wissen, der aber in den früheren Zeiten die Individuen förmlich zerrieben hat, nicht gewachsen gezeigt, weil sie von ihren Müttern zu „Muttersöhnchen" erzogen, in ihrem Charakter nicht gefestigt und in ihrer Widerstandsfähigkeit lahmgelegt waren. Das ist ja nun anders. Der Kampf ums Dasein hat dank der

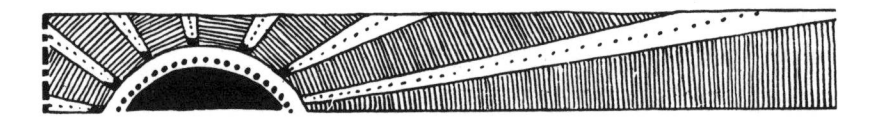

sozialen Einrichtungen, die unser herrliches neues Jahrhundert eingeführt und getroffen hat, aufgehört zu bestehen. Jeder, der lebt, hat als Teil der Gesamtheit auch Teil an der Gesamtheit. Die Arbeit ist nicht zur bitteren Lebensnotwendigkeit, sondern zur Lust und zur Freude geworden, und die Mütter nehmen an dieser Freude teil, wie sie früher am Spiel ihrer Kinder teilgenommen haben. Denn die Arbeit ist Spiel. Sie wird von Anfang an als Spiel nur gelehrt, als Spiel nur geübt, und es gibt daher keine Unlust zur Arbeit, zumal jedes Kind nur das arbeitet oder spielt, was es arbeiten will. Die Haupterziehung richtet sich nun danach, des Kindes Wollen auf das nur zu richten, was es auch erreichen kann, und was ihm durchzuführen möglich ist. Dem Geiste des Kindes diese Richtung zu geben, ist nun vornehmlich die Sache der Mütter, da sie ja durch die angeborene Intuition der Mutter am ehesten imstande sind, die geheimsten Seelenregungen des Kindes zu erkennen und seine Neigungen und Wünsche kennen zu lernen. Der Hauptstolz der Mutter wird es nun sein, um i h r e m Kinde im Wettstreit des Arbeitsspiels die Palme zuerkannt zu sehen, die Geistesrichtung ihres Kindes zu erforschen und es auf dem eingeschlagenen Wege zu leiten und zu bestärken. Die Mutter wird die vornehmste Beraterin, der Vater der beste Freund seiner Kinder werden. Nicht nur seiner freilich, sondern aller, hauptsächlich aber doch der eigenen. Und die Liebe der Kinder wird sich allen Müttern, allen Vätern, vor allem aber natürlich den eigenen zuwenden. Diese Liebe wird aufgebaut sein auf dem großen Gefühle der großen, echten, grenzenlosen Dankbarkeit. Der Dankbarkeit für das größte Geschenk, das einem zuteil werden kann, der Dankbarkeit für d a s L e b e n. Denn das Leben ist, was es heute ist, nichts als eine Kette edelster Freuden, und es ist uns unfaßbar, daß es in früheren Zeiten für die Menschen ein Kampf, für alle ein Fluch war. Die Geschichte von jenem großen, unglücklichen Mann, der nach schwerer, grausamer Jugend, in einem Augenblick unerwarteten Glücks, von dem ungeahnten Wonnegefühl übermannt, seiner Mutter um den Hals fiel und ihr schluchzend und jubelnd zurief: „Mutter, Mutter! ich verzeihe Dir, daß Du mir dieses Leben gabst", erschüttert uns wie alles für uns unbegreifliche uns erschüttert. Heutzutage aber ist das eine Unmöglichkeit. Heute ist es das überströmende Dankgefühl, das uns unseren Müttern gegenüber niemals verläßt. Und aus diesem Dankgefühl wächst die große Verehrung hervor, die sich fast zu einer Religion verklärt hat, zur Religion der Mutter. In der Mutter hat die Natur ihr höchstes Wunder vollbracht, und das Gefäß dieses Wunders ist für uns geheiligt. Natürlich fällt ein Abglanz von diesem Strahle auch auf die Liebe, die nicht mehr in den Staub und Kot getreten wird, wie dies noch im vergangenen Jahrhundert der Fall war, sondern die als die einzige von der Natur gewollte, von der Natur ge= heiligte Wandlung zum hehren Berufe der Frau, zum Berufe der Mutter aufgefaßt wird. Nie wagt sich daher mehr, so wie einst, schmähliche Nachrede an ein Paar, das sich liebt, nie heftet sich an dessen Sohlen Spott, Niedertracht und Verachtung, denn jeder weiß, daß echte Liebe jederzeit rein ist, und daß die Natur sie will und verlangt. In unserem Jahrhundert gilt nur das, was die Natur von uns fordert. Nur ihren Satzungen folgt man, denn die Natur ist zum Gesetze der Menschheit geworden. Eine Zeit des Lichts ist angebrochen in allem und jedem, eine Zeit glänzenden alles überflutenden Lichts, in welchem am hellsten e i n e s erstrahlt, das Licht der Mutterschaft und der Liebe.

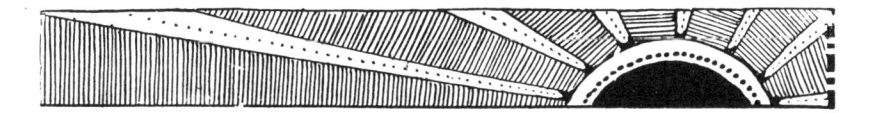

Alexander von Gleichen-Russwurm
Gedanken über die Geselligkeit.

Gedanken über die Geselligkeit.
Von Alexander von Gleichen-Rußwurm.

Die meisten Träumer und Verfasser utopischer Weltbilder verirrten sich in einem Wald politischer Ideale und vertraten den Standpunkt, daß Staatsverfassungen, Gesetze, öffentliche Einrichtungen, den Kern des Lebens ausmachten. Alle diese Dinge umgeben uns wie die Landschaft, wirken wohl ab und zu auf die Stimmung, bilden einen Gesprächsstoff, greifen aber in das eigentliche intime Dasein nur in außergewöhnlichen Fällen ein und dann meist auf unangenehme, störende Weise. Vielleicht trägt gerade das störende Element dieser Eingriffe die Schuld, daß bei allen Zukunftsträumereien eine durchdringende Veränderung der öffentlichen Verhältnisse hauptsächlich ins Auge gefaßt war. Von Plato bis Bellamy und Laßwitz, der die Erdbewohner mit den Marsleuten in Verbindung brachte, haben die Autoren soziale Märchen erzählt und die Frage ausgeschaltet oder höchstens gestreift, ob sich seine anmutige Geselligkeit in den neuen Zustand der Dinge einfügen könne.

Die „große" und die „schöne" Welt, wie nach französischem Beispiel die Kreise genannt werden, in denen man sich unterhält oder wenigstens unterhalten soll, haben noch jeden Umsturz überdauert und tauchten immer aus der Unordnung gewaltsamer Katastrophen empor, sobald nur ein wenig Ruhe eintrat und ein bißchen Ordnung Platz schaffte. Es ist merkwürdig, wie gering die Einwirkung großer, historischer Ereignisse auf das tägliche Leben und seine Sitten ist. Nur langsam ändern sie sich infolge bahnbrechender Erfindungen, indem sich die Gesellschaft die Arbeit der Gelehrten zunutze macht, sobald sich die Industrie ihrer bemächtigen konnte. Die Leichtigkeit, mit der wir uns fortbewegen, die

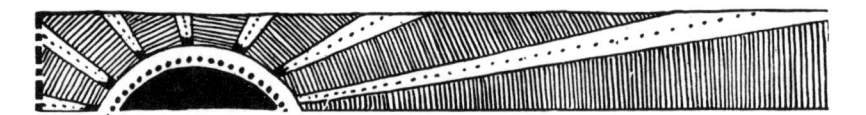

Schnelligkeit, mit der fremde Genüsse eingeführt werden, die Billigkeit angenehmer Dinge tragen viel bei zum Wechsel der moralischen Anschauungen, unter denen die Geselligkeit seit alters steht.

Der harmlose Verkehr zwischen den beiden Geschlechtern ist der Angelpunkt jeglicher Geselligkeit. Ob anmutiges Gespräch und sinnig heiteres Spiel, ob der Tanz oder die Karten, ob schließlich ein Sport diesen Verkehr beherrscht, entscheidet vorübergehende Mode. Der Charakter unserer Entwicklung, der auf starker Individualisierung beruht, läßt dahin schließen, daß in einem Jahrhundert — je nach Geschmack der einzelnen Kreise — die verschiedensten Unterhaltungen nebeneinander ihr Recht behaupten und daß die strengen Gesetze, die heute eine sogenannte herrschende „Koterie" vorschreibt, bei steigender Kultur an Bedeutung verlieren. Anmutig feine Geselligkeit, die aus Memoiren und Briefen noch einen Abglanz auf spätere Zeiten wirft, war immer selten und auf wenig Auserlesene beschränkt. Daß die Zahl dieser Auserlesenen sich vermehrt, ist wünschenswert und wahrscheinlich, denn ein Rundblick über Literatur, Kunst und Kunstgewerbe zeigt eine Sehnsucht nach heiter ausgefüllter Muße, wie sie nur vornehm froher Verkehr im Salon gewähren kann.

Aber unser allgemein anerkanntes Nützlichkeitsprinzip — höre ich sagen — widerspricht solch rosafarbenem Optimismus, der im Jahrhundert der Arbeit einen Triumph der großen und der schönen Welt prophezeit. Und ein gelehrter Freund erzählt mir von Madachs berühmter „Tragödie des Menschen", deren Zukunftsbilder zu meiner leichten Plauderei in schärfstem Widerspruch stehen. In dieser tiefen Dichtung ist ein Staat entworfen, der das Prinzip absoluter, nüchterner Nützlichkeit endgültig zum Sieg brachte. Alles ist durchaus sachlich und praktisch geordnet, Phantasie, die gute Fee, die einst zu Spiel und Vergnügen geleitete, hat den Menschen verlassen und alles, was einst den Schönheitsdurst stillte, gehört zum vergessenen Plunder. Es ist mit Etiketten versehen, in einem Museum gesammelt und wird den Kindern gezeigt. Alle Ueberflüssigkeiten des Lebens sind darin, die Erinnerungen an harmlosen Verkehr, auch die letzte Rose, denn die ausgenutzte Erde hat keinen Platz mehr für solches Zeug. Diesem düstern Bild halte ich

Telefunkengespräch mit Marsbewohnern.

aber die schöne Wirklichkeit entgegen, in der die Blumen mehr Platz einnehmen denn je, und in der vornehmer, geselliger Verkehr endlich bewußt von den Gebildeten als Kulturträger anerkannt wird.

Diese Anerkennung verbindet den modernen Wunsch, die Gegenwart schön und die Zukunft noch schöner zu gestalten mit dem praktischen Gesichtspunkt, die Dinge in ihrem Gebrauchswert entsprechend zu behandeln. Die Wichtigkeit des geselligen Lebens als Bildungsmittel für Geist und Gemüt, als anregende Ruhezeit nach den Stunden des Erwerbs steht allgemein fest. Aber seine Bedeutung in einer Zeit, in der alle Anschauungen naturgemäß freier werden, wird meiner Ansicht nach in einem Jahrhundert noch besser geschätzt sein als heute. Denn nur der freiwillige Zwang, den edler Verkehr den Gebildeten auferlegt, mildert die Sitten und schafft ein hohes Kulturbild, wie es als Ideal den heutigen Aestheten vor Augen schwebt. Ideale werden aber — wenigstens zum Teil — Selbstverständlichkeiten der Zukunft. So ist es mit der Gedankenfreiheit, mit der politischen Selbstbestimmung, mit dem gleichen Recht für alle gegangen. So wird es auch sein mit den Träumereien von einem „schönen" Leben, zu denen vor allem anmutige Geselligkeit zur Feierstunde gehört.

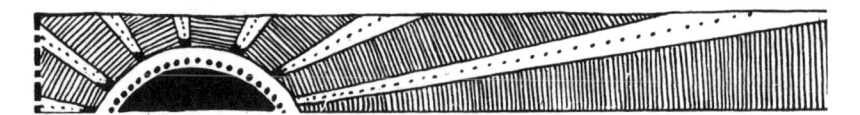

Der kultursuchenden Gegenwart schweben die „mondainen" Verhältnisse Englands als Beispiel vor Augen. Wir verehren darin die absolute Sicherheit, mit der die klassische Mahlzeit, der richtige Anzug, die bestimmte Art des Vergnügens, Ort und Zeit entsprechend gewählt werden. In hundert Jahren hat wohl die ganze gebildete Welt jene Fehlgriffe überwunden, die heute den eingefleischten Provinzler, den Parvenü, den Snob bei großstädtischen Gelegenheiten so possierlich erscheinen lassen. Man wird in den Regeln des Anstands und der feinen Sitte auch in Kreisen Bescheid wissen, denen heute die geistige Bildung nicht mangelt, sondern nur die gute Kinderstube. „Also Uniformierung, keine Originalität mehr, stilgerecht durchgeführte Langeweile!" wirft mir eine lebhafte Gegnerin ein. — Wenn langweilige Menschen im Salon sind, gewiß, aber ich glaube, daß es weniger langweilige Menschen geben wird, denn sie werden weniger abgespannt, weniger müde, weniger nervös zusammenkommen und die ausreichende Freiheit, die beiden Geschlechtern eine neue Weltanschauung gewährt in bezug auf Moral, Berufswahl und vielleicht Familienleben, läßt sie den äußeren Zwang eines wohlgeregelten Salons um so angenehmer empfinden. Die Geselligkeit wird blühen, weil dann gute Manieren so selbstverständlich sind wie frische Wäsche und alle, die unter Menschen gehen, sich geistig wie körperlich ein Festgewand anlegen.

Ob dieses Festgewand dem unseren gleicht? — Wer zurückblättert in den dicken Bänden der Kulturgeschichte wird eine verneinende Antwort herauslesen. Mit den äußeren Lebensbedingungen ändert sich der Witz

Ein Empfangstag in 100 Jahren.

und das Gebiet, das den Unterhaltungsstoff liefert. Wer nicht durch historische Studien belastet ist, lacht kaum über die Witze unserer Vorfahren und würde schwerlich mit Vergnügen an ihren Gesprächen teilnehmen. Wir können es ebensowenig von den Nachkommen für unsere Bonmots und Interessen verlangen. Mit der geistigen Toilette ändert sich aber auch die Tracht. Nach den Bestrebungen der Gegenwart zu schließen, wird sie immer bunter und prächtiger für die Frau und dürfte auch für den Mann geschmeidiger und farbiger werden. Da sich unter veränderten Verhältnissen die Geselligkeit nicht mehr auf die Welt der Müßiggänger vorzugsweise beschränkt und deshalb auf die Abendstunden fallen wird, kann sich der künftige Gesellschaftsanzug Farben und Stoffe erlauben, wie sie ganz moderne Menschen heute vielleicht in kühnen Augenblicken träumen.

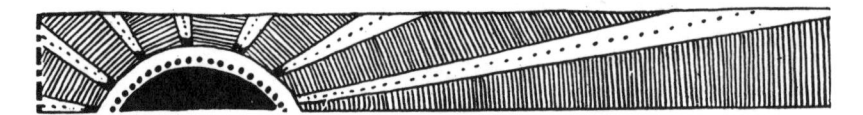

In einer Zeit, in der sich die Verkehrsbedingungen von Jahr zu Jahr bedeutend verbessern, in der sich aber die Grundlagen eines eigenen eleganten Haushalts jährlich verschlechtern, tauchen neue Fragen auf für die Zukunft der Geselligkeit. Der Kommunismus, dessen rohe, kulturzerstörende Elemente ängstlichen Gemütern meist allein bewußt sind, hat auch seine reiche, elegante Seite. Leute, die sich zu unterhalten wissen, lieben es nicht, sich außerhalb ihres Berufs oder sonstigen Interessenkreises zu plagen. Da nun allem Anschein nach nicht nur der Mann sondern auch die Frau außerhalb des Haushalts in steigendem Maße beschäftigt sind, und da fremde Leute, das heißt hauptsächlich Dienstboten, sich immer weniger zuverlässig erweisen, wächst das Bestreben, die Bürde der eigenen Wirtschaft abzuwerfen und im frohen, komfortablen Kommunismus des vornehmen Hotels aufzugehen.

Die offiziellen Feste der großen Welt werden ihren Charakter auch in hundert Jahren wenig geändert haben. Vertreter der unteren Volksschichten erscheinen vielleicht zahlreicher als heute, aber ihre Gegenwart wird noch weniger auffallen, da sie durch die steigende, verallgemeinerte Kultur gelernt haben werden, sich den feinen Sitten geselligen Verkehrs einzufügen, aber die kleinen, gemütlichen Veranstaltungen der schönen Welt, in denen sich immer der lieblichste Zauber menschlicher Zusammengehörigkeit zeigte, sind in hundert Jahren wohl hauptsächlich in jenen lichtdurchfluteten, geschmackvoll eingerichteten Hotelräumen zu finden, in denen der neueste Komfort, die eleganteste Mode, der Schein des größten Reichtums zu den Selbstverständlichkeiten gehören. Da knarrt kein Rädchen einer schlecht geölten Haushaltungsmaschine und stört das Gespräch mit seinem Geräusch, da schaut die Dame des Hauses nicht mehr ängstlich auf die Diener, ob sie nichts vergessen und nichts zerbrechen. Die ganze Mühe ist auf Bestellen und auf Zahlen beschränkt. Ein Privathaus — es sei denn, daß ihm vielfache Millionen den Glanz eines Fürstenhofs verleihen — wird kaum in der Lage sein, den Anforderungen künftiger verwöhnter Generationen zu genügen. Wenn ein Teil der Gäste im Luftschiff heransaust und am Dachstuhl landet, ein anderer durch unterirdische Bahnen herangeführt aus dem Keller emporsteigt und einige altmodische Leute vielleicht noch im Auto am Straßentor anfahren, muß überall für Empfang gesorgt sein. Mit den Erfindungen, die man gebrauchen und genießen möchte, aber beschränkter Mittel wegen sich nicht dienstbar machen kann, wächst auch für den geselligen Kulturmenschen der Wunsch nach Zusammenschluß. So wird der große soziale Gedanke, der im neunzehnten Jahrhundert gefahrdrohend auftauchte, auch der feinen Kultur unterworfen, im geselligen Leben unserer Enkel und Urenkel gute Früchte tragen.

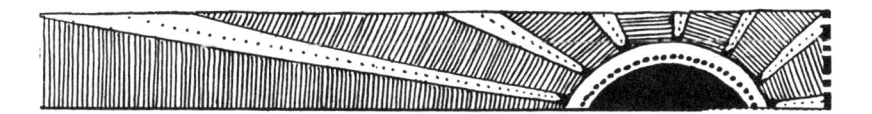

Prophezeien ist zwar eine mißliche Sache, weil man die Grundbedingungen des gegenwärtigen Zustands nicht verlassen kann und über die Grenzen des menschlichen Geistes gar nicht Bescheid weiß, aber ein gesunder Rückblick auf die Vergangenheit ermöglicht, die allgemeine Richtung festzustellen. Ein kleines Buch „l'an deux mille", das anonym im achtzehnten Jahrhundert erschien, enthält manche ganz richtige Meinung, indem es die großartige Entwicklung voraussah, die entdeckte und bezähmte Naturkräfte später hervorriefen. Damals herrschte das Vertrauen auf eine allein seligmachende Wissenschaft. Heute hat der Wunsch nach höchster Kultur sich mit der Sehnsucht vermählt, durch Abwerfen falscher Zivilisation mit der Natur wieder in innigere Verbindung zu kommen. Diese erstrebte Harmonie öffnet günstigen Ausblick auf das künftige Weltbild.

So können wir hoffen, daß schönere und gesündere Menschen im Salon der Zukunft heiterer Muße pflegen. Doch spätere Zeiten gleichen für uns einem Spiegel, in dem nichts anderes erscheint, als die Erfüllung der eigenen Wünsche.

Jehan van der Straaten
Unterricht und Erziehung in 100 Jahren.

Unterricht und Erziehung in 100 Jahren.
Von Jehan van der Straaten.

Es war einmal ein alter, weiser Mann, der war fast so alt wie die Spitzen der Berge und noch älter. Und er war so weise und hatte eine solche Macht, daß ihm alle Feen, Gnomen, Elfen auf einen Wink gehorchten, so verschieden sie auch in ihrer Art voneinander waren.

Aber mein Gott! Er war schon zu alt, daß er keines jener Wesen mehr verstand; kein Faun und kein Gnom konnte ihm mehr ein Lächeln abzwingen, kein Kobold konnte ihn durch seine Streiche ergötzen, keine Fee, so herrlich und schön sie auch war, konnte ihm noch gefallen, er war schon zu alt, und das war sehr schlimm, um so schlimmer, als er sich manchmal doch wünschte, er könne diese Wesen wieder verstehen. Und so dachte er sich, er würde das Verständnis für sie wieder finden, wenn er sie durch die Augen des Kindes betrachten würde, und er sagte zu einem der Kinder: „O, Du liebes, junges Kind, laß mich doch durch Deine Augen sehen." Und das liebe, junge Kind sagte: „Warum nicht?" Und da versuchte der alte weise Mann durch die Augen des lieben, jungen Kindes zu sehen, aber er vermochte es nicht, denn ihm fehlte das Verständnis für die Seele des Kindes, durch das dieses mehr sieht als durch sein leibliches Auge. Und er verstand die Späße der Kobolde und Gnomen und die Schönheit der Fee und all der phantastischen Gestalten weniger als je, und da wurde er totbleich und seine Lippen zitterten und seine Hände auch und er sagte: „Meine Zeit ist um, jetzt bist Du an der Reihe!" Und das liebe, junge Kind war glücklich und selig, als wäre ihm ein Stein vom Herzen gefallen.

* * *

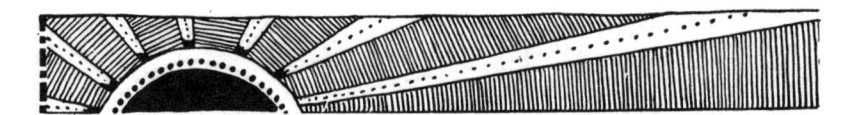

Es war nicht leicht möglich, besser und eindringlicher als dies James Arthur Colton in den wenigen Zeilen tat, die ich meinen Ausführungen voranschickte, die unglaubliche Verständnislosigkeit zu schildern, mit der unsere Lehrer — nein, unsere Unterrichts- und Erziehungsmethoden, den Kindern gegenüberstehen, die sie zu Männern zu machen berufen sind. In der Zwangsjacke der sogenannten Erziehung verkümmert heutzutage jede Bewegungsfreudigkeit des kindlichen Geistes, die Phantasie, die das herrliche Prärogativ der Jugend ist, wird unterbunden, und sie darf um Gotteswillen ihre Flügel nicht regen, der Gedanke, der hinausschweifen möchte, Gott weiß in die Ferne und alles erfassen, was ihn wie ein Mysterium umgibt, wird an die kalten, starren Buchstaben gefesselt, in dessen Geiste die ganze Erziehung vor sich geht. Statt daß der Lehrer die Kinder versteht, verlangt man, die Kinder sollen den Lehrer verstehen, und das allein charakterisiert das ganze Absurde unserer Unterrichtsmethoden und unseres Erziehungssystems. Es ist kein Zufall, daß gerade die größten Männer meistens die schlechtesten Schüler waren, d. h. die Schüler, die sich durch ihren geringeren Fleiß, ihre größere Unruhe und Lebhaftigkeit, also durch ihr schlechtes Betragen und ihre Unaufmerksamkeit ausgezeichnet haben, wobei allerdings die Lehrer stets die gleichzeitig sich zeigende schnelle Denkfähigkeit und das rasche Erfassen übersehen haben. Gerade alle die gerügten Mängel aber sind oft — natürlich nicht immer — aus dieser großen geistigen Regsamkeit der Kinder zu erklären. Es ist nicht Sache des lebendigen Geistes, über einem Buche zu hocken; nicht Sache des Temperaments (und Temperament und Geist sind im Kinde fast ein und dasselbe) stundenlang auf einem Flecke zu hocken; es ist nicht seine Sache, immer nur auf die eine Seite des einen Buches die Blicke zu heften, wo sie hinaus schweifen können, hinaus, wo es des Schönen und Rätselhaften und Wissenswerten so viel gibt, nein, nein, das Kind will und muß aus sich selbst heraus, es muß aufatmen können nach Herzenslust und will mit der eigenen Lunge atmen, und sich nicht die Luft einblasen lassen, die es einatmen will und einatmen darf, damit es nur ja nicht Schaden nehme an Leib und an Seele. Glücklicherweise bricht sich die Erkenntnis von der Verkehrtheit unserer Erziehungsmaximen immer mehr Bahn, und die Zeit ist wohl nicht mehr fern, in der das ganze Jammergebäude, das wir „Schule"

Der Unterricht als Feind der Phantasie.

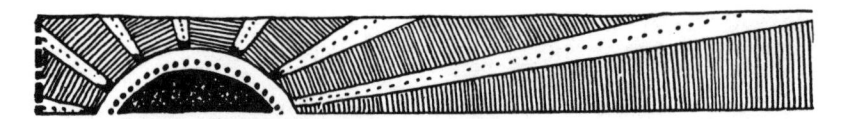

nennen, in sich zusammenstürzt und auf dessen Trümmern der Tempel der Vernunft glorreich ersteht. Es wird dazu keiner Revolution bedürfen, sondern die Sache wird sich ganz von selber ergeben.

Wir Menschen werden nämlich allmählich beginnen, uns daran zu erinnern, daß uns selber Kräfte innewohnen, die in den meisten von uns völlig latent liegen blieben, und von deren Vorhandensein wir gar keine Ahnung haben, ja, deren Bestehen wir bei anderen heut noch als etwas nahezu Uebernatürliches empfinden. Außerdem werden sich in uns selber jene Wunder vollziehen, die wir tagtäglich in der Wissenschaft vor sich gehen sehen. So wie es ganz zweifellos ist, daß wir die Welt und deren Farben heutzutage ganz anders sehen als die Menschen vor tausenden, zehntausenden und hunderttausend Jahren sie gesehen haben, so wie unser Auge erst vor Jahrzehnten vorerst in der Kunst und darauf in der Natur die violetten Strahlen für sich entdeckt hat, so ist es gar kein Zweifel, daß über kurz oder lang auch die X- und anderen Strahlen für uns sichtbar sein werden, und es uns gegeben sein wird, mit unseren Blicken auch die Materie zu durchdringen. Möglich, daß wir uns dazu noch besonderer optischer Vorrichtungen werden bedienen müssen, wie wir ja auch jetzt unser schlechtes oder falsches Sehen mit Brillen korrigieren; möglich, oder vielmehr sehr wahrscheinlich, daß unser Auge allein die neuen Fähigkeiten sich aneignen wird. Aber nicht nur unser physisches Auge wird sich in der angedeuteten Richtung wesentlich schärfen und vervollkommnen, sondern unser geistiges auch. Es ist ein alter tiefer Bauernglaube, daß bei der Geburt die Kinder alles Wissen dieser Welt besitzen. Bevor sie aber so gut sprechen gelernt haben, daß sie's uns mitteilen könnten, haben sie's auch wieder vergessen. So naiv diese Ansicht ist, so ist doch eine tiefe Wahrheit darin verborgen. Wir lernen das verhältnismäßig Geringe, um das Große, Gewaltige, uns Innewohnende zu — vergessen. Wir lernen und werden erzogen, um eingeschränkt zu werden in unseren Kräften. Unsere Sinne verlieren ihre Schärfe, ja selbst unsere Gliedmaßen lernen wir nur einseitig gebrauchen. Der hervorragende Spürsinn, mit dem der Mensch begabt ist, geht in der Kultur vollständig unter, die „Witterung" geht uns verloren, der gesunde Blick schwindet, Kurzsichtigkeit nimmt überhand, der Tastsinn, dessen Feinfühligkeit die Blinden wiedergewinnen, ist abgestumpft,

Gedankenlesen.

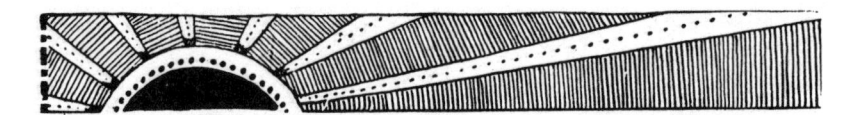

das Gehör ist durch das Eindringen von tausenderlei von Geräuschen, für die feinen Schwingungen nicht mehr empfänglich. Und ist dies alles mit unseren groben Sinnen der Fall, die förmlich gewaltsam zum Verkümmern gebracht werden, so tritt das bei unseren feinen und feinsten Sinnen erst recht in die Erscheinung, so zwar, — daß ihr Bestehen geradezu geleugnet wird. Gerade im Kinde sind aber die Schwingungen der Seele ganz außerordentliche, und wehe dem Kinde, dessen Schwingungen keine Resonanz finden. Nun ist aber das Trostlose an der Sache, daß diese Resonanz sehr schwer zu finden ist. So schwer, daß man dreist behaupten kann, daß unter den Millionen von Kindern nicht eines das richtige Verständnis findet, nicht eines den Anschluß an „das Leben", den es in seiner Seele sucht. Das Kind fühlt sich infolgedessen jenes trostlosen Gefühles voll, das im Unverstandenwerden liegt und rückt — wenn es es selbst bleibt —, auch immer mehr vom Verstehen der anderen ab. Andere wieder, und es ist dies die gewaltige Masse der Kinder, tauchen in der verdammten Alltäglichkeit unter, in der auch die meisten von uns leben und über die sie sich nicht mehr erheben können. Diese Alltäglichkeit wurde dadurch zur Norm. Unter der Norm sind alle die Wesen, die — durch Vererbung, Krankheit, Entbehrung, Mißhandlung idiotisch sind oder werden. Ueber der Norm, d. h. also ganz ebenso anormal sind die Genies oder — die Narren. Und kein Mensch weiß oder ahnt es, daß gerade der allumfassende, schaffende und schöpfende Geist, daß gerade das Genie das Normale ist. Jedes Kind kommt (von krankhafter Degeneration abgesehen) als Genie auf die Welt. Es gilt nicht einmal, den Genius zu erwecken; er ist wach; er strebt mit allen Kräften danach, sich zu offenbaren und wird — getötet. Das Kind wird zum Menschen (!) erzogen. Zum Alltagsmenschen ohne Schwung, ohne Energie, ohne eigene Initiative. Schon unsere Erziehung im Hause legt das Fundament dazu, und die Schule gibt dem Genie dann den Gnadenstoß. . . . Nehmen wir, um den Vorgang zu illustrieren, Zuflucht zu einem Bilde aus unserer genialsten, modernsten Wissenschaft. Drahtlose Telegraphie. Vom Transmitter geht, von den Herzschen Wellen getragen, eine Botschaft aus und sucht den auf ihn, auf seine Schwingungen gestimmten Reciver. Findet sie ihn, so wird die Botschaft gehört, sie hat ihren Zweck erfüllt, und neue Botschaft geht herüber und hinüber.

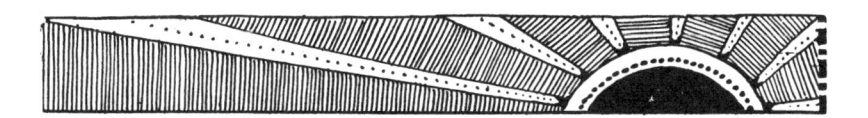

Der Verkehr ist angebahnt, das Verständnis ist geschaffen. Nehmen wir aber an, der Reciver arbeitet nicht; die Botschaft umkreist, umflutet, umzittert und umschwingt die ganze Welt; nirgends aber wird sie gehört, nirgends erfaßt, und immer neue und neue Kunde entzittert dem gebenden Apparat, der nach dem Widerhall sucht. Vergebens. Endlich erlahmt die Lust, die Kraft, das Mühen und Suchen. Resigniert wird der Apparat abgebrochen, oder er verrostet und versagt, es sei denn, man habe ihn auf ein anderes Schwingungs=niveau gestellt und habe, den eigenen Schwingungen entsagend, ihn auf d i e Schwingungen eingestellt, für die die Reciver massenhaft da sind. Das Bild ist klar. Und es ist gut. Denn unsere Seele ist im Grunde nichts als der feinste, auf die feinsten Schwingungen eingestellte Apparat. Und es kommt die Zeit, das ist ganz unzweifelhaft, in der wir für die Feinfühligkeit dieses Apparates wieder das Verständnis erhalten. Wo uns die Feinmechanik der Seele kein verschlossenes Rätsel mehr sein wird, sondern auf die volle Entfaltung der Seele und somit des Geistes das Hauptgewicht gelegt werden wird. Wir stehen heute noch vor dem Gedankenlesen als vor etwas Fremdem. Und doch waren wir in unserer Kindheit alle Gedankenleser. Wer hat jemals ein Kind oder besser noch eine Reihe von Kindern beim Märchenerzählen betrachtet! Wie hängen sie an den Lippen des Erzählers, wie lesen sie förmlich von seinen Lippen die Worte ab. Wie leben sie auf in der Gedankenwelt, die sich ihnen da eröffnet und die sie als die ihre erkennen. Denn — das Reich der Phantasie ist die Domäne, in der das Kind unumschränkt herrscht. Die Grenzen dieser Phantasie kennen zu lernen, wird das erste Ziel der zukünftigen Erziehung sein, nicht aber ihr Grenzen zu stecken. Denn je größer die Phantasie, desto größer die damit Hand in Hand gehende Aufnahmefähigkeit des Geistes. Die Phantasie allein vermag die Eindrücke, die der Geist aufnimmt, selbständig zu verarbeiten und sie zu neuen Formen umzugestalten. Der Lehrer wird also in den Geist der Kinder eindringen müssen, er wird ihre Seelenregungen und Seelenschwingungen alle erfassen müssen und wird erkennen müssen, wieviel „Eindrücke", d. h. wieviel Wissen, Kenntnisse und Erkenntnisse e r d i e s e r Seele zur Nahrung geben darf. Wie viele und welche. Denn wie nicht jedem Magen dieselbe Nahrung zuträglich ist, so um so weniger jedem Geiste. Die Erziehung wird also weit früher beginnen müssen

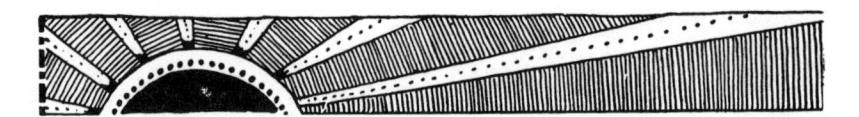

als jetzt. Sozusagen vom ersten Lebenstage an, und der Lehrer wird
kein solcher, sondern ein Lernender sein. Er wird d a s ihm anvertraute
Kind und wird v o n diesem lernen müssen. Er wird jede seiner Seelen=
vibrationen erfahren müssen und wird erkennen müssen, welchem anderen
Lehrer die einzelnen Kinder zur geistigen Weiterentwicklung am passend=
sten überantwortet werden müssen, um den Schatz von Geistesenergie, der
in dem Kinde liegt, nutzbar zu verwerten. Denn nicht jeder Lehrer wird
für alle Schwingungen gleich empfänglich sein, und es wird Abstufungen
geben, die den Seelenabstufungen der zu Entwickelnden entsprechen werden.
Auf diesem Seelenverständnis allein wird das ganze Wesen des Unter=
richts und der Erziehung beruhen. Das Wissen des Lehrers wird einfach
auf das Kind übergehen und diesem nie m e h r zugemutet werden
können, als es zu erfassen, zu verarbeiten und sich als dauernden geistigen
Besitz zu erwerben vermag. Er werden Gespräche sein, ein Gedanken=
austausch, weiter nichts, und es wird sehr oft die Frage sein, wer der
Lernende sein wird, ob der Lehrer oder — das Kind. In weitestgehender
Weise wird den verschiedenen Geistes= und Seelenrichtungen Folge ge=
geben werden. Jede Veranlagung wird als solche erkannt, keiner Gewalt
angetan werden; der Unterricht wird e i n W e r k d e r B e f r e i u n g
sein, der Befreiung von allen Fesseln des Geistes, in die er jetzt gleich
einem Fronsklaven geschlagen wird. Dadurch aber wird die e i n e große
Energie zur ungeahnten Erstarkung gelangen: der W i l l e und dieser
Wille wird Wunder vollbringen. Wunder, die aufhören werden,
Wunder zu sein, denn sie werden zu Selbstverständlichkeiten geworden sein.
Keinem, der s o erzogen, so unterrichtet worden ist, wird auch nur e i n
Gedanke, der in seinem Fähigkeitsradius liegt, fremd sein. Und jeder
andere Gedanke wird — in diesem von seiner eigenen Psyche abgegrenz=
ten Kreise — klar und offen wie ein Buch vor ihm liegen. Es wird kein
Mißverstehen mehr geben und darum keine Zweifel und Kämpfe der
Seele. Das bedrückende Gefühl der eigenen Unzulänglichkeit wird auf=
gehört haben und alle die Genies, die heute zugrunde gehen oder auf
ihrer Seele fremden Gebieten Mittelmäßigkeiten werden und geworden
sind, werden das Große, das Aufbauende leisten können, das zu schaffen
sie von ihrer Neigung und von ihren Fähigkeiten gedrängt werden. Von
überall her wird der Geist neue Nahrung aufsaugen; kein Eindruck wird

Im Reiche des Kindes.

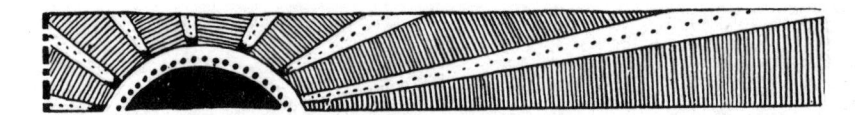

verloren gehen, denn er wird sich einprägen mit der suggestiven Gewalt
des freiwillig Gewollten. Und wir wissen es alle: nur was man gern
lernt, ist wirklich gelernt. Nur das trägt dauernde Frucht und prägt
sich uns ein. Das eiserne Muß, das in unsern Schulen herrscht, hat aber
zur traurigen Folge, daß wir das, was wir in der Schule lernen, im
großen und ganzen nur lernen, um es zu vergessen, nicht um es zu wissen.
Angeblich — und ein deutscher Gelehrter hat es bestätigt — wird ein
Dutzend Kinder jetzt schon — und seit Jahrhunderten schon so erzogen,
wie ich es oben in kurzen Zügen angedeutet habe: die Kinder, aus denen
der Dalai-Lama hervorgeht und die hohen Priester des Badhisatra und
in denen sich die Seele dieser immer wieder regeneriert. Und tatsächlich
ist es ja die eigene Seele der Lehrer, die mit auf die unberührte der
Kinder überströmt mit all ihrem Wissen, all ihrem Empfinden, all
ihrem Vermögen und die die Schätze der eigenen Erfahrung auf sie
ebenso mit überträgt, wie das auf sie selbst übergegangene ihrer eigenen
Vorgänger. Und so ist es denn gar nicht unglaubhaft, wenn der oben
erwähnte Gelehrte — Prof. Dr. Rosenfeld — erklärt: „im Angesichte
des Dalai Lama" (der damals, als er ihn sah, ein kränklich aussehender
Knabe von dreizehn Jahren war) falle jede Verkleidung der Seele, jede
Verhüllung der Gedanken von selber und diesem „Kind" gegenüber seien
alle Worte vergebens, denn ehe sie sich noch geformt, gebe er schon
Antwort auf jenen Gedanken, dem sie bestimmt waren, Ausdruck zu
geben. Es ist eben die höchste Konzentration der Seele und des Geistes
vorhanden und beide sind für alle Schwingungen empfänglich, die auf
sie zuströmen. Daß wir ein ähnliches Resultat durch all die in uns
verborgen liegenden aber zum Durchbruch drängenden, jahrtausendelang
gewaltsam in uns zurückgedrängten Kräfte erreichen müssen, ist klar,
und daß die Schulmauern fallen werden und statt der Zwingburgen des
Geistes freie blumige Auen erstehen werden, auf der sich an der Hand
und der Seite des Lehrers die Seele des Kindes ergehen und den Kraft-
und Schönheitstrank der Natur in sich einziehen wird, das ist gewiß.
Und sehr, sehr fraglich ist es, ob es noch hundert Jahre dauern wird,
ehe wir es erreichen, denn auf den Aetherwellen, die uns umströmen,
zieht es einher, das neue tausendjährige Reich, das Reich des Kindes,
der Menschheit.

Björn Björnson
Die Religion in 100 Jahren.

Die Religion in 100 Jahren.
Von Björn Björnson.

Seine Religion hat jeder, auch der, der sie leugnet. Denn die Religion ist das Ideal und jedes Ideal kann zur Religion werden. Also auch ihr Leugnen. Und wir sehen tatsächlich, daß dem Atheismus Propheten entstehen, und daß Jünger sich um sie scharen, die nachbeten, was diese verkünden, und daß diese verkünden, was sie wissen und auch das, was sie nicht wissen so, als wüßten sie es. Denn im Grunde ist der Quell aller Religion nur unser Nicht-Wissen. Denn wüßten wir, brauchten wir nicht zu glauben. Wer aber grübelt über das, was er nicht begreift, nur um nicht glauben zu müssen, sondern um endlich zu w i s s e n , der schafft sich selbst eine Religion, selbst wenn er nur darum grübelt, um sie zu zerstören. Er denkt eben dem Weltwunder nach und kommt zu dem Punkt, wo er nicht mehr weiß. Nicht wissen kann.

Und an diesem Punkte beginnt — die Religion.

Für ihn.

Und er baut sich um diesen Punkt eine Welt auf und zieht andere mit in diese hinein, und ist diese Welt, die er sich erbaut hat, nicht auf totem Wissensvorrat allein aufgebaut, und hat nicht bloß der Verstand sondern auch der Geist, das Herz, das Verständnis mitgebaut an diesem Baue, so daß auch andere, daß Viele, daß eine Menge sich daran erfreuen und sich darin wohl fühlen können, dann wird er der Schöpfer einer Religion, die um so mehr Jünger zählen wird, je mehr sie auf d e n Ton gestimmt ist, der den Hoffnungen, der Sehnsucht ihrer Seele entspricht. Denn das große Sehnen liegt ja in jedem. Das Sehnen nach dem, was einem hier nicht geboten.

Nicht hier?

Also wo?

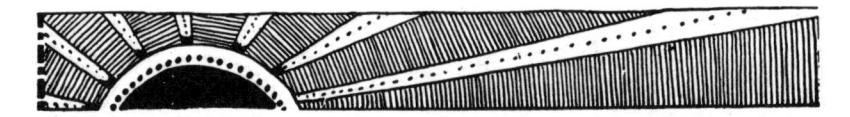

Und diese Frage, auf die man sich Antwort gibt oder geben läßt, ist der Kern aller Religionen.

Wie einem Kinde, das die Mühsal der Arbeit erträgt und spielend bewältigt, weil ihm nach ihr eine Freude versprochen ist, so muß dem Menschen ein Lohn, eine Freude versprochen werden, soll er das Leben ertragen. Denn jedes Leben muß einen Zweck haben. Es hat ihn, aber man muß ihn auch erkennen. Und da man ihn häufig beim besten Willen nicht zu erkennen vermag, so muß man sich selber einen schaffen.

Einen Zweck für sich.

Den Zweck, der erklärt: warum arbeite ich, warum schufte ich, warum leide ich? Und der die Erklärung gibt, daß ein g r o ß e r Preis winkt, der d i e s e s Lebens und noch größerer Drangsale und Qualen wert ist.

Ein Preis, der uns für alles belohnt.

Wann?

Und in diesem „Wann" liegt der Wesenszweck aller Religionen. Durch die Antwort darauf werden sie — einerlei wie sie auch heißen — zum großen Troste der Menschheit. Und zum vollen Menschentume gehört solch ein Trost, der nicht alle Hoffnung, nicht alle Poesie, nicht alle Initiative vernichtet.

Die Poesie! Die ist es. D i e braucht man.

Man braucht nicht die nackten Wände des Lebens. Sie müssen auch ein klein wenig geschmückt sein. Und d i e Religion, die durch solchen Schmuck, durch solches Beiwerk am meisten erfreut, zu der werden auch die meisten sich drängen. Die Phantasie, auf der ja alle Religionen mit aufgebaut sind, will auch ihr Recht haben. Sie will angeregt sein, belebt, befruchtet.

Märchen?! mag sein.

Aber nehmt einmal einem Kind seine Märchen und ihr zerstört eine ganze Welt in ihm. Und erzählt i h r ihm keine, dann schafft es sie sich ja selber.

Dem Soldaten aus totem Blei haucht es mit dem Hauche seiner Phantasie das Leben ein.

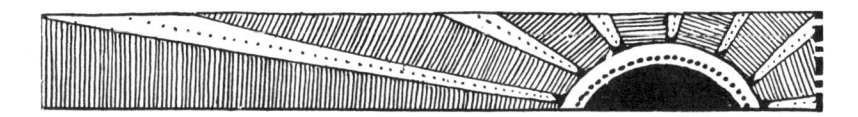

Der Schuß, der aus dem kleinen Kanönchen abgefeuert wird, knallt, blitzt, donnert und streckt ganze Kolonnen von Soldaten nieder, die oft nur aus **einem** Bleisoldaten bestehen.

Sagt das dem Kinde, und ihr nehmt sein alles. Sagt es der Menschheit, daß es keinen **Gott**, keine Religion, keinen Lohn nach dem Tode mehr gibt, und ihr nehmt ihr ihr alles.

Ihr glaubt nicht daran? Ihr wollt den wunderbaren, den Wunderglauben zerstören? Warum? Weil es doch keine Wunder gibt?

Wirklich?

Ein Samenkorn, das zu einem riesigen, mächtigen Baume wird, ist das kein Wunder? Ein Ei, das zu einem laufenden, krähenden Hahne wird, ist das kein größeres Wunder als in dem Märchen des Kindes der Bär, der zu einem Prinzen, und die Gans, die zu einer Prinzessin geworden?

Gebt dem Kind **dieses** Märchen oder seine, das ist einerlei, aber gebt es ihm so, wie ihm das Märchen gegeben wird, so, daß es in dem toten Ei schon den lebendigen Hahn zu sehen vermag.

Das Wunder — das ist das Leben.

Das Wunder — das ist die Religion.

Nehmt dem Menschen das Wunder, und ihr treibt ihn dem Tod, der Verzweiflung, dem Wahnsinn entgegen.

Nun sind gar viele Religionen geschaffen und auf das Wunder aufgebaut. Luftig, hell, voll Sonne und Licht. Dann aber kamen die, die dieses Gebäude verschließen wollten. Abschließen vor allen denen, die in einem anderen Hause wohnten, einem Hause, das anders geartet war als das ihre, obwohl es auf denselben Wundern aufgebaut war und demselben Zwecke diente: **denen** Zuflucht zu gewähren, die Zuflucht brauchten. Und sie bauten Mauern um das luftige Gebäude göttlicher Phantasie; starre, einengende, zwingende Mauern, und nahmen also dem Glauben die Freiheit. Aber — sie schmückten wenigstens die Mauern mit Flittern und Bildern und bauten Nieschen hinein, in denen sich jeder noch **das** Bild hineinstellen konnte, das seinem Herzen am nächsten war und zündeten Kerzen und brennende Lampen an, die ein mystisches Dunkel ganz schwach nur erhellten, und füllten den Raum mit Myrrhendüften und Weihrauch, mit heiligem Singen und heiligem Klingen, und suchten so auf die Seelen und die Gemüter zu wirken und ihnen die Empfindung zu nehmen, als seien sie in diesem herrlich erhebenden Raume nicht frei.

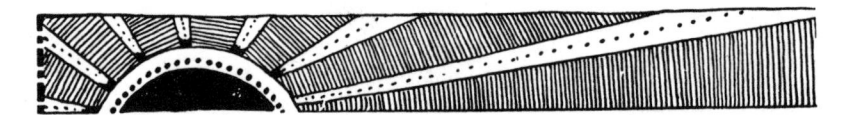

Doch da waren andere, die fühlten die Mauern trotz alledem und fühlten den Zwang und wollten die Mauern durchbrechen. Und andere, denen die Mauern die Hauptsache waren, und die den Schmuck von den Wänden rissen, den Schmuck und die Bilder, und die dann hingingen, sich selber ein Haus zu bauen, das nach ihrem Sinn war, ganz ohne Schmuck und ganz ohne Nieschen, nur aus kahlen Wänden bestehend. Und andere, die sich sagten: was brauche ich ein Haus? Ich trage mein Elend auch ohne.

Keiner aber wollte des andern Haus gelten lassen, und hielt es für ein Pechhaus. Und war doch auf demselben Boden des Wunders aufgebaut wie das seine....

Wird es so bleiben?

Nein.

Stein auf Stein werden die starren, die Freiheit des Glaubens beengenden Mauern auch wieder fallen. Sie verwittern und zerbröckeln für den, der zu sehen weiß, ja schon jetzt, und in luftiger Schöne wird jedes Wundergebein wieder erstehen. Vom selben Himmel umwölkt, von derselben Sonne erhellt, vom selben Lichte erfüllt, von derselben Luft in all ihrer Reinheit durchhaucht. Und die Linien der Häuser werden ineinander verschwimmen, so wie bei der fata morgana ein Haus in das andere verschwimmt, so daß man nicht weiß, wo das eine aufhört und das andere beginnt, und man wird auch hier nicht mehr wissen, welches ist dieses und welches ist jenes. Ein Haus wird es sein, das alle umfaßt, und in ihm wird jeder sein Winkelchen finden, wie es seiner Seele behagt, seinen Winkel oder seinen großen unendlichen Raum, ganz wie er's braucht. Er, und jene, die so fühlen wie er. Und nicht einer wird verlangen: fühle, denke, glaube so wie ich, denn eines wird ihren Glauben ja dennoch vereinen, wird diesen Glauben zu einem einzigen machen: Das Wunder! und in Jedes Glauben wird man dieses Wunder erkennen und es wird das große, mächtige, unzerreißbare Band sein, das alle umschlingt. Das wird die Religion sein; die Religion der Zukunft.

Ed. Bernstein
Das soziale Leben in 100 Jahren.
Was können wir von der Zukunft des sozialen Lebens wissen?

Das soziale Leben in 100 Jahren.
Was können wir von der Zukunft des sozialen Lebens wissen?
Ed. Bernstein.

1. Wovon die soziale Entwicklung abhängt.

Was wir soziales Leben nennen, ist eine Summe gegenseitiger Beziehungen und Verhaltungsarten der Menschen eines bestimmten Kulturkreises. Diese Beziehungen selbst sind das Resultat einer Summe verschiedenartiger Kräfte materieller und geistiger Natur, die teils fördernd und teils hemmend auf einander einwirken und sich so stärker oder schwächer gegenseitig beeinflussen. Die Entwicklung der wenigsten dieser Kräfte läßt sich mit annähernder Sicherheit vorausbestimmen. Bei jeder, ob es die Technik, diese Grundlage aller hervorbringenden und formgebenden Arbeit, oder auch nur ein einzelner Zweig der menschlichen Arbeit, ob es die wirtschaftliche Gliederung oder die politische Verfassung, ob es das geschriebene Recht oder die ungeschriebene Sitte, ob es das ästhetische Empfinden oder was immer sonst sei, stets wird die Linie, die wir spekulativ vorausschauend in die Zukunft hinaus zu ziehen versuchen, selbst für den sachkundigsten Fachmann mit der zunehmenden Entfernung immer unsicherer. Wo zuerst Wahrscheinlichkeiten formuliert werden konnten, reicht das wissenschaftliche Voraussehen später nur noch für die „Möglichkeiten" aus, um noch später sich mit bloßen „Denkbarkeiten" begnügen zu müssen, und schließlich kommt stets ein Punkt, wo es, mit unseres großen Dichters Wort über die Größe der Welt, selbst für die menschlichen Dinge auf dieser kleinen Erde heißt:

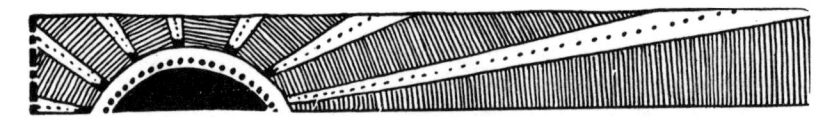

"Kühne Seglerin, Phantasie,
Wirf ein mutloses Anker hie."

Immerhin ist der Fachmann eines Spezialgebiets in dieser Hinsicht besser daran, als der Vertreter des zusammenfassenden Wissensgebiets, das wir Gesellschaftslehre — fremdsprachlich Soziologie — nennen Weil auf das gesellschaftliche Leben alle Kräfte der Umwelt und Innenwelt des Menschen einwirken, wird das Resultat, sobald die einzelnen Faktoren unsicherer werden, in bedeutend höherem Grade unsicher. Wenn von zwei Kräften jede auch nur einer Abweichung fähig ist, sind schon vier verschiedene Kombinationen aus ihnen möglich, tritt eine dritte Kraft gleicher Art, d. h. ebenfalls mit einer Abweichungsmöglichkeit begabt, hinzu, so werden es acht verschiedene Kombinationen, und wenn jede der drei Kräfte zwei Abweichungsmöglichkeiten hat, werden es 27, und so wächst mit jeder weiteren Kraft und den weiteren Abweichungsmöglichkeiten, die in Betracht kommen, die Zahl der denkbaren Verbindungen in immer schnellerer Steigerung zu schwindelerregender Höhe empor. Wie soll da die Schilderung der sozialen Welt in hundert Jahren mehr sein, als ein von der Geistesrichtung des Schriftstellers bestimmtes, also mehr oder weniger willkürliches "Raten"?

In der Tat wird denn auch die Sozialwissenschaft immer vorsichtiger in ihren Zukunftsbetrachtungen. Solange die Technik nur langsam fortschritte machte, waren die Menschen viel mehr geneigt, soziale Zukunftsbilder zu verfassen, als heute. Als dann zu Beginn des Zeitalters der großen Erfindungen die Menschheit sich vor unabsehbaren Veränderungen ihrer Lebensbedingungen erblickte, stieg zunächst die Lust an Spekulationen über die kommenden Gesellschaftsformen, und es entstand die kühnste aller Zukunftstheorien, des genialen Franzosen Charles Fourier Werk von den "vier Bewegungen". Aber von da ab weicht die soziale Spekulation schrittweise zurück, das gesellschaftliche Zukunftsbild gerät als "Utopie" in Mißkredit, an ihre Stelle tritt die nach Entwicklungsgesetzen forschende Sozialwissenschaft und die Auffassung von der

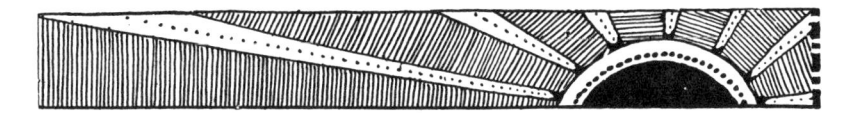

Gesellschaft als eines in seiner Entwicklung aller Willkür spottenden organischen Wesens. Zwar ist unter anderen das von Karl Marx aufgestellte Lehrgebäude ein Beispiel dafür, daß die organische Gesellschaftslehre auch revolutionär aufgefaßt werden kann. Aber den Zukunftsprojektionen gegenüber, welche die spekulative Phantasie zu entwerfen imstande ist, erscheint sie doch selbst in dieser Form noch als „konservativ".

Und ebenso der technologischen Spekulation gegenüber, wie sie uns heute in allerhand Zukunftsgemälden phantasiebegabter Schriftsteller entgegentritt, die sich mehr oder weniger mit den technischen Wissenschaften beschäftigt haben. Diese Wissenschaften, deren Grundlage rein physikalische Beziehungen sind, bieten der Phantasie auch ein dankbares Feld, denn für sie kommen nur die Gesetze der Mechanik in Betracht, die uns verhältnismäßig einfache Aufgaben stellen, für sie handelt es sich um die Hantierung mit toter Materie. Die soziale Betrachtung aber hat neben den Gesetzen der Mechanik die Gesetze der Lebensbedingungen und Lebensformen zu beachten, von den einfachsten Bedingungen und Wirkungen pflanzlichen und tierischen Lebens bis zu den materiellen und geistigen Bedürfnissen des höchstentwickelten Lebewesens unseres Planeten, als das wir den Menschen erkannt haben. Der Mensch ist allen Lebewesen überlegen, weil die höheren Organe bei ihm zum vielseitigsten Gebrauch entwickelt sind. Diese Vielseitigkeit macht ihn zum freiesten Wesen in der Natur, aber sie befreit ihn nicht von der Natur, weder von der Gebundenheit an die ihn umgebende Welt, noch von den Gesetzen seiner eigenen Natur, wie sie in einer nach Hunderttausenden von Jahren rechnenden Entwicklung sich herausgebildet hat. Seine Intelligenz, seine Fähigkeit, sich Obdach, Bedeckung und Nahrung in der ihm passendsten Form zuzubereiten und die dazu nötigen Pflanzen und Tiere selbst zu züchten, machen ihn anpassungsfähiger, als es selbst die anpassungsfähigsten Tiere sind, aber sie können seinen Organismus nicht grundsätzlich verändern.

Dies pflegen aber unsere von der Technologie ausgehenden Zukunftsschilderer bei ihren Spekulationen leicht zu übersehen. Es klingt z. B. wunderschön, was sie uns von dem Reichtum an Nahrungsmitteln erzählen, mit denen die Chemie uns einst beschenken werde. Aber der menschliche Körper ist keine Retorte, bei der es nur darauf ankommt, daß man ihr eine Anzahl chemischer Grundstoffe in einem gewissen Mengenverhältnis zuführt, um ein bestimmtes Resultat zu erzielen. Für seine Ernährung spielen noch andere Eigenschaften der Nahrungsmittel eine entscheidende Rolle, als ihr Gehalt an Stickstoff, Kohlenstoff und so weiter; seine Verdauungsorgane sind für die Verarbeitung pflanzlicher und tierischer Stoffe geschaffen. Sie würden ohne solche verkümmern und mit ihnen der Mensch selbst. Nun ist es vorläufig noch recht zweifelhaft, ob jemals die Chemie es dahin bringen wird, aus Holz oder gar Stein direkt Nahrungsmittel herzustellen. Sie ist bis jetzt nicht weiter gekommen, als ziemlich untergeordnete organische Verbindungen künstlich herzustellen. Die Herstellung von pflanzlichem oder tierischem Eiweiß auf chemischem Wege liegt dagegen in noch sehr weitem Felde. Und nicht viel anders steht es mit den Wunderdingen, die uns auf Grund von Experimenten auf kleinem Raum hinsichtlich der Verwendung der Elektrizität in der Landwirtschaft versprochen werden. Diese Experimente beweisen zwar, daß die Elektrizität als Erreger von Atombewegungen imstande ist, gewisse organische Prozesse zu beschleunigen, es wird sich aber auch hier fragen, wie weit sie das kann, ohne daß die pflanzliche Natur des zu erzielenden Produkts Schaden leidet. Man weiß, wie sehr Uebermaß im Düngen Gemüse und Früchte ungenießbar zu machen vermag. Das ist auch hier möglich, und ferner erhebt sich die Frage, ob die Kosten der Beschaffung der erforderten Elektrizität, da es sich bei Pflanzen doch immer nur um Beschleunigung eines organischen Prozesses handeln kann, der auf jeden Fall Zeit braucht, und nicht um seine Verwandlung in einen rein mechanischen Prozeß, im Verhältnis stehen zu dem Nutzen, den sie zu erwirken vermag. Unsere technologischen Zukunftsverkünder verstehen sich vortrefflich auf die Mathematik, mit der Oekonomie dagegen pflegen sie sich nicht gern abzugeben. Sie interessieren sich für alle möglichen Punkte, nur den Kostenpunkt behandeln sie gern en bagatelle. Er ist aber leider für das soziale Leben keine Bagatelle.

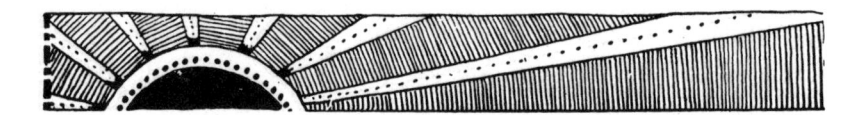

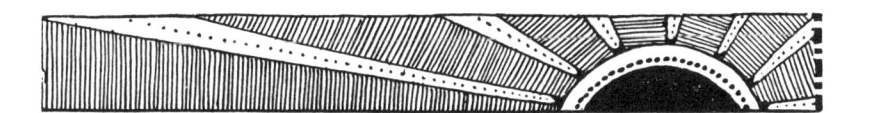

Nimmt die menschliche Arbeit ab oder zu?

Und damit sind wir beim dritten Fundament alles sozialen Lebens angelangt: zu den Naturbedingungen und der Technik tritt die menschliche Arbeit als bestimmende Kraft. Die Technik mit all ihren großartigen Leistungen hat die menschliche Arbeit nicht nur nicht überflüssig gemacht, sie hat sie nicht einmal in merklichem Grade verringert. Gewiß braucht für eine bestimmt abgegrenzte Leistung in Produktion und Verkehr heute ein geringeres Quantum menschlicher Arbeit aufgewendet zu werden, als ehedem, aber es wird auch dafür heute unendlich mehr an Leistungen gebraucht. Man kann sich dies an der Zunahme der Arbeiter der sogenannten extraktiven Industrien veranschaulichen, die das heute für die Industrie erfoderte Rohmaterial aus der Erde herausholen. Im jetzigen Gebiet des Deutschen Reiches wurden im Jahre 1852 kaum 6 Millionen Tonnen Steinkohlen produziert, 1882 waren es schon 52 Millionen, 1906 gar 137 Millionen Tonnen, d. h. einundzwanzig Mal mehr, als in der Mitte des 19. Jahrhunderts. Nun ist zwar auch seitdem die Förderung pro Kopf des beschäftigten Arbeiters infolge der großen Verbesserungen in den Gewinnungsmethoden gestiegen, indes ist diese Zunahme doch nur eine langsame, da immer tiefere Läger in Angriff genommen werden müssen. Und so ist denn die Arbeiterschaft des deutschen Bergbaus zu einem gewaltigen vielhunderttausendköpfigen Heer angewachsen. In Preußen allein vermehrten sich in den zwölf Jahren von 1895 auf 1907 die Erwerbstätigen im Kohlenbergbau von 286 000 auf 547 000, und im ganzen Berg= und Hüttenwesen des Deutschen Reiches stieg die Zahl der Beschäftigten in dieser Zeit von 568 000 auf 963 000, wenig unter einer Million. Nahezu eine Million Menschen im deutschen Berg= und Hüttenbetrieb, und davon (Preußen mit Sachsen und Bayern) gut sechsmalhunderttausend Menschen im Kohlenbergbau — daran denken nur wenige, wenn sie von dem „Wunderknopf" der Techniker hören, der das Tischlein deck' Dich aus dem Märchen zur Wahrheit mache. Er macht es heute nur für eine bevorzugte Minderheit dazu, und wird es aller Voraussicht nach nie für alle verwirklichen. Je tiefere Gruben in Angriff genommen werden, um so aufreibender wird auch die Arbeit in ihnen, und um so höher die Gestehungskosten des Produkts, der Kohle. Wir stehen schon jetzt steigenden Preisen gegenüber. So sehr die Preise mit der Marktlage wechseln, ist die Grundtendenz doch eine Bewegung nach oben. Im Jahre 1892 kostete die Tonne fetter westfälischer Förderkohle ab Werk 7,3 Mk., sieben Jahre später — 1899 — 9 Mk., und weitere sieben Jahre darauf — 1906 — 10 Mk. Im entsprechenden Grade sind die anderen Kohlensorten und die meisten anderen Produkte der Montanindustrie im Preis gestiegen. Dabei ist an Ersatz der Kohle als Quelle von Wärme und — durch diese — von bewegender Kraft vorläufig nicht zu denken.

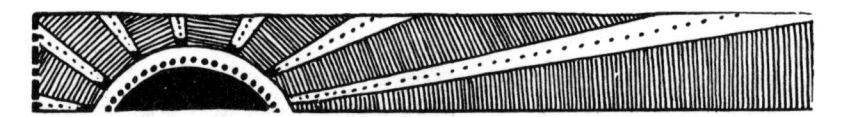

Alle Versuche, die Sonnenwärme mittels entsprechender Apparate zu technischer Verwertung bezw. Aufspeicherung aufzufangen, sind bisher fehlgeschlagen, und dasselbe gilt von den vielen Versuchen, die ungeheure Kraftleistung von Ebbe und Flut für technische Zwecke nutzbar zu machen. Jene Versuche hatten zwar insofern Erfolg, als es gelang, hier Sonnenwärme und dort Meereskraft so einzufangen, daß eine Uebertragung möglich war — rein technisch war die Lösbarkeit der Aufgabe dargetan. Aber zugleich zeigte sich jedesmal, daß die Kosten der Anlagen, des Betriebs und der Apparate den möglichen Nutzeffekt ganz bedeutend überstiegen. Von einer wirtschaftlichen Lösung des Problems, die auf das soziale Leben zurückwirken könnte, scheinen wir noch ebenso weit entfernt, wie vor fünfzig und hundert Jahren.

Inzwischen aber verbraucht die Menschheit von Jahr zu Jahr mehr Steinkohle. Im Jahrfünft 1876/1880 wurden in Deutschland jährlich 850 Kilogramm Kohle pro Kopf der Bevölkerung verbraucht, 25 Jahre später, im Jahrfünft 1901/05 waren es 1787 Kilogramm. Bei gleicher Steigerung müßten es zu Anfang des 21. Jahrhunderts über 7000 Kilogramm pro Kopf sein, und da man alsdann noch viel, viel tiefer würde graben müssen, als heute, würden inzwischen die Kosten der Kohlen vielleicht auf eine Höhe gestiegen sein, daß dann die Einfangung der Sonnenwärme und Meereskraft, um es in heutiger Sprache auszudrücken, doch „rentabel" erschiene. Aber das Leben wäre dann eben entsprechend teurer geworden.

568000 1895

963000 1907

Hand in Hand mit dem Wachstum der deutschen Industrie geht auch die Entwicklung des Bergbaues.

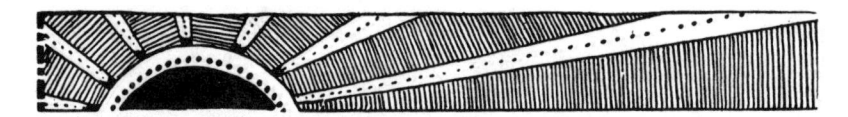

Wir treiben heute Raubbau mit den Schätzen der Erde. Wenn sich der Verbrauch von **Kohle** in einem Vierteljahrhundert in Deutschland **verdoppelt** hat, so hat sich in der gleichen Zeit der von **Eisen verdreifacht**, der von **Kupfer versiebenfacht**. Es ist undenkbar, daß nicht eines Tages darin wiederum eine **Verlangsamung** oder sonst ein **Stillstand** einsetzen wird. Denn während gegenüber früheren Zeitaltern die Produktivität der Arbeit in der Gewinnung und Ausnutzung der Erze ungemein gestiegen ist, hat sie nunmehr einen Grad erreicht, der von der Zukunft gleich große Fortschritte nicht erhoffen läßt. Wir müssen vielmehr auch mit einer Verteuerung der Metalle rechnen. Ungeachtet der großen technischen Umwälzungen der zweiten Hälfte des 19. Jahrhunderts war in Deutschland im Jahrzehnt 1898/1907 der Preis des Doppelzentners Roheisen, der 1851 5,58, 1861 6,18 war, 6,82 Mk. Und ähnlich — meist sogar noch schlimmer — steht es mit den anderen Rohmaterialien, und voraussichtlich auch mit einem Teil der Lebensmittel.

Alles das zeigt an, daß wir keinem Schlaraffenland entgegengehen. Die Technik wird auch weiterhin dazu beitragen, das Leben reichhaltiger, wechselvoller zu gestalten, das, was man den Stil des Lebens nennt, zu erhöhen, aber gerade, weil sie dies tut, ist es ziemlich zweifelhaft, ob sie das Leben wesentlich **billiger** machen, d. h. die Summe der zu verrichtenden **Arbeit sehr verringern wird**.

Jedenfalls hat sie es bisher **nicht** getan. Noch hat das melancholische Wort John Stuart Mills in der Formulierung, die Karl Marx ihm gegeben hat, wenig an Wahrheit verloren, daß es „zweifelhaft ist, ob die Maschine die Arbeitskraft irgend eines jener Menschen verringert hat, die nicht von der Arbeit anderer leben." Die Maschine als Inbegriff der Technik hat im Gegenteil die Klasse derer, die um Lohn arbeiten, sehr **vermehrt**. Diese Klasse nimmt der Zahl nach stärker zu, als irgend eine andere Klasse der Gesellschaft. Von 1895 auf 1907 vermehrte sich im Deutschen Reich in **Industrie, Gewerbe und Bergbau** die Zahl der **Lohnarbeiter** von rund 6 Millionen auf rund 8 600 000 oder **um über 44 Prozent**, während die Bevölkerung sich nur um 19 Prozent vermehrte. Noch stärker wuchs in der Abteilung **Handel und Verkehr** die Klasse derjenigen Angestell=

Hand in Hand mit dem Wachstum der Städte geht die Landwirtschaft merklich zurück.

— 187 —

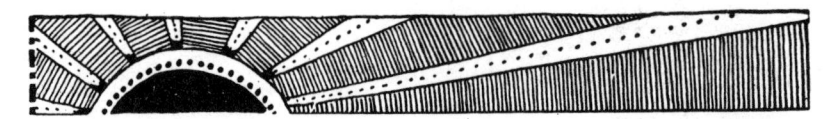

ten, welche die offizielle Reichsstatistik als Arbeiter bezeichnet, weil ihre Bezahlung und soziale Stellung sich nicht wesentlich von der der gewerblichen Arbeiter unterscheidet. Sie vermehrte sich von 1 233 000 auf 1 960 000 oder um 58,9 Prozent. Insgesamt bildeten diese beiden Schichten nahezu drei Viertel aller Erwerbstätigen in Industrie, Bergbau, Handel und Verkehr zusammengenommen. Das sind aber gerade diejenigen Erwerbszweige, denen sich in der Gegenwart die übergroße Mehrheit der Erwerbsuchenden zuwenden. Zwischen 1895 und 1907 vermehrte sich das Deutsche Reich um gegen 10 Millionen Menschen, und von diesem Zuwachs entfielen auf die vier bezeichneten Erwerbsgruppen nahezu 3½ Millionen, nämlich etwas über 4 Millionen Erwerbstätige mit ihren Angehörigen.

Und das ist keine Ausnahme. Von Zählungsjahr zu Zählungsjahr zeigt sich uns dasselbe Bild. Seit 1882 geht in Deutschland die landwirtschaftliche Bevölkerung schrittweise zurück. Sie umfaßte in jenem Jahr etwa 19¼ Millionen Seelen, 1895 18¼ Millionen Seelen und 1907 nur noch 17⅔ Millionen Seelen. Der große Bevölkerungszuwachs vom ersteren bis zum letzteren Jahre, der zusammen über 16½ Millionen Seelen betrug, ist, bildlich gesprochen, über die Landwirtschaft hinweggerauscht, ohne ihr auch nur eine Seele abzugeben, sondern hat vielmehr noch über anderthalb Millionen von ihr mit sich hinweggenommen. Wo ist der ganze Zuwachs mit den Ueberläufern aus der Landwirtschaft geblieben? Eine kleine Untersuchung dieser Frage wird uns einen Fingerzeig geben, in welcher Richtungslinie sich das soziale Leben bewegt, und wie wir uns daher seine Zukunft vorzustellen haben.

3. Das Wachstum der Arbeiterklasse.

Fünf große Berufsabteilungen unterscheidet die deutsche Reichsstatistik: 1. die Landwirtschaft mit Gärtnerei, Forstwirtschaft, Fischerei; 2. die Industrie mit Bergbau und Baugewerbe; 3. den Handel mit den Verkehrsgewerben; 4. die häuslichen Dienste und Gelegenheitslohnarbeit; 5. den öffentlichen Dienst mit den

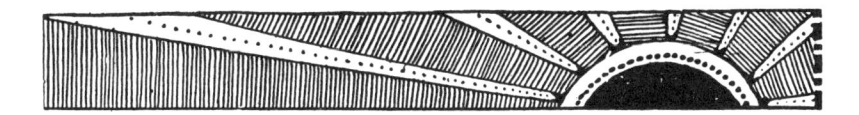

„freien" Berufsarten. Als Gruppe Nr. 6 kommt dann noch die der sogenannten Berufslosen (Rentner, Pensions- und Almosenempfänger, Schüler usw.) hinzu. Von diesen sechs Abteilungen hat die fünfte — öffentlicher Dienst usw. — fast im gleichen Verhältnis wie die Gesamtbevölkerung an Köpfen zugenommen, die vierte — häuslicher Dienst usw. — ist im Prozentsatz der Köpfe zurückgegangen, das Gleiche ist, wie wir gesehen haben, bei Nr. 1, der Landwirtschaft, der Fall. Dagegen haben die Abteilungen 2, 3 und 6 — Industrie, Handel und Berufslose — im Verhältnis stärker zugenommen als die Bevölkerung. Nehmen wir das gleiche Vierteljahrhundert von 1882 auf 1907, so vermehrten sich in dieser Zeit in der Abteilung Industrie usw. die Erwerbstätigen von $6\frac{2}{3}$ auf $11\frac{1}{3}$ Millionen und die Berufsangehörigen (die Erwerbstätigen mit ihren Angehörigen) von 16 auf $26\frac{2}{3}$ Millionen. In der Abteilung Handel und Verkehr war der Zuwachs: Erwerbstätige von 1,6 auf 3,5 Millionen, Berufszugehörige von $4\frac{1}{2}$ auf $8\frac{3}{10}$ Millionen, und in der Abteilung der „Berufslosen": Erwerbstätige, d. h. Zins-, Renten- usw. Empfänger, von 1,3 auf 3,4 Millionen und Berufszugehörige von 2,2 auf 5,2 Millionen.

Was geht aus diesen Zahlen hervor? Daß von den $16\frac{1}{2}$ Millionen Menschen, um die sich das Deutsche Reich von 1882 bis auf 1907 vermehrte, **mehr als zwei Drittel der Industrie zugefallen sind.** Ja, da unter den „Berufslosen" ein großer Teil Rentiers sind, deren Vermögen hauptsächlich in Aktien und Obligationen von Industrieunternehmen besteht, sowie eine noch größere Zahl von Invaliden- und Altersrentnern der Industrie, ist tatsächlich der Prozentsatz unseres Volkes, der aus der Industrie sein Einkommen zieht, noch wesentlich größer. Und in der Industrie wächst, wie wir gesehen haben, die Abteilung der Angestellten und Lohnarbeiter unverhältnismäßig schneller als die Gesamtbevölkerung, während die Zahl der selbständigen Unternehmer und Hausgewerbetreibenden zurückgeht. 1882 kamen auf je 100 Lohnarbeiter noch gegen 45 Selbständige verschiedener Art, d. h. große, mittlere, kleine und Zwerg-Unternehmer, 1895 waren es nur noch etwa 30, 1907 aber nur noch 20.

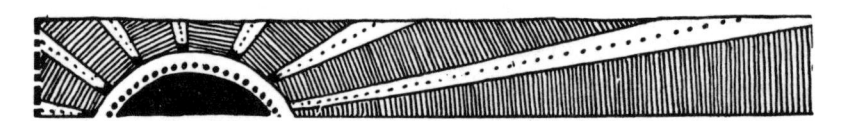

So nimmt mit dem Wachstum der Industrie die industrielle Lohn=
arbeiterschaft einen immer größeren Raum in der Bevölkerung ein. Mit
ihren Angehörigen, sowie der ihr gleichgestellten und gleichartig fühlen=
den Lohnarbeiterschaft in Handel und Verkehr samt Angehörigen um=
faßte sie 1907 gegen 23 Millionen Seelen. Diese Volksschichten machen
die große Mehrheit der städtischen Bevölkerung des Reiches aus, die sich
1905 auf gegen 35 Millionen Seelen belief. In den Städten, wo das
öffentliche Leben des Landes am lebhaftesten pulsiert, wo die großen
fragen der Zeit am schärfsten erfaßt und erörtert werden, die Geister am
lebhaftesten auf einander platzen, hier tritt die Klasse der um Lohn
Arbeitenden immer stärker in den Vordergrund. Sie entfaltet sich in
wirtschaftlichen Kämpfen, die an Ausdehnung zunehmen, sie macht sich
durch die Wucht der Zahl im politischen Leben geltend, sie fällt auch als
Konsumentin immer stärker ins Gewicht. So schafft sie allmählich eine
ganz neue öffentliche Meinung. Je geschlossener sie auf=
tritt, je eindrucksvoller sie ihr Klassenempfinden offenbart, um so mehr
spielt das Gravitationsprinzip des sozialen Lebens zu ihren Gunsten,
und von den sozialen Schichten, die keine feste Klasse der Gesellschaft mit
bestimmten gesellschaftlichen Ideen und Interessen bilden, fühlen sich
immer mehr Elemente zu ihr hingezogen, stimmen sie bei Wahlen mit
ihr und sprechen sie ihre Sprache.

Alles das kann man heute fast mit Händen greifen. Eine ganze
Fülle von Erscheinungen im politischen und geschäftlichen Leben und
Treiben, in Literatur und Kunst legen Zeugnis davon ab. Und wenn die
wirtschaftliche Entwicklung weiterhin die geschilderte Bahn innehält, so
kann es keinem Zweifel unterliegen, daß die politischen, wirtschaftlichen
und rechtlichen Ideen der Arbeiterklasse, die sich aus ihrer Klassenlage
ergeben, die volle Herrschaft in der Gesellschaft erlangen. Schon heute
kann die Durchdringung des Gesellschaftskörpers durch diese Ideen nur
durch Festhalten von Ungleichheiten in den Wahlsystemen und ähnliche
politische Mittel zurückgedämmt oder verlangsamt werden. Aber die
Gesetze der sozialen Entwicklung haben sich noch immer auf die Dauer
als stärker erwiesen als die politischen Gesetze. Die Wirtschaftspolitik
des Deutschen Reiches ist mit Ausnahme der wenigen Jahre der Kanzler=

schaft des Grafen Caprivi seit Anfang der achtziger Jahre überwiegend agrarisch gewesen, sie hat es aber mit allen Liebesgaben an die Landwirte nicht einmal durchzusetzen vermocht, daß die Landbevölkerung auf ihrem alten Kopfbestand erhalten blieb. Das durch die Ungleichheit der Wahlkreise bewirkte politische Vorrecht des platten Landes hat dessen Ueberflügelung durch Industrie und Handel nicht verhindern können. Es wird, wenn die Bedingungen des sozialen Lebens, welche diese Entwicklung bewirkt haben, andauern, auch seine Beseitigung durch jene nicht verhindern können.

Heute steht die Industrie und Handel verkörpernde Bevölkerung zur landwirtschaftlichen Bevölkerung im Verhältnis von 2 : 1. Bei gleicher Entwicklung würde in weiteren 25 Jahren das Verhältnis sich auf 4½ : 1 stellen. Man braucht diese Zahl nur niederzuschreiben, um sich auch klar zu werden, daß bei solcher Proportion das Privilegium der Landwirtschaft eine Unmöglichkeit sein würde. Wenn auch nur durch das bloße Gewicht ihrer Zahl würden Industrie und Handel sich ihr Recht erzwungen haben. Der Sieg von Industrie und Handel aber würde, da alsdann das Verhältnis der Klasse der Lohnarbeiter zur Klasse der Unternehmer sich auf über 10 : 1 stellen würde, gar nichts anderes heißen können, als **der Sieg der sozialen Ideen der Arbeiterklasse.**

Gegenkräfte der Verstadtlichungstendenzen.

Soweit kann die Soziologie mit einiger Sicherheit sprechen. Aber es ist zunächst nur eine soziale Wahrscheinlichkeitsrechnung. Denn ob es nun genau dahin kommen wird, hängt von vielen mitwirkenden Faktoren ab, die sich nicht mit mathematischer Sicherheit vorausbestimmen lassen. Greifen wir einen davon heraus: die Gestaltung der Dinge in der Landwirtschaft. Heute deckt die Landwirtschaft nur einen Teil des Nahrungsbedarfs des deutschen Volkes. Der Mehrwert der Einfuhr solcher landwirtschaftlichen Produkte, für welche die heimische Landwirtschaft in Betracht kommt, über den Wert ihrer Ausfuhr belief sich im Jahrfünft 1903/1907 im Deutschen Reich auf weit über eine Milliarde Mark. Bei der Bevölkerungszunahme, wie sie hier vorausgesetzt ist, müßte er in den nächsten fünfundzwanzig Jahren eine solche Steigerung erfahren, daß es als zweifelhaft betrachtet werden muß, ob das Ausland die Lieferung all der in Frage kommenden Produkte ohne sehr erhebliche Preissteigerungen wird fortsetzen wollen oder auch nur können. Denn andere Länder machen eine ähnliche Entwicklung durch. In den Vereinigten Staaten von Amerika, bis jetzt noch das Hauptgetreideland der Welt, nimmt die industrielle Bevölkerung erheblich rascher zu, als die landwirtschaftliche Bevölkerung, so daß die Getreideausfuhr schon jetzt im Abnehmen begriffen ist und die Oekonomen die Zeit schon voraussehen, wo dieses gewaltige Staatswesen Getreide, statt auszuführen, selbst einführen wird. Die Ersatzgebiete der Getreideproduktion aber — Kanada, Argentinien usw. — entwickeln sich nicht so schnell, wie man einst annahm, und für alle diese Länder kommt die Zeit, wo der Boden nicht mehr so willig Ernten hergibt, wie in den ersten Epochen der Urbarmachung. Kurz, es ist ziemlich wahrscheinlich geworden, daß wir einer Zeit höherer Weltmarktpreise für Getreide und ebenso für Vieh und Viehprodukte entgegengehen. Je nachdem dies nun früher oder später eintritt, ist eine starke Rückwirkung auf die deutsche Landwirtschaft zu gewärtigen. Sie wird noch intensiver als bisher betrieben werden und mehr Arbeitskräfte in Anspruch nehmen, teils als Landarbeiter, teils aber auch als selbständig wirtschaftende Bauern. Eine Rückwanderung aufs Land wäre damit nicht aus dem Bereich der Möglichkeit gerückt, und jedenfalls würde die Abwanderung vom Land einen Stillstand erleiden.

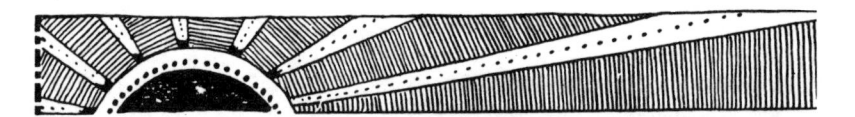

Eine zweite Möglichkeit, die wir in Betracht zu ziehen haben, ist die Verlangsamung des Bevölkerungszuwachses.

Zurzeit kann in Deutschland zwar von einer solchen noch nicht gesprochen werden, die Bevölkerung des Deutschen Reiches nimmt nicht in allen Jahren gleichmäßig zu, aber auf Jahre, die ein Nachlassen des Zuwachses zeigen, sind andere mit einer erheblichen Steigerung der Zunahme gefolgt. Unzweifelhaft ist jedoch die **Abnahme der Geburtenziffer**. Sie ist von 4 Lebendgeborenen auf jedes 100 der Bevölkerung im Durchschnitt der Jahre 1872/74 in fast ununterbrochenem Abstieg auf 3,31 vom Hundert im Jahre 1906 zurückgegangen. Einstweilen wird dieser Rückgang durch die Abnahme der Sterblichkeitsziffer und die Zunahme der Einwanderung ausgeglichen. Aber die Einwanderung steigt und fällt mit der Beschäftigungsmöglichkeit, und die Abnahme der Sterblichkeitsziffer allein kann, wie Frankreich und jetzt auch England zeigen, von einem gewissen Punkt ab für die Abnahme der Geburten keinen Ersatz mehr bieten. Nun ist es eine überall beobachtete Tatsache, daß die moderne Großstadt auf diesen Punkt hintreibt. Für Berlin hat A. Böckh, der verstorbene Direktor des städtischen statistischen Amts, wiederholt nachgewiesen, daß seine Geburtenzahl **nicht einmal ausreicht, die Bevölkerung auf ihrem Höhestand zu erhalten**, so daß, wenn kein Zuzug von außerhalb stattfände, die Bevölkerung Berlins tatsächlich zurückgehen würde. Die ganzen Lebensbedingungen der heutigen Großstädte, vor allem die Wohnungsweise in den großen Etagenhäusern, wirken der natürlichen, d. h. eben der durch Geburten bewirkten Bevölkerungszunahme, im höchsten Grade entgegen. Je mehr also die „Verstadtlichung" zunimmt, je dichter sich die Bevölkerung in großen Städten zusammendrängt, um so mehr wird sich der Bevölkerungszuwachs verlangsamen. Vom technischen Standpunkt aus mag die Zukunftsstadt „aus Stein und Eisen" mit turmhohen Häusern und brückenartigen Galerien statt der Straßen etwas Großartiges sein, für die Bevölkerungsentwicklung bedeutete sie ein G r a b : in die „Wolkenkratzer" gehören keine Kinder. Man brauchte das Einführen von Kindern nicht erst zu verbieten, die Bewohner würden ohnehin darauf verzichten.

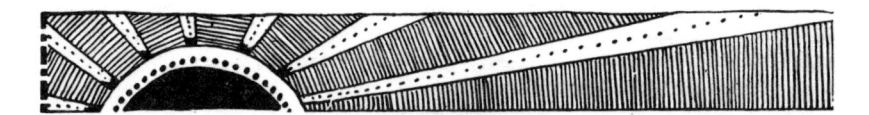

Einstweilen aber haben wir die Tatsache der Abnahme der Geburten, und auch sie wird, wenn sie andauert, die Wirkung haben, daß es zu dem rein rechnerisch gefundenen fünffachen Ueberwiegen der Stadt über das Land sobald nicht kommt. Dann wirken aber noch andere Kräfte gegen diese Zuspitzung: Dezentralisations-Bewegungen aus hygienischen und ästhetischen Rücksichten, bodenreformerische Maßregeln und dergleichen. Sie sind heute erst in Ansätzen vorhanden, können aber bei Fortgang der jetzigen Entwicklung größere Wirkungskraft erlangen.

Wenn indes die Zuspitzung in der extremen Form vermieden werden kann, so ist sie doch insoweit als größte Wahrscheinlichkeit zu betrachten, als sie erforderlich ist, um den Ideen der Arbeiterklasse steigenden Einfluß zu verbürgen. Ein zunehmendes Ueberwiegen der Industrie und des großen Betriebes in Industrie, Handel und Verkehr ist in unseren alten Kulturländern unvermeidlich, sollen sie nicht vor den aufkommenden Ländern die Segel streichen. Und damit ist auch das Ueberwiegen der Arbeiterklasse verbunden, das zu einem stärkeren Durchdringen ihrer Ideen im sozialen Leben führen muß.

Damit ist aber noch nicht gesagt, daß nun alles genau so kommen oder genau die Form annehmen muß, die sich der eine oder andere heute als die Verwirklichung der Ideen der Arbeiterklasse vorstellt. In der Anwendung mag sich da vieles anders gestalten, als im Begriff, weil das Leben noch andere Kräfte erzeugt, die Berücksichtigung verlangen und im Notfall sich erzwingen.

Das wahrscheinliche Zukunftsbild.

Die Idee der Arbeiterklasse ist die D e m o k r a t i e , die Demokratie in Staat, Gemeinde und Wirtschaft. Je nach den Umständen, unter denen sie zum Durchbruch kommt, werden sich ihre ersten Wirkungen gestalten: unorganisch oder organisch, das heißt mehr zerstörerisch oder mehr aufbauend. Ob aber das eine oder das andere stattfindet, das Ende wird immer sein, daß das Bedürfnis der Wirtschaft und die Anforderungen der zweckmäßigsten Art, zu wirtschaften, über alle doktrinären Ideen den Sieg davontragen werden. Es wird daher voraussichtlich im Verstaatlichen und Kommunalisieren Maß gehalten, der privaten wirtschaftlichen Betätigung, sei es von Genossenschaften, sei es sogar von Einzelnen, erheblicher Spielraum gelassen werden. Daher wird es zum Beispiel auch innerhalb bestimmter Grenzen wahrscheinlich noch Profit, d. h. Ungleichheit der Einkommen, bezw. Möglichkeiten der Vermögensbildung geben. Aber die großen heutigen Vermögensunterschiede werden unbedingt verschwinden, weil die vielen Quellen arbeitslosen Erwerbs, die heute die Bildung der Riesenvermögen ermöglichen, aufhören werden, in die Reservoirs von Privaten zu fließen. Das Bodeneigentum und die Bodenschätze werden dem Privateigentum teils ganz entzogen, teils nur unter solchen Bedingungen für Wirtschaftszwecke überlassen werden, die die Bodenrente in allen ihren Formen der Gemeinschaft sichern. Neun Zehntel der Riesenvermögen, die wir heute in den Händen der Millionäre und Multimillionäre sehen, stammen aber aus offenen oder versteckten Bodenmonopolen.

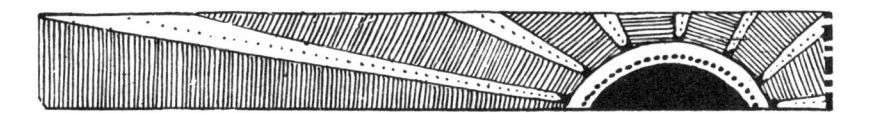

Zugleich werden von anderer Seite her die unentgeltlichen Leistungen von Staat und Gemeinden wachsen und dazu beitragen, das zu schaffen, was man in England das „soziale Minimum" getauft hat: ein Mindesteinkommen aller, das den Verkauf der Arbeit zu Hungerlöhnen unmöglich macht. Denn Arbeit gegen Lohn wird es voraussichtlich auch dann noch geben. Das große Verkehrsleben der Neuzeit, auf das die Menschen schwerlich verzichten werden, macht das Geld und damit auch den Geldlohn unentbehrlich, gleichviel ob in öffentlichen oder in Privatbetrieben gearbeitet wird. Was dagegen anders sein wird, ist das System der Lohnbestimmung. Die Bestimmung der Löhne wird in hohem Grade öffentlichen Charakter tragen. Oeffentliche Lohnämter, zusammengesetzt aus Vertretern der Allgemeinheit und der Berufsgruppen, werden Mindestlöhne festsetzen, und Lohntarifen, die ebenfalls als Mindestsätze zu gelten haben, gesetzliche Kraft geben. In gleicher Weise werden Bestimmungen über die Länge des Arbeitstages in öffentlichen und Privatunternehmungen getroffen werden.

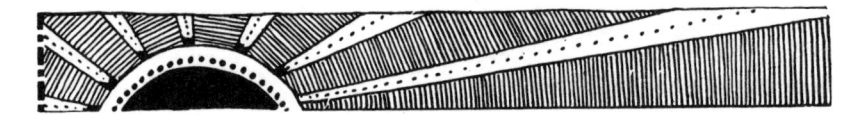

Alles das kann man mit großer Sicherheit als Folge des Sieges der Arbeiterdemokratie voraussagen, weil es in Ansätzen schon heute vorhanden ist und Schritt für Schritt weiter entwickelt wird. Das Angefangene wird nur allgemeiner und mit größerer Entschiedenheit und Konsequenz durchgeführt werden. Wie aber wird es wirken? Wird nicht zugleich eine Abnahme und Verteuerung der Produktion die Folge sein? Und wird nicht die politische Herrschaft der Arbeiterklasse alle Disziplin in den Betrieben aufheben?

Auf diese Fragen kann man nur antworten, daß die Arbeiter in ihrer Allgemeinheit genau dasselbe Interesse daran haben, daß viel und billig produziert wird, wie irgend eine andere Klasse der Gesellschaft. Es werden daher früher oder später Einrichtungen geschaffen werden, um das, was heute der Hunger als Einpeitscher und der Geldbeutel als Treiber im Wirtschaftsleben verrichten, soweit auf demokratischem Wege zu sichern, als das Bedürfnis der Produktion es erheischt. Die öffentlichen Arbeitsämter können ganz gut dazu ausgebaut werden, als Instanzen für Uebergriffe von hüben oder drüben sich zu betätigen. Auch dafür liegen schon Ansätze vor. Je mehr Macht die Arbeiterorganisationen erringen, um so mehr entwickelt sich auch bei ihnen das Gefühl der Verantwortung für den Fortgang der Produktion und desto mehr Erfahrung sammeln sie für die Sicherstellung der Bedürfnisse der Produktion. Im übrigen wird schon der Fortfall des „Herrenbewußtseins" die Wirkung haben, daß die Privatunternehmung selbst dort, wo sie nicht schon der Form nach Genossenschaft ist, genossenschaftliche Charakterzüge erhalten wird.

Eine Verringerung der Arbeit für den einzelnen wird aber schon dadurch möglich, daß sehr viel Arbeitsvergeudung, die heute getrieben wird, gegenstandslos werden oder als für schädlich erkannt, in Wegfall kommen wird. Dahin gehören auf der einen Seite viele der heutigen falschen Kosten der Volkswirtschaft und auf der anderen der allmählich bis zum Wahnsinn getriebene Aufwand des wachsenden Heeres der Millionäre und Milliardäre. Es werden genügend Arbeitskräfte frei werden, um die Arbeitszeit für alle ermäßigen zu können, ohne daß darum die Produktion auf das bloß Notwendige beschränkt zu werden braucht.

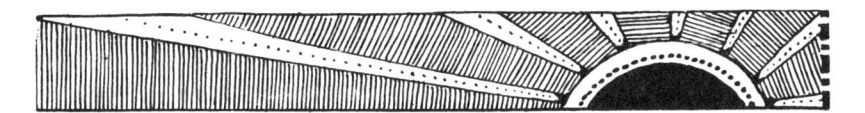

Auf der Stufe der Durchführung einer solchen Demokratie können Deutschland und andere Länder der vorgeschrittenen Kulturwelt in einem Vierteljahrhundert angelangt sein. Unzweifelhaft werden sich die Dinge aber nicht sofort völlig glatt machen. Es sind Mißgriffe möglich und sogar zeitweilige Rückfälle nicht ausgeschlossen. Aber eine Wiederholung der Zerrüttungen, an denen die alte Kulturwelt zugrunde ging, ist heute mehr als unwahrscheinlich. Es fehlen die Barbaren, die unserer Kultur ein ähnliches Schicksal bereiten könnten, wie einst die nordischen Barbaren dem römischen Weltreich. Wenn manche Erscheinungen unserer heutigen Epoche zu Vergleichen mit den Zuständen in Rom unter den Kaisern herausfordern, so fehlte jenem Rom doch die große, an Zahl, Intelligenz, Organisation und Tatkraft beständig zunehmende Arbeiterklasse, über welche die moderne Kultur verfügt. Sie, die das Erzeugnis dieser Kultur ist, verspricht auch, ihr Schützer und Fortsetzer in den kommenden Kämpfen der Menschheit zu sein. „Die Barbaren, die in Roms Heeren gedient hatten, eroberten Rom", schrieb Rodbertus einst im Hinblick auf die Arbeiterbewegung der Gegenwart. Aber jene Rom erobernden und zugleich zerstörenden Barbaren waren Nomaden, denen der Krieg das Höchste war. Den Arbeitern der Gegenwart dagegen ist der Krieg verhaßt, während die **schaffenden Werke des Friedens** ihnen **Lebensgewohnheit** und **Lebensbedingung** sind. Sie werden daher stets selbst wieder herstellen, was vom Erhaltenswerten unserer Kultur in den Kämpfen zeitweise geschädigt werden sollte.

So gehen wir einem Zeitalter entgegen, in dem eine weit durchgeführte Demokratie dem sozialen Leben einen starken **genossenschaftlichen Charakter** verleihen wird. Fourier, hierin ein wirklicher Seher, nannte es in seiner Weltentwicklungstafel **Garantismus**, was man mit dem schwerfälligen Wort Gewährschaftssystem übersetzt hat. Neuere haben dafür den Ausdruck Solidarismus geprägt. Wir können aber ruhig Sozialismus sagen. Sozialismus jedoch nicht als Uniformierung des ganzen Lebens. Daß es zu dieser kommt, schließt das hochentwickelte Verkehrsleben der Neuzeit aus, auf das die Menschen nicht werden verzichten wollen. Sozialismus vielmehr als maßgebende Rechtsgrundlage des ganzen sozialen Lebens, der Bestimmung der Rechte und Pflichten der Gesellschaft gegen ihre Glieder und dieser gegen die Gesellschaft und untereinander.

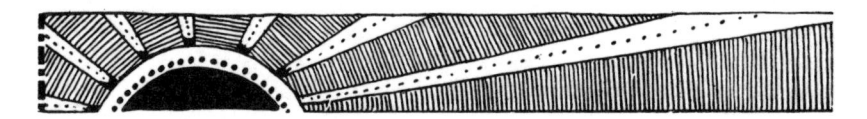

Wieviel Zeit es erfordern wird, bis das Prinzip allseitig durchgeführt sein und ohne Störungen funktionieren wird, ob es fünfzig oder hundert Jahre kosten wird, wer kann es voraussagen? Und wer es unternehmen, Einzelheiten zu beschreiben? Gerade, weil sich mit Sicherheit voraussehen läßt, daß die Menschen sich keine Uniform anziehen, sondern der freien Initiative Spielraum lassen werden, ist alle Einzelschilderung verfehlt. Da die Menschen in ihrem Bau und ihren natürlichen Trieben und Anlagen keine anderen Wesen sein werden als heute, wird auch vieles in ihren Einrichtungen sich nicht so diametral von denen der Gegenwart unterscheiden, als manche anzunehmen geneigt sind. Die Menschen werden auch in Zukunft keine reinen Rechenerempel sein, auch in Zukunft neben der Oekonomie den seelischen Bedürfnissen ihr Recht sichern. Und so können wir auch einer kraftvollen Gegenströmung gegen Tendenzen übertriebener Kasernierung des Lebens sicher sein.

Noch einmal, die Menschheit geht keinem Schlaraffenleben entgegen, und es wäre ihr nicht einmal zu wünschen. Dagegen wird die Armut als soziale Erscheinung verschwinden, wie die heutige Art der Reichtumsansammlung und die ihr entsprechenden sozialen Auffassungen und Luxustendenzen verschwinden werden, ohne daß die Pflege des Schönen darunter leiden wird. Sie wird einen öffentlichen Charakter erhalten, mehr als je auf die Veredelung und Vervollkommnung dessen gerichtet sein, was allen gehört, allen zugute kommt. Die Verallgemeinerung der Arbeit wird die pflichtigen Arbeitsleistungen so zu verdrängen erlauben, daß jedem neben ihnen noch genügende Zeit und Frische zur Betätigung individueller Anlagen und Neigungen verbleibt. Die Technik, die heute einseitig darauf gerichtet ist, Arbeitskosten zu ersparen, wird, ohne dies zu vernachlässigen, doch immer stärker das Ziel im Auge haben, Menschenkosten zu ersparen, die Arbeit erträglicher und zuträglicher zu machen. Und immer mehr wird das höchste Kulturgut zur allgemeinen Errungenschaft werden und alle Beziehungen des öffentlichen Lebens durchdringen und veredeln: die Schätzung des Menschen als freie, keinem Nebenmenschen unterworfene Persönlichkeit.

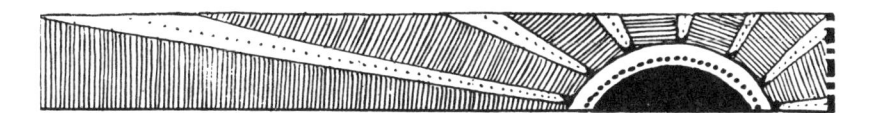

Das liegt im Wesen der demokratischen Gleichheit begründet, wie sie der heutigen Arbeiterbewegung zugrunde liegt. Und weil diese die größte soziale Triebkraft der Neuzeit ist, ist es auch nicht undenkbar, daß es in spätestens hundert Jahren der Kompaß des ganzen sozialen Lebens sein wird. Nicht undenkbar, nicht unmöglich, sondern vielmehr in hohem Grade wahrscheinlich.

Hermann Bahr
Die Literatur in 100 Jahren.

Die Literatur in 100 Jahren.
Von Hermann Bahr.

Man muß kein Prophet sein, um sagen zu können, daß das, was heute Literatur genannt wird, ja, vielleicht alles, was heute Kunst heißt, wofern die Menschheit in ihrer wirtschaftlichen und geistigen Entwicklung das Tempo beibehält, das sie seit der großen Revolution hat, in hundert Jahren unnötig geworden und nur noch als Erinnerung, mit dankbarem Erstaunen gehegt, vorhanden sein wird.

Das Kennzeichen der Literatur in hundert Jahren wird es sein, daß es keine Literaten mehr geben wird, nämlich keinen besonderen Stand, der das Privileg hat, für die anderen das Wort zu besorgen, wie der Bäcker das Brot und der Metzger das Fleisch.

Wie Wagner an eine Zeit geglaubt hat, in der jeder sein eigener Künstler sein wird, so wird jeder dann sein eigener Dichter sein und keinen Dolmetsch seines Herzens mehr brauchen.

Alle Kunst ist ursprünglich zunächst immer nur ein Versuch des Menschen, seine großen inneren Momente bei sich aufzubewahren und irgendwie den schönen Augenblick so zu verewigen, daß er ihn, so oft er

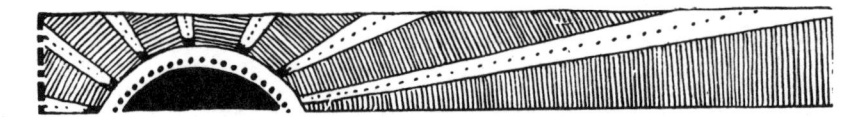

will, wieder herbeirufen kann. Kunst ist zunächst nichts als ein Mittel
zur eigenen Erinnerung. Lust von ungemeiner Art oder auch ein be=
sonderes Leid, das ja dem Menschen ebenso, wenn es über das gewöhnliche
Maß geht, zur unentbehrlichen Erregung werden kann, soll, um ihm
immer bei der Hand zu sein, in ein Zeichen eingefangen, in ein Gefäß ver=
schlossen werden. Lust oder Leid, jedes Gefühl überhaupt, setzt sich in
einen körperlichen Rhythmus um, der dann in Tönen, Gebärden oder
Worten verlautet und erscheint. Dieser körperliche Rhythmus kann nicht
festgehalten, nicht der Erinnerung anvertraut und also nicht willkürlich
reproduziert werden, aber seine Erscheinungen, seine Laute können erhalten
werden und rufen dann, reproduziert, denselben körperlichen Rhythmus
wieder hervor. Die Kunst dient zunächst dem einzelnen Menschen wie
seinem ganzen Volke dazu, sein ganzes Leben, soweit es bisher abgelaufen
ist, jederzeit wieder um sich versammeln und sich so jederzeit mit seinen
sämtlichen Zuständen umgeben zu können. Und so dient sie dann dem
Menschen auch dazu, den anderen von seiner Eigenheit ein Zeichen zu
geben, um sich mit ihnen über sein Wesen zu verständigen.

Als nun aber später alle zur Erhaltung des menschlichen Lebens
notwendigen Verrichtungen, die bisher jeder selbst für sich besorgt hatte,
den einzelnen abgenommen und der Reihe nach an besondere Gewerbe
verteilt wurden, als, bei der Auflösung der primitiven Wirtschaft, die
alles im eigenen Hause bestellt hatte, einer für alle das Backen, ein anderer
das Schneidern, der dritte das Schlachten übernahm, geschah es, daß
auch eine so höchst persönliche Verrichtung, wie die Kunst als die Auf=
bewahrung des eigenen Lebens in Zeichen, aus denen es jederzeit wieder
herbeigeholt werden kann, nun einer besonderen Innung zugewiesen
wurde. Ein eigenes Geschäft entstand, das es übernahm, gegen Bezahlung
jedem einzelnen nach Wunsch den Ausdruck seines Lebens oder doch der
ihm wichtigsten Empfindungen anzufertigen. Die Literatur entstand.
Eigentlich ist sie kein geringeres Wunder, als wenn damals, bei der
Teilung der Arbeit, etwa auch die Fortpflanzung der Menschheit einer
besonderen Zunft zugesprochen worden wäre. Es ist ein Wunder, das
der natürliche Menschenverstand, wenn er sich's recht überlegt, eigentlich
gar niemals begreifen kann. Man versuche nur, sich einmal klar zu
machen, worauf die jetzige Literatur beruht. Eine Reihe von Menschen

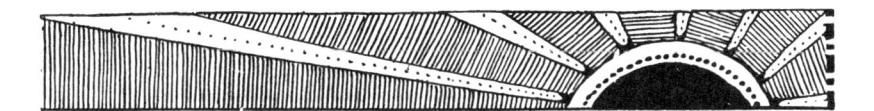

lebt davon, daß ihre Gedichte gekauft werden. Ein Gedicht ist der Zustand irgend eines Menschen, in Worte verschlossen.

Es ist nun durchaus nicht einzusehen, warum ein anderer Mensch es sich etwas kosten lassen soll, diesen ihm fremden und gleichgültigen Zustand kennen zu lernen. Der Zauber eines Gedichts besteht eigentlich nur in seiner Macht, ein entschwundenes Stück Leben dem, der es erlebt hat, jederzeit in Erinnerung zu bringen, Entschwundenes zurückzuholen. Welches Interesse es aber für irgend einen Menschen haben könnte, an etwas erinnert zu werden, woran er gar nicht erinnert werden kann, weil ihm doch jede Vorbedingung des Erinnerns fehlt, denn der Inhalt des Gedichts ist ja nur von seinem Dichter, keineswegs aber vom Käufer des Gedichts erlebt worden, dies läßt sich durchaus nicht ersinnen. Und es ist auch nur durch eine gelinde Täuschung irgendwelcher Art möglich; der Käufer kann auf seine Kosten nur kommen, wenn das Gefühl, das der Dichter ins Gedicht gefaßt hat, seinem eigenen zum Verwechseln ähnlich sieht. Die Täuschung, diese Verwechslung, auf der der heutige literarische Betrieb durch Innungen beruht, kann also nur geschehen, wenn entweder der Inhalt des Gedichts, das Erlebnis des Dichters ganz persönlich ist oder das Persönliche, das es etwa hat, durch die Form abgeschwächt und aufgelöst wird, oder aber hinwieder das Erlebnis des Käufers, an das ihn das Gedicht erinnern soll, sei es von Anfang an ganz undeutlich gewesen, sei es schon so verblaßt, ist so, daß er sich jedes andere dafür einreden läßt. Je stärker ein Dichter erlebt, je reiner er sein Erlebnis ausdrückt, desto weniger wird dieser Ausdruck fähig sein, mit dem Ausdruck anderer Erlebnisse verwechselt zu werden und den Zweck des literarischen Handels zu erfüllen, daß er nämlich im Käufer ein Erlebnis des Käufers zurückrufen soll. Und je stärker der Käufer erlebt, desto geringer wird seine Neigung sein, sich an einem Ausdruck, der ihn nur ungefähr von weitem daran erinnert, genügen zu lassen. Alle Persönlichkeit des Erlebens, beim Dichter wie beim Käufer, möglichst auszuräuchern, bis am Ende nur ein allgemeiner Dunst davon übrig bleibt, worin jede Farbe verschwimmt, muß also die größte Sorge des literarischen Betriebs sein, und es läßt sich nicht leugnen, daß dies heute mit einer ganz wunderbaren Hingebung geschieht. Wie sich die Dichter schon im Aeußeren immer mehr dem Vulgären assimilieren und mit Erfolg beflissen sind, das Aussehen und Auftreten von Bankiers anzunehmen, so gelingt es ihnen auch im Geistigen immer besser, ihr Gesicht zu verwischen. Und ebenso sind auf ihrer Seite die Käufer bemüht, sich in ganz unpersönlichen Erlebnissen aufzuhalten, die dann freilich an jeden vorübergleitenden Schatten angehängt werden können.

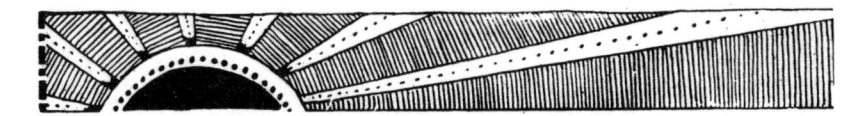

Das wird nun so bleiben müssen, solange die Welt ein Warenhaus und der Mensch ein Händler bleibt. Es sind Anzeichen da, die jedoch vermuten lassen, daß in hundert Jahren die menschliche Wirtschaft anders geworden sein werde. So hätte auch dieser literarische Betrieb keinen Sinn mehr; und es könnte dann keine Literaten mehr geben, keine Menschen mehr, die davon leben, daß sie ihr eigenes Leben verunstalten, um seinen Ausdruck für den Ausdruck fremden Erlebens ausgeben und dafür Geld einnehmen zu können.

Die Literatur in hundert Jahren wird sich dann von der heutigen vor allem durch das Motiv unterscheiden. Das Motiv des heutigen Literaten, eingestanden oder nicht, ist der Lohn. Er dichtet, um die Miete, den Haushalt und das Zubehör bezahlen zu können. Er ist darum verhalten, kaufkräftig zu dichten. Er muß das dichten, was verlangt wird; und verlangt wird, was sich jedem anpaßt, was von jedem getragen werden kann, was sich nach jedem Geschmack dehnen läßt; und allenfalls auch, schlägt die Mode um, leicht wieder umfalten und auffärben.

Dieses Motiv fällt dann weg. Es muß dann niemand mehr dichten, bloß um nicht zu verhungern, weil jedem ein anständiger Erwerb zugesichert sein wird, und das Dichten trägt dann nicht mehr dazu bei, das Einkommen zu vermehren. Ist dann also das bewegende Grundmotiv der heutigen Literatur ausgeschaltet, so wird es zunächst fraglich, ob nicht alle Literatur überhaupt stillstehen und vielleicht für einige hundert Jahre sistiert sein wird, solange nämlich, bis es etwa geschehen mag, daß einer einmal aus einem ganz anderen, heute durchaus unbekannten Motiv das Wort nimmt, also z. B. vielleicht, weil er etwas zu sagen hat, oder auch einfach deshalb, weil er, geheimnisvoll getrieben, eben muß. Dies alles kommt uns heute freilich höchst phantastisch vor, aber seit wir es erlebt haben, daß der Mensch das Fliegen erlernt hat, sind wir geneigt, allen Ausschweifungen der Phantasie zu trauen.

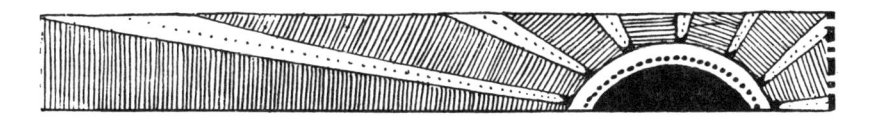

Allerdings würde das Dichten dann aus seiner öffentlichen Bedeutung verdrängt. Es würde nicht mehr genossenschaftlich betrieben und jene Organisationen, durch die heute den Dichtern die Verbindung mit dem Markt hergestellt und der Absatz gesichert wird, also die verschiedenen Schulen und Richtungen, wie wir sagen, hätten aufgehört. Das Dichten hätte keinen Zweck mehr, sondern nur noch einen Grund, nämlich im eigenen Trieb; es wäre nur noch ein Dichten vor sich hin und für sich hin, nicht mehr auf die anderen los. Seinen heutigen Sinn hätte es allerdings damit ganz verloren, aber es ließen sich immerhin Menschen denken, denen auch ein solches sinnloses und zweckloses Dichten, ein Dichten an und für sich, Freude machen könnte, so wenig wir jetzt eigentlich in der Lage sind, uns einen solchen Menschenschlag recht vorzustellen. Jedenfalls würde das dann auch nur ganz im Geheimen geschehen, als eine vollkommen intime Verrichtung, als ein geistiges Müllern sozusagen, wodurch es denn, ohne sich freilich mit der großen öffentlichen Bedeutung unserer heutigen Literatur, die ja ihren Platz unter den wichtigsten Industrien hat, irgendwie messen zu dürfen, immerhin noch einen gewissen hygienischen Wert ansprechen könnte.

Zu bemerken ist noch, daß jedenfalls der Uebergang zu dieser neuen Zeit, in der jeder sein eigener Dichter sein wird, sehr große Schwierigkeiten haben muß. Denn es wird vor allem dann die Frage zu lösen sein, was mit den außer Betrieb gesetzten Dichtern geschehen soll, und es ist zu befürchten, daß für sie durchaus nicht so leicht eine auch nur halbwegs passende Verwendung zu finden sein wird. Seien wir froh, daß uns diese Sorgen unserer Enkel erspart bleiben!

Dr. Max Burckhard
Das Theater in 100 Jahren.

„Die Welt in 100 Jahren."

Das Theater in 100 Jahren.
Von Dr. Max Burckhard.

„Also", sagte ich, indem ich noch einmal den länglichen Metall=
kasten aufmerksam betrachtete, der auf vier niederen Rädern
vor mir stand, „also, es ist alles in Ordnung."

„Alles", erwiderte mein Neffe, der mit ernster Miene neben mir stand.

„Und wir haben hoffentlich nichts vergessen . . ."

„Nichts."

„Den Stiftbrief habe ich heute morgen selbst noch einmal genau durchstudiert; ich glaube wirklich, es ist keine Möglichkeit übersehen, mit der man überhaupt rechnen kann."

„Teufel, Teufel!" Mein Neffe kratzte sich nachdenklich am Kopf. „In dem Stiftbrief steckt meine einzige Sorge. Wenn am Ende doch der ganze Staat, während des Urlaubs, den Du Dir da nimmst, zu=
sammenkracht . . ."

„Na, dann kommt eben ein anderer Staat nach ihm!"

„Ist das so ausgemacht? Und wer weiß, ob der sich um Stiftungen und derlei Dinge kümmert!"

„Das wird schließlich jeder Staat."

„Und das hältst Du wirklich für ganz ausgeschlossen, es könnte auf einmal das ganze Stiftungsvermögen flöten gehen? Und ist kein Geld mehr da, so kümmert sich natürlich kein Mensch mehr um Deine irdischen Reste."

„Na, die Jahre, die Du selber lebst, doch natürlich Du . . ."

„Ich natürlich — aber die paar Jahre!"

„Dann ist das Interesse der Wissenschaft da an meinem Experiment."

„Weißt Du, das Interesse für das Geld ist doch viel sicherer."

„Nun und auch daran kann es nie fehlen. Darum habe ich außer allen möglichen Wertpapieren und hypothekarischen Sicherstellungen in den drei größten Banken Gold erlegt."

„Gerade das Gold ist aber völlig wertlos, sobald der nächste hergelaufene Kerl unter besonderen Druck= und Temperatur=Verhältnissen, eventuell mit Zuhilfenahme irgend einer Emanation das Gold aus ein Paar billigen Elementen zusammensetzt."

„Mit solchen außerordentlichen Denkbarkeiten muß man sich schließlich bei allem im vorhinein abfinden. Es könnte ja auch der Mond oder irgend ein anderes kosmisches Gebilde auf einmal in die Erde hinein= fallen."

„Dann ist eben alles aus."

„Gewiß, aber in Deinem Falle ist es bei mir noch lange nicht aus."

„Ich meine doch. Denn wenn Deine Stiftung erlischt oder sonstwie die Summen entfallen, aus denen diese Anlagen erhalten und betreut, Kurator und Personale bezahlt werden . . . . ."

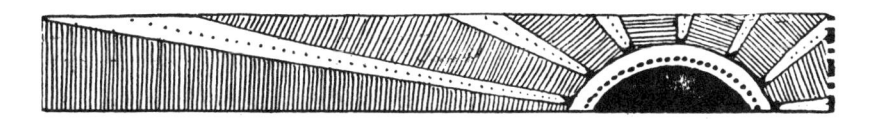

„Dann wird eben keine Kohlensäure mehr nachgefüllt, in meiner Kühlkammer wird es immer wärmer und wärmer und die künstliche Erstarrung, die wir durch die Kälte hervorrufen werden, hört dann ebenso langsam auf, wie sie heute eintreten wird. Die Blutzirkulation beginnt von neuem, ich schlage die Augen auf, und der Unterschied ist nur ...."

„Daß Du allein in dem unheimlichen Raum wach wirst, in dem Dich, wenn Du Deine hundert Jahre Erstarrung glücklich durchgemacht hättest, das ganze Stiftungspersonal und vielleicht Kaiser und Papst oder doch Vertreter aller Hochschulen freundlich lächelnd begrüßen würden ..."

„Lauter Kerle, die ich nicht kenne."

„... und daß Du", fuhr unbeirrt mein Neffe fort, „wenn Dein Geld beim Teufel ist, eben ohne einen Knopf Geld dasitzest oder zunächst daliegst."

„Die Hauptsache ist, daß ich einen zweiten Schlüssel im Sack habe und hinauskann. Ich werde halt dann arbeiten und mir mein Geld verdienen."

„Das wird dann wohl nicht so leicht sein. Denn zunächst wirst Du all die neuen Dinge zu lernen haben, die man wird wissen und können müssen, um überhaupt ein nützliches, ja ein mögliches Glied der Gesellschaft zu sein."

„Ich lasse mich, wenn alle Stricke reißen, einfach ums Geld anschauen. Einen Impresario wird es doch geben, der mich per Luftballon, oder wenn dieses Verkehrsmittel schon wieder veraltet ist, sonstwie in den X Weltteilen und den umliegenden Ortschaften herumführt. Das muß ja allein ein Heidengeld tragen, einen Menschen herzuzeigen, der sich vor hundert Jahren hat einschläfern lassen, um den Rest seines Lebens in Raten abzudienen, und der nun als lebendiger Berichterstatter einer entschwundenen Zeit herumgeht."

„Bist Du sicher, daß Dir das nicht andere schon werden nachgemacht haben?"

„Wenn sie nicht die von mir ersonnenen Maßregeln getroffen haben, platzen ihnen schon beim Erstarren ein Paar Gefäße und sie werden dann höchstens wach, damit sie sofort der Schlag trifft, der sie eigentlich schon damals vor hundert Jahren hätte treffen sollen."

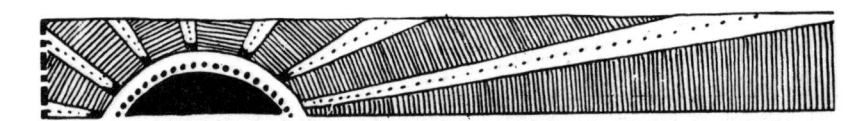

"Auf alle diese Dinge, die Du ja gewiß sehr sinnreich ausgedacht hast, kann im Laufe der Zeit auch ein anderer kommen."

"Soll er. Aber ich habe noch als Student Richard Wagner einmal am Bahnhofe empfangen, kann von meinen Begegnungen mit Ibsen erzählen, habe mit Arthur Schnitzler eine Zeitlang in einem Hause gewohnt und . . ."

"Nun, mir kann es ja recht sein. Mich geht ja das eigentlich alles gar nichts an, und wir haben es auch zum Ueberfluß schon oft genug durchgesprochen. Für mich als Arzt ist die Hauptsache, daß die Kühlkammer in Ordnung ist und das „Medizinische" der Sache tadellos funktionieren wird — soweit es eben eine menschliche Berechnung gibt. Hoffen wir, daß es in Deinem Gebiet, mit dem „Juristischen", ebenso gut bestellt ist. Nur darauf habe ich noch einmal hinweisen wollen. Aber da Du meinst, es stimme auch da alles . . ."

"Gewiß, natürlich auch hier, soweit es eben eine menschliche Berechnung gibt."

". . . und allem Anscheine nach fest entschlossen bist . . ."

"Steif und fest."

"Offen gesagt, ich habe eigentlich doch immer geglaubt und, ich darf wohl hinzufügen, gehofft, Du wirst es Dir im letzten Augenblick, wenn es nämlich drum und daran ist, noch anderes überlegen. Ich mag mir zehnmal sagen, daß Du mich ja fast um ein Jahrhundert überleben wirst — eigentlich stirbst Du in dem Augenblick doch für mich, wo Du Dich in den Kasten hineinlegst und ein Hebeldruck von mir Dich zugleich narkotisiert und in die Kühlkammer hineinrollen läßt. Und zum Ueberfluß müßte ich daher eigentlich hinterher auch noch die Empfindung haben, daß ich Dich umgebracht habe."

"Da Du doch praktischer Arzt bist, wird Dir ja diese Art Empfindung nicht so neuartig sein."

"Verzeihe, ich übe die Chirurgie aus, und nicht die interne Medizin . . ."

"Deine Empfindung übrigens ist mir ganz interessant. Mir geht es nämlich, offen gestanden, momentan ganz ähnlich. Auch mir ist es in

— 214 —

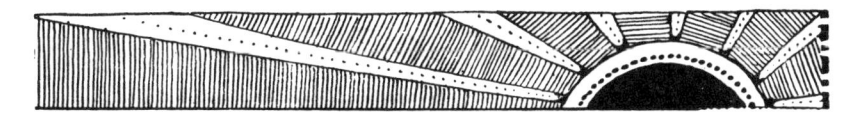

dem Augenblicke, seit ich den Gedanken gefaßt habe, mir den Rest meines Lebens für später aufzuhalten, nun zum ersten Male völlig klar, daß ich eigentlich doch jetzt sterbe, indem ich von allen Menschen, die ich kenne, aus dieser ganzen Welt, mit der ich vertraut bin, scheide, um dereinst unter unbekannten Umständen und völlig fremden Leuten wieder zu erwachen."

„Weißt Du was? Gib wenigstens noch einige Tage zu."

„Nein, nein. Ich muß mit meinem künftigen Leben sparsam sein. Jeder von den Tagen, die meine Lebenskraft bei vernünftiger Lebensführung noch währt, fehlt mir, falls ich die Maschine jetzt weiterlaufen lasse, dann dereinst, wenn ich wieder zu leben beginne. Und diese plötzliche Stimmung beruht ja doch nur auf einer falschen Sentimentalität. Ich bin eben ein Auswanderer, der für immer seiner Heimat und allen Freunden Lebewohl sagt, indem er das Schiff besteigt, das ihn nach fernem Eiland bringen soll."

„Rein gedankenmäßig stimmt es ja. Und doch . . ."

„Und was gewinne ich nicht dafür! Ich werde wieder leben, werde leben und ferne Zukunften miterschauen als Zeuge der menschlichen Entwicklung, während Ihr alle längst werdet aufgehört haben zu sein."

„Und woher weißt Du, daß wir aufhören werden zu sein? Daß nicht jedes Leben nur die Fortsetzung früherer Leben ist? Daß nicht ich und einer, der vor mir war, und einer, der nach mir sein wird, nur verschiedene Formen, nur Fortsetzungen ein und desselben Wesens sind?"

„Und Du und ich auch dasselbe Wesen! Nein, nein, lieber Freund, in transzendentale Erörterungen lasse ich mich so kurz vor dem Einschlafen nicht mehr ein, ich, der ich erst in einer Zeit wieder erwache, wo man Bücher über Philosophie mit genau derselben Schätzung betrachten wird, wie wir etwa heute Werke über Astrologie ansehen. Rasch, rasch! Mich erfaßt jetzt eine plötzliche Ungeduld — eine stürmische Sehnsucht — — Was soll ich noch hier! Jeder Augenblick, den ich noch lebe, ist verloren. Fort, fort! Lebe wohl. Grüße mir noch alle. Und tausend Dank für all Deine Freundschaft, Hilfe, Mühe, Teilnahme . . ." — —

* * *

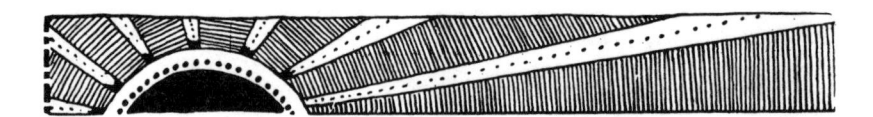

Es war ein ganz eigentümliches Gefühl, das mich allmählich zu erfassen begann. Mich? Nein, irgend einen Menschen, der dalag. Es ging etwas vor. Aber ich wußte nicht nur nicht, was vorging, auch nicht, mit wem es vorging, vor allem nicht, daß es mit mir vorging. So mag wohl einem trockenen Fels zu Mute sein, wenn in seinen Spalten auf einmal Wasser zu sickern, zu rieseln, zu fließen beginnt. Oder einer Buche, wenn im Frühjahr die Säfte wieder emporsteigen, sich, dem Auge noch unsichtbar, zartes Grün unter der harten Außenrinde bildet, und es an den Spitzen und in den Winkeln und allenthalben längs der Achsen zu schwellen beginnt. Und dann war ein Geräusch. Irgendwo. Oder eigentlich nirgends. Es war nur. Aber ohne Vorstellung von Nähe oder Ferne. Und dann war auf einmal etwas anderes. Zuerst wie ein kaltes, stechendes Gefühl, und dann wie etwas Weiches, Warmes, Wonniges. Und jetzt wußte ich es, das war ja Licht. Und ich sah. Sah die Wände eines kleinen Raumes, sah mich, sah mir zur Seite, leicht über mich gebeugt, eine Gestalt stehen, die zu mir sprach. Aber die Gestalt konnte ich noch nicht erfassen, ihre Worte, die ich wohl zuerst als das ferne Geräusch vernommen, nicht verstehen.

Und nun mit einem Schlage wußte ich alles. Das war die Kammer, die ich mir als Ruhestätte für ein Jahrhundert erwählt, und das Jahrhundert war nun um, und ich erwachte zu neuem Leben. Wer wohl da vor mir jener erste Mann war, der mich von den Spätgeborenen begrüßte? — — — Aber nein! Das war ja nicht möglich! Da mußte etwas geschehen sein. Ich konnte wohl nur viel kürzere Zeit hier gelegen haben. Der Mann, der da vor mir stand und so gespannt auf mich blickte, war ja — mein Neffe!

„Was ist's?" fuhr ich auf — „warum weckst Du mich schon?"

„Schon? Das gibst Du gut", sagte er mit herzlichem Lachen. „Aber nur ruhig — keine zu heftigen Bewegungen im Anfang — Deine Muskeln und Gefäße müssen doch erst ein klein bißchen Zeit haben, sich an die neue Tätigkeit zu gewöhnen."

„Ja, wie lange schlafe ich denn dann?"

„Nun, genau hundert Jahre. Wie Du angeordnet hast."

„Mach' keine dummen Witze. Wie kämest Du dann her?"

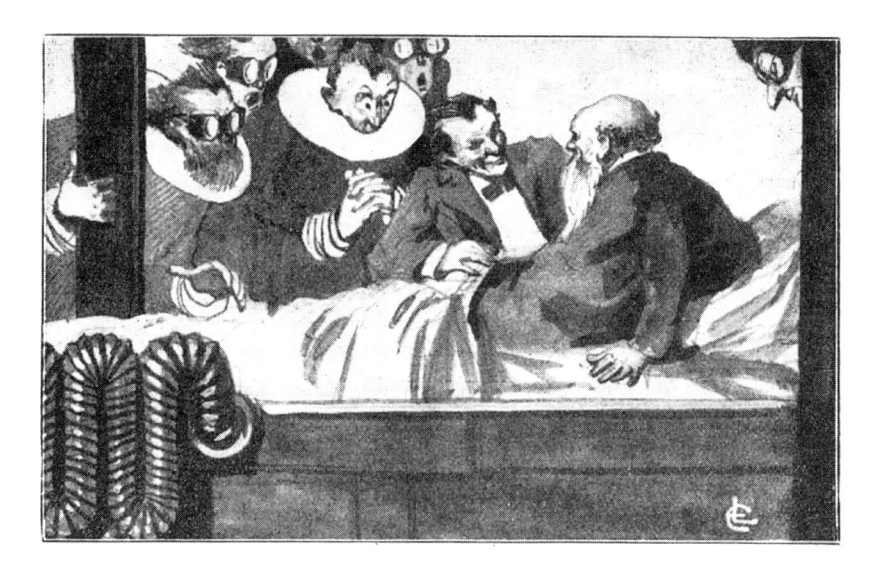

„Das werde ich Dir gleich erklären, schauen wir nur, daß wir aus dieser Gruft hier herauskommen, die Luft ist trotz aller Vorkehrungen doch nicht die allerbeste hier herinnen, und draußen findest Du herrlichen Frühling."

„Ich mache keinen Schritt heraus, bevor Du mir nicht aufklärst, was da vorgeht und warum ich erweckt worden bin. Ich will wissen, wie viel Uhr, das heißt, welches Jahr es ist."

„Nun 2009 ist es, das ist doch sehr einfach. — Komme nur. Deine Kleider riechen wirklich etwas muffig. Ich habe Dir oben einen Anzug nach der neuesten Mode hergerichtet. Du wirst staunen . . ."

„Nun, wenn er so verrückt aussieht wie Deiner . . ."

„Aber hygienisch, Freund — hygienisch! — Doch komm' nur. Siehst Du, jetzt sind wir schon in Deinem Schlafzimmer. Etwas wurmstichig halt das Ganze! Und die Stoffe arg verschossen. Ich habe hier absichtlich nichts richten lassen."

„Jetzt wirst Du mir aber gleich erklären . . ."

„Nein, daß Du noch nicht selbst darauf gekommen bist! Es ist doch eigentlich so einfach und naheliegend. Ich habe Deine Idee, je länger ich darüber nachdachte, um so herrlicher gefunden, meine Zeitgenossen sind mir immer ekelhafter geworden, vorbereitet war alles auf das genaueste, Platz war auch für zwei dort unten, ein zweiter Kasten war bald gemacht, und so brauchte ich nur statt meiner einen anderen Kurator zu bestellen und mich unter seiner Assistenz in die Kühlkammer schieben zu lassen."

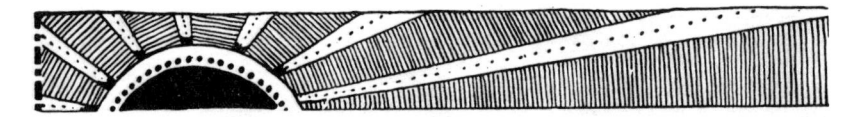

"Ja, wer hat Dich denn dann aufgeweckt?"

"Nun der Kurator, der im Jahre 2008 diese Würde bekleidete und die mit ihr verbundenen Bezüge genoß."

"2008?"

"Natürlich. Ich ließ mir es nämlich mit achtundneunzig Jahren genug sein, und da ich genau ein Jahr nach Dir zu Kasten ging, ließ ich mich auch ein Jahr vor Dir wieder zum Aufstehen veranlassen, damit Dich wenigstens ein bekanntes Gesicht begrüßt."

"Das ist aber wirklich sehr lieb von Dir gewesen . . ."

"Weißt Du, das war wirklich ekelhaft, dieses Erwachen. Diese Schar von Gaffern — und dieser blöde Kerl, den sie da zum Kurator bestellt hatten! Den dümmsten vom ganzen Kuratelsgericht. Weil er der Schwager eines Ministers ist!"

"Mir scheint, es hat sich nicht viel geändert auf der Erde."

"O doch, doch! Du wirst schon sehen. In gewissen Dingen freilich . . . Aber ich will den Geschichtsstudien, die Du neu anzustellen haben wirst, nicht vorgreifen. Für heute nur, daß es auf der ganzen Welt nur mehr einen einzigen Staat gibt. Einer hat alle aufgefressen."

"Deutschland? Oder England?"

"Nein. Monaco. Weil er das meiste Geld hatte. Aber das ist ja doch schließlich ganz gleichgültig. Schau lieber zum Fenster hinaus. Ist er nicht herrlich der See?"

"Ja, natürlich ist es schön. Aber das war er doch immer. Doch etwas kleiner kommt er mir vor."

"Und da ist jetzt der Wasserstand noch besonders hoch. Ja, die Seen sind halt alle in den achtundneunzig Jahren ziemlich zurückgegangen."

"Hundert bitte!"

"Bei mir achtundneunzig! Du entschuldigst schon, daß ich nach meiner Zeitrechnung gerechnet habe."

"Bitte, bitte. — Jetzt muß es Nachmittag sein. Denn an einem Nachmittag habe ich mich ja niedergelegt."

"Ganz richtig."

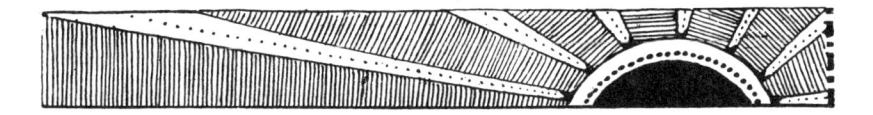

„Also wie beginne ich das neue Leben? Denn heute nacht werden wir wohl noch hier bleiben müssen!"

„Was würdest Du zu einer Theatervorstellung sagen?"

„Aber, lieber Freund, dafür habe ich mir mein Leben nicht aufgespart, um mir dann in St. Gilgen eine Theatervorstellung anzusehen."

„Wer spricht denn von St. Gilgen!"

„Wir sind ja doch in St. Gilgen! Oder gibt es etwa einen Luftexpreß, der uns bis zu Beginn der Vorstellung noch nach Wien oder München bringt?"

„Du bist eben noch sehr weit zurück in Deiner Bildung. Ins Theater gehen wir jetzt nur mehr zu Premieren."

Eine Premiere habe ich noch weniger Lust mir anzusehen. Das könnte ein feiner Dichter sein, der hier die „überhaupt ersten Aufführungen" seiner Stücke veranstalten läßt."

„Lieber Onkel, habe keine Sorgen. Du wirst ein gutes älteres Stück hören und sehen in ausgezeichneter Besetzung und Darstellung. Eine Mustervorstellung, gespielt von den allerbesten Schauspielern."

„Also wo wirst Du mich hinführen?"

„In Dein Studierzimmer. Dort habe ich alles mit modernstem Komfort für Dich einrichten lassen. Du brauchst Dich nur in Deinem Schreibtischfauteuil zu setzen — es ist noch der alte nach Kolo Mosers Zeichnung, den Dir der Bahr geschenkt hat, — und kannst dort ruhig warten, bis die Vorstellung beginnt."

„Also wohl eine telephonische Verbindung mit dem Burgtheater? Oder gar mit Berlin?"

„Wo Du willst. Aber so einfach, wie Du Dir das vorstellst, ist die Sache nicht. Auch handelt es sich nicht nur um das Hören. Du wirst auch alles sehen, genau, als säßest Du in einem wirklichen Theater."

„Hat man es richtig so weit gebracht, daß man auch die Lichtbilder mit Hilfe des elektrischen Drahtes in jeder Entfernung sehen kann?"

„Das ist heute ganz einfach."

„Und da sieht man auch das ganze Theater?"

„Das ganze Haus."

„Wenn aber alle es so machen wie ich, ist ja kein Mensch darinnen. Das ist dann eigentlich doch ziemlich öde."

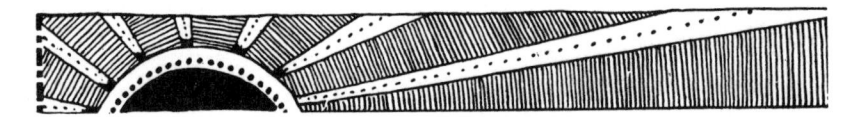

„Freilich ist kein Mensch darinnen. Aber Du siehst doch das volle Haus. Das Bild von jedem, der sich die Vorstellung anschaut, wird nämlich von demselben Draht, der ihm zum Sehen hilft, auf den Sitz projiziert, den er bestellt (und natürlich bezahlt), und so siehst Du nicht nur die Schauspieler, sondern auch alle Zuhörer und Zuseher per Distance so, als säßen sie im Kreise um Dich. Und dasselbe sieht jeder andere auch, so daß ich Dir empfehle, Dich noch umzukleiden, wenn Du mit Deinem altmodischen Röckchen nicht ringsum unliebsames Aufsehen erwecken willst. Dafür wirst Du Deine Nachbarin, wenn Du eine bekommst, gewiß auch in eleganter Toilette erblicken."

„Was nützt mir die schönste Nachbarin, wenn sie nicht wirklich neben mir sitzt!"

„Ja, soweit haben wir es freilich noch nicht gebracht. Aber schließlich, die Schauspieler stehen ja auch nicht in Wirklichkeit auf der Bühne."

„Was? Keine Schauspieler? Am Ende Puppen?"

„Gott bewahre. Stimmplatten und wunderbar gemachte kinematographische Aufnahmen. Also genaueste Reproduktion des gesprochenen Wortes und des sich gleichsam abrollenden Bühnenbildes."

„Da gibt es somit von jedem Stück eigentlich nur eine einzige Aufführung, und die wird mit Apparaten aufgenommen und schnurrt dann optisch und akustisch alles herunter."

„So ähnlich ungefähr."

„Da kann ja einer noch weiterspielen, wenn er schon längst tot ist?"

„Natürlich. Eine Menge Rollen in alten Stücken spielt heute im Burgtheater noch der Kainz. Ein Schauspieler wird erst abgesetzt, wenn man einen hat, der besser ist als er."

„Wie weiß man denn das?"

„Da wird eben immer probiert."

„Und wer entscheidet?"

„Das Publikum natürlich."

„Wenn keines da ist!"

„Man sieht Dich doch applaudieren und hört Dich applaudieren und zischen, genau so, als wärest Du da."

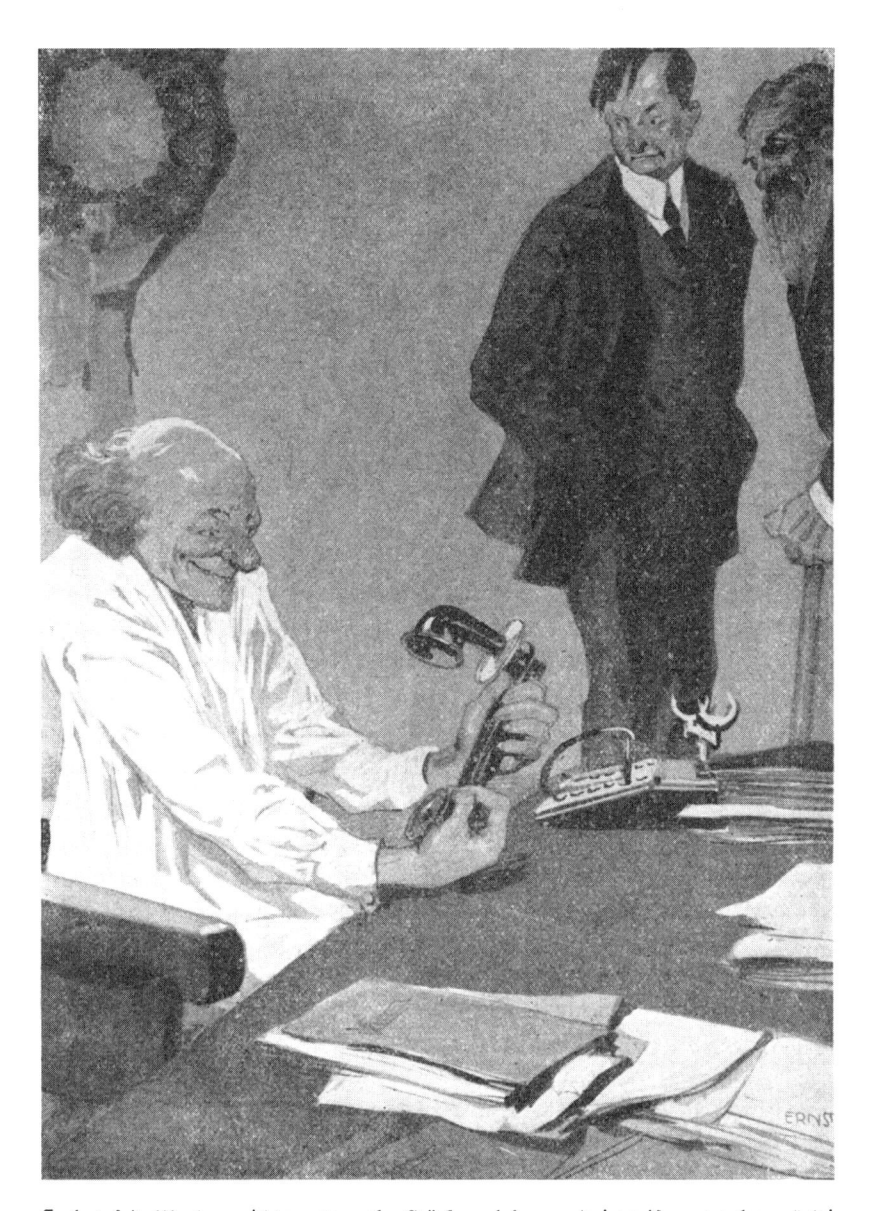

Er hat seit Wochen nichts getan als Stücke gelesen, und jetzt ist er total verrückt!

„Aber zum Teufel, ich werde mich doch nicht hinsetzen, um über einen Schauspieler, der vielleicht elend ist, zu urteilen, wenn ich einen hören kann, von dem ich weiß, daß er glänzend ist."

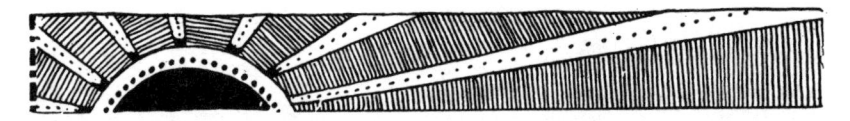

„Und wie oft hat das nicht auch das Publikum im alten Theater tun müssen? Erinnere Dich nur aus Deinen eigenen Zeiten, was für Gäste Du oft dem Publikum vorgeführt hast."

„Das habe ich doch tun müssen, weil ja viele meiner Mitglieder alt und alle von ihnen sterblich waren. Aber heute, wo die Sache so liegt . . ."

„Eine Abwechselung muß es immer geben, und darum gibt es auch Films mit Doppelbesetzungen und sogar mit Teilen, die man auswechseln kann. Und die Möglichkeit einer fortschreitenden Entwicklung muß auch vorhanden sein. Diesem Zwecke dient eben die Institution der Probeaufnahmen, die zunächst bei jedem Versuche gemacht werden und auf Grund deren dann erst die Hauptfilms revidiert und eventuell neu zusammengestellt oder neu angefertigt werden."

„Da geht man also gar nicht mehr ins Theater, sondern macht alles bei Telephon und Teloskop oder wie Ihr das Ding nennt, zu Hause ab."

„In das Theater gehen wir schon auch noch. Aber nur mehr zu den Premieren."

„Mich wundert nur, daß Ihr nicht die auch noch zu Hause absolviert."

„Ja, lieber Onkel, das geht freilich nicht. Da kämen wir ja um das Hauptvergnügen, das eine Premiere gewährt."

„Ihr genießt doch das Stück des Dichters und die Darstellung des Künstlers in Eurem eigenen Fauteuil auch sonst genau so wie auf dem Theatersitz. Und Zischen und Applaudieren könnt Ihr ja zu Hause auch ganz vernehmlich."

„Ja, aber nach den Premieren wird sehr oft gerauft, und so weit sind wir doch noch nicht, daß man auch die Prügeleien in absentia auf elektrischem Wege vornehmen kann."

„Also, da muß ich Dir gleich sagen, um das Raufen ist es mir nicht, aber ich will zu einer Premiere gehen. Ich will wirkliche Menschen im Theater haben. Auf der Bühne und im Zuschauerraum auch. Wie lange braucht man nach Wien? Für heute ist es natürlich schon zu spät."

„Zu spät vielleicht noch nicht, denn man reist jetzt wirklich außerordentlich schnell in den pneumatischen Caissons — aber, obwohl heute

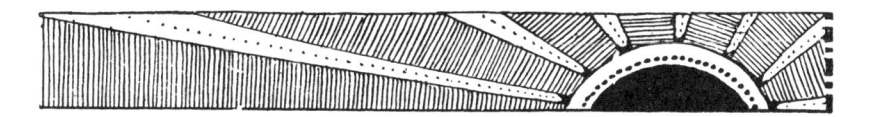

Premierentag wäre, ist doch heute keine Premiere. In Wien nicht, in Berlin nicht, in München nicht."

„Warum denn nicht? Ist etwas geschehen?"

„Ein großer Fackelzug aller Schauspieler ist heute, weil die Volks=vertretung in die erste Lesung des Theatergesetzentwurfes über die „Rechte der Schauspieler" eingetreten ist, den Ihr seinerzeit ausgearbeitet habt..."

„Nun, wie steht es?" fragte draußen teilnahmsvoll die Typewriterin den Arzt, der eben aus dem Zimmer heraustrat.

„Aussichtslos", sagte dieser. „Er bildet sich ein, er habe hundert Jahre in einer Kühlkammer in künstlicher Erstarrung gelegen, wir schrieben jetzt 2009 und er sei eben erwacht. Mich hält er für seinen Neffen, und jetzt will er sich von seinem Schreibzimmer aus eine Theater=vorstellung ansehen. Verrückt. Total verrückt."

„Er hat seit Wochen nichts getan als gelesen. Alle Stücke, die im Laufe des letzten Jahres erschienen sind..."

„Ja, das hält freilich kein Mensch aus. Da muß einer wahn=sinnig werden. Mich wundert da nur, daß er nicht geradezu tobsüchtig geworden ist."

Dr. Wilhelm Kienzl
Die Musik in 100 Jahren.
Eine überflüssige Betrachtung.

Die Musik in hundert Jahren.
Eine überflüssige Betrachtung von Dr. Wilhelm Kienzl.

Mein Lebtag war ich ein sehr mäßiger Trinker: täglich abends ein halbes Liter Bier, ab und zu beim Mittagessen ein bescheidenes Gläschen Wein und bei seltenen feierlichen Anlässen ein paar Glas Sekt, das ist alles, was ich trinke. Niemand darf mich daher als einen Alkoholiker bezeichnen. Beleidigt aber würde ich mich fühlen, wenn man mich einen Antialkoholiker nennen würde; denn ich halte es mit meiner Menschenwürde für unvereinbar, einer Sekte anzugehören, in der mein freier Wille geknebelt und mir die Möglichkeit genommen wird, heute oder morgen, wenn ich mich dazu gerade in Stimmung fühle, ein Gläschen mehr zu trinken als gewöhnlich; weiß ich doch selbst am besten, wann ich genug habe und was mir bekommt oder schadet. Allen Gottesgaben soll man zugänglich sein, sich jedoch auch durch Mäßigkeit als ihres Genusses würdig erweisen. Mit dieser schönen Einleitung will ich nur andeuten, daß ich auch hier und da in eine Kneipe gehe, und zwar am liebsten mit Künstlern, weil es da anregende Kontroversen, kleine geistige Schlachten gibt, die an Temperament gewinnen, wenn sie mit einem guten Tropfen begossen werden. Am wohlsten fühle ich mich in Gesellschaft von Vertretern anderer Künste, also mit Dichtern, Malern, Bildhauern. Der Bogen des Gespräches ist da naturgemäß ein weiter gespannter, der Unterhaltungsstoff ein allgemeinerer. Es gibt Anlaß zu Vergleichen, und man kann auch was lernen. Vor allem ist jede Fachsimpelei ausgeschlossen. Immer einmal kommt es aber doch vor, daß ich mit Musikern beisammensitze. Und ein bei solcher Gelegenheit geführtes Gespräch möchte ich hier gern dem Leser aus der Erinnerung wiedergeben.

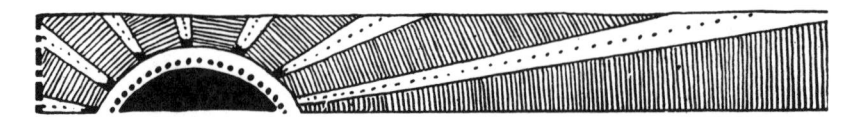

Ein kühnes Sensationswerk neuesten Datums war natürlich der Ausgangspunkt der Unterhaltung. Die Meinungen krachten aneinander: tot capita, tot sensus. „Wenn das so weiter geht, wohin kommen wir da?" Diese triviale, heute von jedem fortschrittsfeindlichen Banausen gebrauchte rethorische Frage entschlüpfte dem Organisten Zunftmaier, und der Komponist Schusterfleck, ein großer Anhänger des eben Genannten, fiel nach der ersten Silbe des vierten Wortes wie bei einem Kanon im Einklang mit derselben Frage ein; nur veränderte er, um einigermaßen selbständig zu erscheinen, die letzten Worte in „Wohin soll das führen?" —

„Wohin das führen soll?" schrie Musikdirektor Futurius den Organisten an; dabei färbte sich das Gesicht des zu Kongestionen geneigten, ungemein lebhaften Mannes blutrot bis über die Stirne, und sein überaus reiches, aber dünnes Haar sträubte sich Ibsen-artig in die Höhe. „Wohin das führen soll? — Dorthin, wo eigentlich erst die Musik anfängt! Beethoven, Wagner sind ja nur Vorbereiter für den Messias, der uns noch kommen wird, und der Erste, der es unternimmt, die Musik aus den unwürdigen Fesseln des durchgeführten Rhythmus und der Melodie zu befreien, ist der Schöpfer der „Salome" und „Elektra". Aber auch in diesen Werken erblicke ich nur die ersten schüchternen Versuche, die bis nun in spanische Stiefel eingeschnürte Tonkunst in das uferlose Fahrwasser zu lotsen, in dem der Phantasie eines großen Tonsetzers keinerlei Hemmung mehr bereitet wird.

„Hackt davon erst die Regeln auf!" warf mit taschenspielerartiger Behendigkeit der sich auf seine fortschrittliche musikalische Gesinnung viel zu gute tuende, als Komponist instruktiver Sonatinen beliebte Musiklehrer, Professor Quintus Octavius ein. Futurius, der ihm erst wegen der kecken Unterbrechung seines Redestromes einen wütenden Blick zugeworfen hatte, lächelte ihm nun verständnisvoll beistimmend zu, um sich

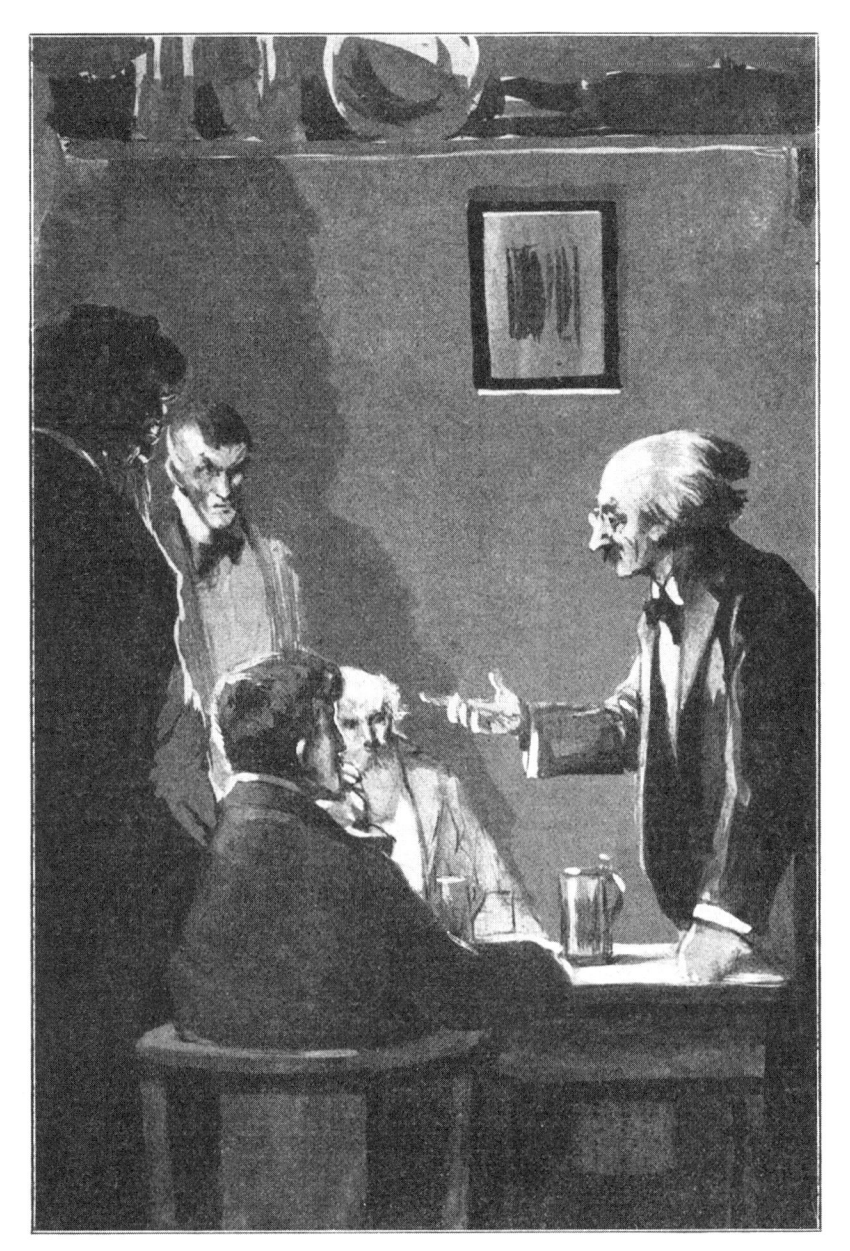

Der musikalische Stammtisch.

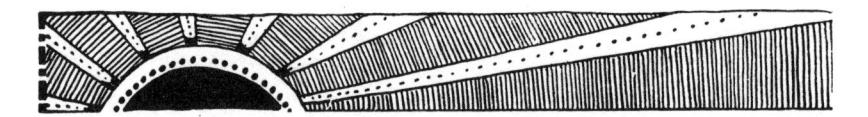

sogleich wieder zu neuen Gedankenblitzen zu sammeln, die er mit prophetischer Miene in die kleine Musikantengesellschaft schleuderte: „Wißt Ihr, wie es mit unserer Kunst in hundert Jahren aussehen wird? Nun, wenn nicht, so will ich Euch eine kurze Skizze davon entwerfen; denn ich schmeichle mir, Weitblick zu haben und aus dem heutigen Entwicklungsstadium und seinen Triebkräften sichere Syllogismen bilden zu können, die den Zustand unserer Kunst zu Beginn des einundzwanzigsten Jahrhunderts mit photographischer Treue darstellen. Also merkt auf!"

Alle räusperten sich. Der Gesanglehrer Brüllhofer, der sich bis dahin ganz passiv verhalten hatte, ließ sich, um die Ausführungen des Musikdirektors nicht zu unterbrechen, rasch eine Flasche Traminer geben, welchem Beispiele Zunftmaier und aus treuer Anhänglichkeit gegen diesen auch Schusterfleck sogleich folgten, während die übrigen mit „Stoff" noch reichlich versorgt waren.

„In hundert Jahren" — setzte Futurius mit feierlicher Miene ein — „wird man von unseren großen Klassikern und Romantikern der Musik kaum mehr etwas kennen. Nur in der Musikgeschichte werden die Schüler der Mittelschulen — denn in ihnen wird dieses Fach längst als obligat eingeführt sein — über das Leben und Schaffen eines Bach, Händel, Gluck, Haydn, Mozart, Beethoven, Weber, Schubert und Schumann unterrichtet werden, ohne daß sie eine lebendige Vorstellung von deren Werken empfangen, da bis dahin **unser Tonsystem auf eine völlig veränderte Grundlage gestellt sein wird**, so daß man eine Musik, die sich im Gebiete des temperierten Tonsystems bewegt, ganz und gar fremd und unverständlich finden wird. Die gesamte musikalische Literatur unserer Tage wird, weil hierdurch wertlos geworden, vernichtet, die großartigen Gesamtausgaben des Breitkopf & Härtelschen Weltverlags, diese bewundernswerten Zeugnisse deutschen Fleißes und Idealismus werden aus dem Handel gezogen sein, da natürlich niemand eine unverständlich gewordene Musik mehr kaufen würde. Nur in den wissenschaftlichen Bibliotheken wird man einzelne Exemplare der vormals vielbewunderten Meisterwerke aufbewahren, und Privatgelehrte werden von anderen um den Besitz solcher wertvoller, weil selten gewordener Drucke beneidet werden. Die Musikforscher des einundzwanzigsten Jahrhunderts werden die Tonwerke der genannten Großmeister mit vielem Fleiße zu entziffern versuchen, etwa wie heute jene Gelehrten, die sich mit der Entzifferung ägyptischer Hieroglyphen, Runen und griechischer Tonzeichen plagen, und werden die berühmtesten unter ihnen vergeblich in die Tonsprache und Klangwelt ihrer Gegenwart zu übertragen sich bemühen, wie dies in unserer Zeit mit Pindars Apollo=Hymne, der Melodie zu Homers Demeter=Hymne und den Hymnen des Dionysios und Mesomedes mit höchst zweifelhaftem Erfolge geschehen ist. In den Schulen wird man daher auch im Fache der Musikgeschichte den Studierenden nichts anderes als eine Anhäufung und stete nutzlose Vermehrung trockenen Wissensstoffes von Namen und Zahlen (ähnlich wie heute in der Weltgeschichte und Geographie) zumuten, die lediglich den Zweck haben wird, das Gehirn zu quälen, in dem die Herrlichkeiten unserer heutigen Musik keine anderen Spuren hinterlassen werden, als die Namen, Geburts= und Sterbedaten der großen Tonmeister vergangener Jahrhunderte und die Titel, Opuszahlen und unverständlich gewordenen Benennungen der „alten" Tonarten ihrer Werke, deren schön gestochene Exemplare in Käsehandlungen ein unwürdiges Dasein fristen werden. An den Denkmälern der Meister aber werden mit stumpfen, gleichgültigen Blicken die „gebildeten" Menschen vorübergehen, die einst gezwungen waren, die Namen der in ihnen dargestellten Originale auswendig zu lernen."

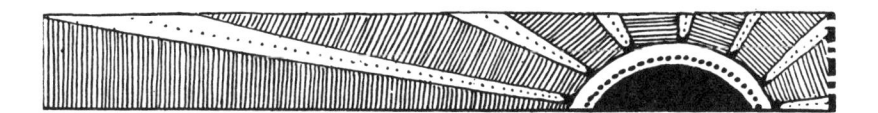

Soweit wird es nie kommen. Das ist unmöglich!" warf Zunftmaier mit Entrüstung ein, und aus Schusterflecks Munde hallte es sekundierend wie ein dumpfes Echo: „Unmöglich!"

Brüllhofer aber, der immer sehr leise spricht (daher sein Name) wendete mit unverständlicher Bescheidenheit, wie sie sonst nur subalternen Individuen eigen ist, ein: „Wieso, Herr Musikdirektor? Wie wollen Sie die Vorhersage einer so unendlich traurigen Umwälzung motivieren?"

„Ganz einfach!" fuhr Futurius in der ihm eigenen Ekstase fort, „Richard Laufvogel hat in einer seiner Opern wiederholt zwei nicht verwandte Tonarten gleichzeitig erklingen lassen, in einer anderen Oper sogar drei. Ein jüngerer hochangesehener lebender Meister mit dem kabbalistischen Namen, der von vorn ausgesprochen ebenso klingt wie von rückwärts, welches Phänomen bornierte Menschen auch als auf seine Musik anwendbar erklären ("nomen est omen") verachtet in einigen seiner Werke, beispielsweise in einer Violinsonate, die auf dem Titelblatt ohne jede äußere Veranlassung die Bezeichnung "in C-Dur" mit sich führt, die Tonalität in so auffälliger Weise, daß er ohne Unterlaß moduliert, was die Themen schon bei ihrem ersten Auftreten mitmachen, so daß es Reaktionäre als durchaus nicht verwunderlich bezeichnen, wenn Spieler und Zuhörer während des Vortrages von dem ruhelosen Geschaukel seekrank würden. Derselbe Meister hat einstimmige "Gesänge" geschrieben (die sich nur deshalb so nennen, weil sie heute niemand singen kann), in denen jeder Ton der Singstimme von einer nur ihm allein zugehörigen Harmonie begleitet wird, so daß es einem vor den Augen flimmert, wenn man in die Noten zu gucken so unvorsichtig ist, weil vor jeder Note ein Versetzungszeichen steht. In einem Städtchen Deutschlands lebt verkannt der Schöpfer der "Myriomorphoskopfuge" und in Wien erfreut sich der Komponist Schiechthaler einer großen Anhängerschaft, weil er es versteht, vier Stimmen eines Quartettes von einander derart zu emanzipieren, daß sich jüngst ein Mäcen veranlaßt sah, einen hohen Preis für denjenigen auszusetzen, dem es gelänge, auch nur eine einzige Konsonanz in einem seiner Werke nachzuweisen.*) Bei einem der letzten Tonkünstlerfeste wurde ein umfangreiches Werk von dem Komponisten Delirius aufgeführt, in dem nicht nur der Melodie und dem architektonischen Rhythmus offenkundig der Krieg erklärt, sondern auch die Zerstörung aller Vorurteile der bisherigen Tonsetzkunst besorgt wird, um alles dem fessellosen Fluge der Phantasie zu opfern, die hier lediglich dem Koloristischen zustrebt. Und in Frankreich unternimmt es ein gewisser Rebusy mit viel Erfolg, die natürlichen Urgesetze der Musik, die bisher allem aus der Natur Entsprossenen, also auch der Kunst, zur unentbehrlichen Grundlage gedient haben, aufzuheben, indem er die Gegenbewegung perhorresziert und die gerade Bewegung der Stimme zum Prinzip seiner Musik macht, offenbar dazu ermutigt von dem italienischen Komponisten Butzemann ("didum, didum, bidi, bidi, bum, der Kaiser schlägt die Trumm"), dessen Lieblingsausdrucksmittel

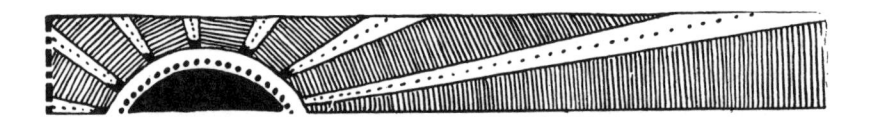

---

*) Der Verleger des jüngsten Quartetts Schiechthalers annonciert, daß die Stimmen auch einzeln abgegeben werden.

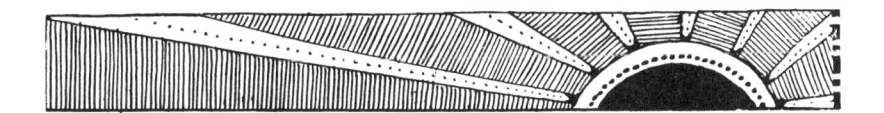

nackte Quinten-Parallelen sind, die er in seinen Opern vor, bei und nach Hinrichtungen, zu denen er jetzt einzig noch Musik macht, anwendet (was ihn jedoch nicht hindert, sie auch bei heiteren Boulevardszenen zu verwenden), welches Mittel man übrigens als recht bescheiden bezeichnen darf, wenn es auch nicht nach jedermanns Geschmack ist." Octavius Quintus macht hier eine zustimmende Kopfbewegung. „Ihr seht also, daß wir, nach den Proben, die ich hier gegeben habe, innerhalb der Grenzen des temperierten Tonsystems kaum mehr auf noch nicht ausgenützte Ausdrucksmöglichkeiten rechnen können. Ihr seht, daß unsere Weisheit zu Ende ist, daß wir also auf eine völlige Umgestaltung des Bestehenden bedacht sein müssen, wenn wir das Schaffen nicht für immerwährende Zeiten unterbinden wollen. So wie einst die Diatonik nicht mehr ausreichte, und man sich endlich der Chromatik bedingungslos ergeben hat, so erkennen wir heute, daß auch diese längst für unsere unendlich verfeinerten Nerven zu roh geworden ist, so daß uns selbst alle Trugkünste der Enharmonik nichts mehr frommen können. Da wir aber in unserem temperierten Halb- und Ganztonsystem keine Zwischentöne haben, so müssen wir Vierteltöne einfügen, das heißt aber so viel, wie mit dem Bestehenden brechen."

Der Wein tat in den Köpfen der nervösen Musikmenschen bereits seine Schuldigkeit, und das Feuer, mit dem Futurius seiner Ueberzeugung Ausdruck gab, entzündete den Weingeist in diesen Gehirnen, so daß es wie ein Schuß klang, als alle, außer mir, einstimmig das letzte Wort des Musikdirektors nachbrüllten, obwohl sie durchaus nicht alle seiner Meinung waren. „Brechen!" schallte es wie der präzise Fortissimo-Einsatz eines mächtigen Männerchors, und selbst der kanonische Schusterfleck fiel diesmal gleichzeitig mit den anderen ein.

„Siegfrieds Schwert muß erst ganz in Späne zerfeilt werden, bevor es in neue Form gegossen wird," fuhr Futurius mit Begeisterung fort. „Damit uns der Ruhm der Reform unserer Kunst zuteil wird, mache ich Euch den Vorschlag, gleich heute darüber a b z u s t i m m e n, ob das g r i e c h i s c h e T o n s y s t e m — denn nur dieses hat die Eignung, unseren Komponisten die erforderliche Anzahl von Tönen in der Oktave zu bieten — schon von heute ab wieder eingeführt werden solle oder nicht."

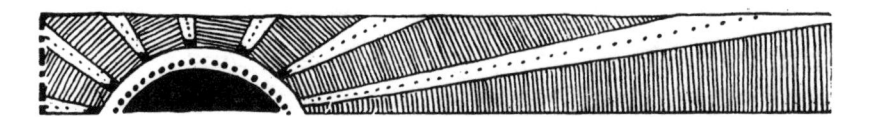

Bei diesen Worten entfuhr dem lobesamen Zunftmaier, der von der griechischen Musik so wenig wußte, wie ein Eichkätzchen von Logarithmen, und der schon lange auf den Moment gewartet hatte, in dem er, der brave Hüter uralter Tradition auf der Orgel, seinen Groll gegen den ebenso hochgebildeten als ungestümen Modernisten Futurius loslassen konnte, das Wort „Reaktionär". — „Doch dem war kaum das Wort entfahren, möcht' er's im Busen gern bewahren." Zu spät: Futurius maß ihn so lange mit einem durchbohrenden Blicke, als es sein unruhiges Temperament aushielt. Zunftmaier blickte verlegen in sein Glas, doch Futurius würdigte ihn keines Wortes, zuckte nur verächtlich mit den Achseln und sprach unbeirrt weiter: „Die Griechen hatten bekanntlich keine Harmonie. Da Pythagoras und Aristoxenus die Terz und Sext, unsere wohlklingendsten Intervalle, nach ihren physikalischen Berechnungen für Dissonanzen erklärt hatten, konnte bei den Griechen keine Harmonie in unserem Sinne entstehen. Diese war erst dem temperierten System vorbehalten. Heute aber, wo man der ewigen Konsonanz müde geworden, so daß man es sogar möglichst vermeidet, Dissonanzen aufzulösen, steht es anders. Wir können nun unbedenklich das reichere und feinere Tonsystem der Griechen uns aneignen und es mit unserer vielgestaltigen modernen Harmonik vereinigen, so daß endlich die Dissonanz und die einen erschöpfenden Ausdruck unseres Innenlebens erst ermöglichende Kakophonie zu ihrem vollen Rechte kommen kann. Durch diese radikale Umwälzung erreichen wir erst das ideale Ziel, daß schließlich eine Auflösung der Dissonanz überhaupt unmöglich gemacht wird. Indem ich mir vorbehalte, Euch ein andermal die aus dieser Neuerung noch weiter sich ergebenden grenzenlosen Möglichkeiten, wie es beispielsweise die riesenhafte Vermehrung „harmonischer" Kombinationen, die ins Unendliche gesteigerte Emanzipation kontrapunktierender Stimmen von einander und die Abschaffung des heute schon veralteten Melodiebegriffes sind, zu demonstrieren, erhebe ich mein Glas auf den Triumph der in Zukunft allein gültigen Dissonanz. Sie lebe hoch!"

Keiner wagte es, sich dieser unverkennbaren Aufforderung, in das Lob der alleinseligmachenden Dissonanz einzustimmen, direkt zu wider=

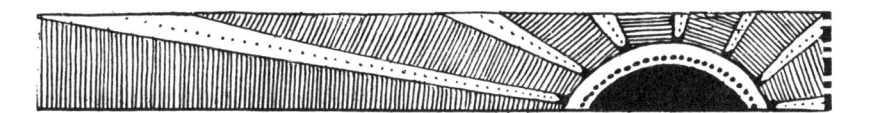

setzen, und so erhob denn jeder mehr oder minder hoch sein Glas, um sich für den Fall, daß Futurius mit seiner kühnen Vorhersage etwa doch Recht behalten sollte, nicht das Stigma einer unsterblichen Blamage aufzudrücken. Nur ich entzog mich der peinlichen Situation, indem ich mich im entscheidenden Augenblick unter den Tisch verkroch, als wenn ich meinen mir entfallenen Klemmer rasch aufheben wollte, damit nicht etwa seine Gläser zertreten würden. Als es aber wirklich zu der von Futurius in Vorschlag gebrachten Abstimmung kam, die Zunftmaier wohlweislich „geheim" verlangte, blieb der Antragsteller in der Minorität. Direktor Futurius setzte sich jedoch mit einer nicht mißzuverstehenden selbstbewußten Miene über das klägliche Abstimmungsergebnis hinweg und brummte unwillig in seinen Bart hinein: „Und sie bewegt sich doch!"

Octavius Quintus, der Fortschrittler, war nun begierig zu erfahren, was für sonstige Umwälzungen und Entwicklungen die Musik nach hundert Jahren erfahren haben werde und drang in Futurius, doch auch noch diese bisher unterdrückten Weissagungen zum besten zu geben. Dieser, geschmeichelt durch das ihm entgegengebrachte Interesse, schickte sich sogleich an, seine Darlegungen zu ergänzen. Er sprach:

„Hand in Hand mit der Vermehrung der Töne wird natürlich auch eine solche der Orchestermittel gehen. Man wird einst auf unsere heutigen Partituren, z. B. auf die von Richard Laufvogel, mit Lächeln blicken, weil sie so wenig Stimmen enthalten, aber auch mit Verwunderung, daß der genannte Tonsetzer mit verhältnismäßig bescheidenen Mitteln — wie man liest — so gewaltige äußere Wirkungen zu erzielen verstanden hat. Mit noch größerem Staunen aber wird der Musikhistoriker in unseren heutigen Zeitschriften lesen, daß man diesen Komponisten eine nur geringe Vermehrung der Instrumente und die Forderung von lumpigen 117 Orchestermusikern als Unmäßigkeit, Uebermut und Anmaßung ausgelegt hat; denn im Jahre 2009 wird das Orchester nicht aus 100, sondern aus 300—500 Musikern bestehen, und eine Partitur wird statt 40—50 etwa 80—100 obligate Stimmen enthalten, so daß die Höhe einer Partiturseite nicht mehr, wie heute, 35—40, sondern 70—80 Zentimeter messen wird."

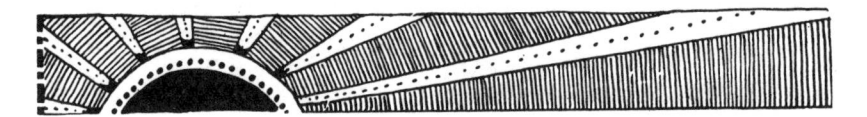

Octavius Quintus wendete ein: „Wie soll denn ein Dirigent so viel überblicken können? Eine solche Vermehrung der Musiker würde ja auch die Erfindung vieler neuer Instrumente, die Vergrößerung der Orchesterräume und -Podien und damit auch der Theater- und Konzertsäle ins Monströse, aber auch das entsprechende Anwachsen der Veranstaltungskosten und somit auch der Eintrittspreise hervorrufen. Das alles kann ich mir gar nicht vorstellen." Aehnliches wendete auch Brüllhofer ein, aber so leise, daß es Futurius kaum hören konnte. Dieser aber entgegnete dem Einwurfe des Professors Quintus wie folgt: „Wissen Sie denn nicht, daß man schon im grauesten Altertum Orchester von ganz anderer Größe hatte? Bei der Einweihung des Salomonischen Tempels spielten nach der Bibel (2. Chronica 5, 12—13) sämtliche levitische Musiker, Assaph, Heman und Jedithum, mit ihren Söhnen und Brüdern auf Kastagnetten, Harfen und Zithern, und 120 Priester bliesen gleichzeitig auf Trompeten, Meziloth und Sangwerkzeuge" „Dank und Lob dem Ewigen". Und in Josephus' „Jüdischer Historie" (2. Kap., 8. Buch) heißt es: „Der Trompeten und Posaunen, wie sie Moses zu machen befohlen hatte, waren 200 000. Für die Leviten, die geistliche Lieder singen sollten, ließ er 20 000 Röcke von der kostbarsten Seide fertigen. Er ließ auch 40 000 Saiteninstrumente, wie Harfen und Psalter, aus köstlichem Kupfer machen." Wie armselig nehmen sich dagegen doch die 8 Hörner, 5 Trompeten, 3 Posaunen und 2 Tuben im „Heldenleben" aus! Warum sollte eine solche Zeit nicht wiederkommen? Sind wir doch auf dem besten Wege dazu. Auch neue Instrumente wird man erfinden, von denen jedes einzelne den Tonumfang der ganzen Gattung aufweist, so daß kein Zweifel in der Tonfarbe, wie er beispielsweise zwischen Fagott und Oboë besteht, mehr möglich ist. Man wird Baßflöten und Diskantfagotte, 12saitige Universal-Geigen und Sopran-Pauken konstruieren und verwenden, von den ins Ungeheuerliche gesteigerten Detonationen und hypercharakteristischen Geräuschen der Schlag- und Lärminstrumente gar nicht zu reden, deren heute schon hochentwickelte Vielfältigkeit u. a. noch durch Kanonen, Dynamit-Explosions- und Erdbeben-Einsturz-Maschinen erhöht werden wird."

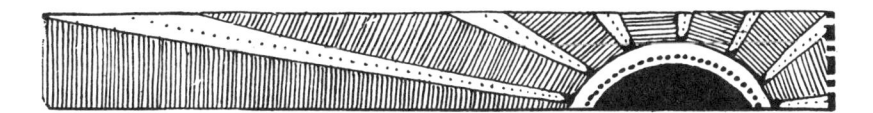

„Halten Sie ein, Herr Direktor, mir schwindelt," schrie Zunftmaier plötzlich laut auf. „Mir wird übel!" fügte Schusterfleck sogleich bei. Und Brüllhofer richtete im zartesten Pianissimo die schüchterne Frage, die für seine singenden Nachfolger nichts weniger als eine Existenzfrage bedeutet: „Und wie werden sich denn mit Verlaub die Sänger hörbar machen, die zu solch einem Monsterorchester zu singen verurteilt sind?"

„Sehr einfach," erwiderte Futurius; „es wird kein Solo mehr von einem einzigen Sänger gesungen werden wie heute, sondern im Unisono von 12—20, nötigenfalls auch von 50—100 Sängern der gleichen Stimmgattung."

Brüllhofer atmete beruhigt auf, tat einen langen Zug aus seinem Glase, dachte aber bei sich im Stillen: Damit wäre ja jede Sänger= Individualität vernichtet. Es auszusprechen, hatte er angesichts der außerordentlichen Erregung, die sich des prophetischen Musikdirektors bemächtigt hatte, durchaus nicht gewagt.

„Begreift Ihr nun," sagte Futurius, „daß angesichts so ungemeiner Umwälzungen unsere gesamte musikalische Literatur von heute eingestampft werden muß?"

Selbst Zunftmaier und Schusterfleck, die sich am skeptischsten ver= halten hatten, waren von den mit hinreißender Beredtsamkeit vorge= brachten Darlegungen des Direktors überzeugt worden, und das um so inniger, je stattlicher sich die Batterie der geleerten Flaschen auf dem Eichentische, um den herum wir saßen, ausnahm.

Nur ich unterlag seiner Suada nicht; ich war nicht ganz wohl ge= wesen und hatte daher fast nichts getrunken. So war ich nüchtern ge= blieben. Ganz gegen meine Gewohnheit ließ ich an diesem Abend alle Reden an meinem Ohr vorübergleiten, ohne auch nur ein Sterbenswörtlein zu reden. Um so williger gönnte man mir das Wort, als ich um 2 Uhr nachts mich endlich dazu meldete. Hatten sich die Fünf vorher über mein ungewöhnliches Stillschweigen baß gewundert, so waren sie jetzt um so gespannter auf das, was ich vorbringen würde.

„Es wird kein Solo mehr von einem einzigen Sänger gesungen werden, —

sondern im Unisono von 50 bis 100 Sängern der gleichen Stimmgattung."

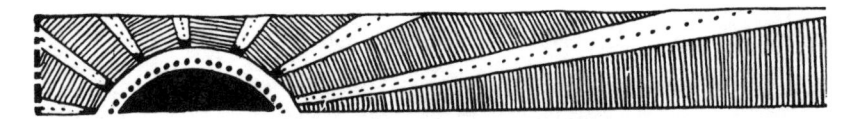

„Darf ich nun auch meine bescheidene Meinung darüber sagen, was für ein Gesicht unsere geliebte Tonkunst in hundert Jahren haben wird?"

„Gewiß, gewiß!" klang es von den Lippen meiner Kollegen.

„Nun denn" — hub ich an — „ich glaube, daß wir derzeit bereits auf jenem Punkte angelangt, über den hinaus man nicht mehr gehen kann. Unsere Ausdrucksmittel sind schon aufs äußerste gesteigert, so daß das, was unsere Tonsetzer zu sagen haben, in einem starken Mißverhältnisse zu dem großsprecherischen Tone steht, den anzuschlagen sie durch die Anwendung dieser Mittel unwillkürlich gezwungen sind. Unendlich viele Ausdrucksmöglichkeiten, wenig ernstliches Ausdrucksbedürfnis, viel Technik und Witz, wenig Naivität und Herz offenbart sich heute in unserer Kunst. Glänzende Aeußerlichkeiten haben die Aufgabe, über den Mangel an Innerlichkeit hinwegzutäuschen. Und das Publikum läßt sich dadurch täuschen („mundus vult decipi"). In unserem temperierten Tonsystem wäre sicherlich noch so viel zu sagen, daß wir je weder ein ganz altes noch ein ganz neues brauchen werden. Mit Anstrengung all meiner Phantasie hätte ich vor hundert Jahren keinen extravaganteren Zustand der Musik vorauszusagen vermocht, als er heute besteht. Da ich aber als Idealist an dem guten Genius der Menschheit nicht verzweifeln kann, so glaube ich fest an die Wiederkehr eines goldenen Zeitalters der Musik. Je tiefer wir heute sinken, desto höher werden wir uns dann erheben. Mit gesteigerter Sittlichkeit wird auch unser Bedürfnis nach echter Kunst Schritt halten: „Der Menschheit Würde ist in eure Hand gegeben, bewahret sie! Sie sinkt mit euch, mit euch wird sie sich heben!" Möchten doch alle Künstler dieses an sie gerichtete Wort Schillers innig beherzigen! Nicht mit dem Kopfe werden sie dann schaffen, nicht mit und aus Spekulation, sondern mit der Seele wie ehedem. Dann wird die Musik wieder einfach werden wie die aller unserer Großen von Palestrina bis Wagner. Und so ersehe ich denn die Musik am Beginne des 21. Jahrhunderts also: Unser Tonsystem bleibt erhalten; denn wahre Individualitäten werden in seinem Bezirke immer Neues und Eigenes zu sagen wissen, und Berufene haben es nicht nötig, neue Systeme künstlich zu konstruieren. Die Tonsetzer werden wieder Erfinder

"Der Menschheit Würde ist in eure Hand gegeben, bewahret sie!"

sein. Sie werden nicht mit ihren Künsten den Verstand fesseln, sondern mit ihrer Kunst das Herz ergreifen. Mit der wiederkehrenden Einfachheit wird das Volkslied eine neue reiche Blüte erleben. Auf die Unsterblichkeit unserer Kunst erhebe ich mein Glas!"

Ich wollte anstoßen mit Zunftmaier, Quintus, Schusterfleck, Brüllhofer, doch siehe: alle waren sie während meiner kurzen Rede — eingeschlafen. Futurius aber hatte bei meinen ersten Worten den Hut genommen und war entrüstet davongeeilt. Den Mantel hatte er im Eifer zurückgelassen, und draußen war es kalter Winter! — — — — —

Seit jenem Abende war ich nicht mehr in der Kneipe gewesen. Es sind fünf Jahre seither verstrichen. Herr Direktor Futurius aber, der mir wiederholt begegnet, grüßt mich nicht mehr. Ich tröste mich darüber; denn vorläufig sind noch keine Anzeichen dafür vorhanden, daß seine Prognose sich je bestätigen werde.

Dr. Everard Hustler
Das Jahrhundert des Radiums.

Das Jahrhundert des Radiums.
Von Professor Dr. Everard Huftler.

Als die Entdecker des Radiums, Herr und Madame Curie in Paris, zum ersten Male das nach seinem Strahlenvermögen R a d i u m genannte Element aus Pechblende gewannen, da dachten sie wohl nicht daran, daß in dem kleinen Glasröhrchen vor ihnen die zerstörendste Kraft lag, die jemals in eines Menschen Hände gelegt worden war. Die verschiedensten Experimente, die zurzeit natürlich noch lange nicht abgeschlossen sind, zeigen aber jetzt schon, welch außerordentliche Bedeutung dieses eine neue Wunderkraft darstellende Element für die zukünftige Ausgestaltung des Menschenlebens und des Menschengeschlechts haben wird. Ein Krieg zum Beispiel wird nicht mehr in den Bereich der Möglichkeiten gehören. Wenn auch die Menschheit an sich nicht so weit sein wird, alle Kriege und jedwedes Blutvergießen für ihrer unwürdig zu halten und sie als den Rückstand einer unfaßbaren Barbarei zu betrachten, so wird doch die Wissenschaft soweit sein, sie zu dieser Weltanschauung zu zwingen und zu bekehren. Der Krieg ist nämlich nur so lange möglich, bis unsere Mittel dazu nicht ausreichende sind. Das heißt, so lange uns keine Waffe zu Gebote steht, gegen die es keine Gegenwehr gibt und deren alles zerstörender Wirkung wir verteidigungslos ausgesetzt sind. Alle unsere technisch noch so vollendeten Kriegsschiffe geben nun noch immer eine Angriffsmöglichkeit, und diese allein verschuldet jetzt noch die Möglichkeit der Kriege. Im Radium nun hat man endlich die Waffe gefunden, die mit all diesen Möglichkeiten aufräumt und dafür die Unmöglichkeit der Verteidigung setzt. Es wurde gefunden, daß die

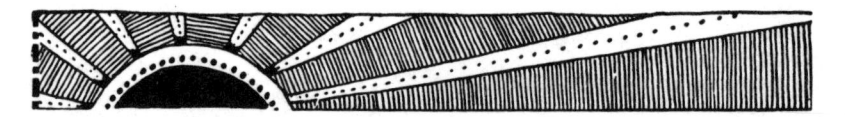

Kraft jedes Partikelchens dieses Wunderelements so konzentriert werden kann, daß alles, was in ihren Bereich kommt, unrettbar zerstört ist. Nun läßt sich diese Kraft, wie ebenfalls experimentell nachgewiesen ist, nach jeder beliebigen Richtung, wie auch auf jeden beliebigen Gegenstand hinlenken, der damit natürlich der unentrinnbaren Vernichtung anheimgegeben ist. Professor Thomson der Cambridge=Universität hat ausgerechnet, daß das Radium eine um das Millionenfache größere Energie entwickelt, als die gleichen Gewichtsteile von Sauerstoff und Stickstoff das tun, und daß es mit dieser Kraft Heliumatome von sich schleudert, die sich mit einem Zehntel der Geschwindigkeit des Lichts, d. h. mit ungefähr 18 000 englischen Meilen in der Sekunde, bewegen.

Die Lage eines gewöhnlichen Schiffes, das von einem Dutzend der größten und modernsten Schlachtschiffe umzingelt und beschossen wird, würde weniger verzweifelt sein, als die eines Atoms ist, das dieser Batterie der Radiumstrahlenpartikelchen ausgesetzt ist. Das seltsamste dabei ist, daß diese Aktivität des Radiums eine unaufhörliche ist, dabei aber die Radiummasse nur um einen absolut kaum meßbaren Teil verringert wird, der aber allein schon genügt, eine so furchtbare zerstörende Kraft zu entwickeln. Als man diese Eigenschaften der Radiumstrahlen entdeckt hatte, galt es, die Möglichkeit zu erforschen, sie auf irgend einen bestimmten Gegenstand nach irgend einer bestimmten Richtung hin zu lenken und zu leiten. Die Experimente des Professors Leo Bon in Paris haben nun auch diese Möglichkeit ergeben, und der einzige Hinderungsgrund, vorläufig schon weltzerstörende Maschinen zu bauen, liegt einzig und allein in den Herstellungsschwierigkeiten des Radiums und den unglaublichen Kosten, die diese erfordern. Sobald aber neue Radiumquellen entdeckt und neue billige Gewinnungsmethoden erfunden sein werden, wird dieses Hindernis nicht mehr bestehen, und die Versuche, die bisher nur im kleinen vorgenommen wurden, können dann im großen durchgeführt werden und die Menschheit damit die mächtigste Waffe erhalten, die jemals bestanden hat.

„In fünfzig Jahren", sagte Leo Bon, „wird der Krieg zu den Unmöglichkeiten gehören. Ich habe mit Dr. Branly eine ganze Reihe von Experimenten gemacht, bei denen ich die Herzschen Wellen (die bekanntlich die Träger der drahtlosen Telegraphie sind) sowohl wie die Radiumemanationen verwandte, und diese Experimente haben uns darüber volle Gewißheit gebracht. Wir stellten diese Versuche an, um die Durchdringbarkeit verschiedener Körper zu prüfen und fanden, daß die Wellen beispielsweise fähig waren, durch mehr als drei Fuß dicke Mauern zu dringen, die Radiumstrahlen sie aber nicht nur durchdrangen, sondern völlig zerstörten. Ein Blättchen Staniol, nicht dicker als ein dünnes Zigarettenpapier, genügte allerdings, die Wellen aufzuhalten und die Emanationen unschädlich zu machen, dafür aber reichte wieder ein Krehl oder Ritz im Zinnpapier, der nicht größer war als $^1/_{100}$ Millimeter, hin, um die Strahlen sofort wieder durch= und ihre unglaublich zerstörende Wirkung ausüben zu lassen. So gut es nun gelungen ist, die Herzschen Wellen, die das Bestreben haben, sich kreisförmig nach allen Richtungen hin auszubreiten, in e i n e bestimmte Richtung zu zwingen, ist diese Möglichkeit auch bei den Radiumstrahlen erreicht worden. Dadurch nun, daß wir auch polarisierte Wellen in die von uns gewünschte Richtung zu leiten vermögen, ist es uns auch ermöglicht, eine ganze Reihe paralleler Strahlen nach dem gewünschten Punkt zu entsenden, und treffen diese Strahlen nun auf irgend einen Gegenstand, z. B. ein Kriegsschiff, ein Pulvermagazin usw., so würde sofort alles, was daran von Metall ist, sich elektrisch laden, furchtbare Entladungen würden dann stattfinden, und das ganze Netzwerk von Drähten, an welchen unsere Schiffe so reich sind, würde nur so sprühen von elektrischen Funken, die Geschosse aber würden explodieren und die Munitionskammern in die Luft fliegen. Die in parallelen Wellen entsendeten Radiationen würden die Mauern unserer Arsenale durchdringen, die Wälle und Kasematten unserer Festungen, die Mauern unserer Pulvermagazine. Alles würde auffliegen oder in sich zusammenstürzen, nichts würde gegen den direkten Ansturm all der Millionen von Partikelchen standhalten, die gegen jedes einzelne Atom der Gesamtmaterie jenes Gegenstandes gerichtet wären, gegen den die Strahlen gelenkt sind. Alle diese Versuche wurden im kleinen angestellt, und es ist, wie gesagt, nur eine Frage der Zeit, sie auch ins große zu übertragen. Vorläufig fehlen uns nur die nötigen Radiummengen und die notwendigen Apparate. Denn um diese Radiationen zu reflektieren oder in eine bestimmte Richtung zu zwingen (Radiationen, deren Länge

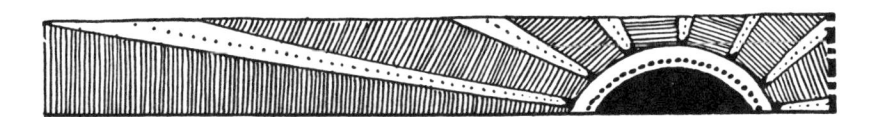

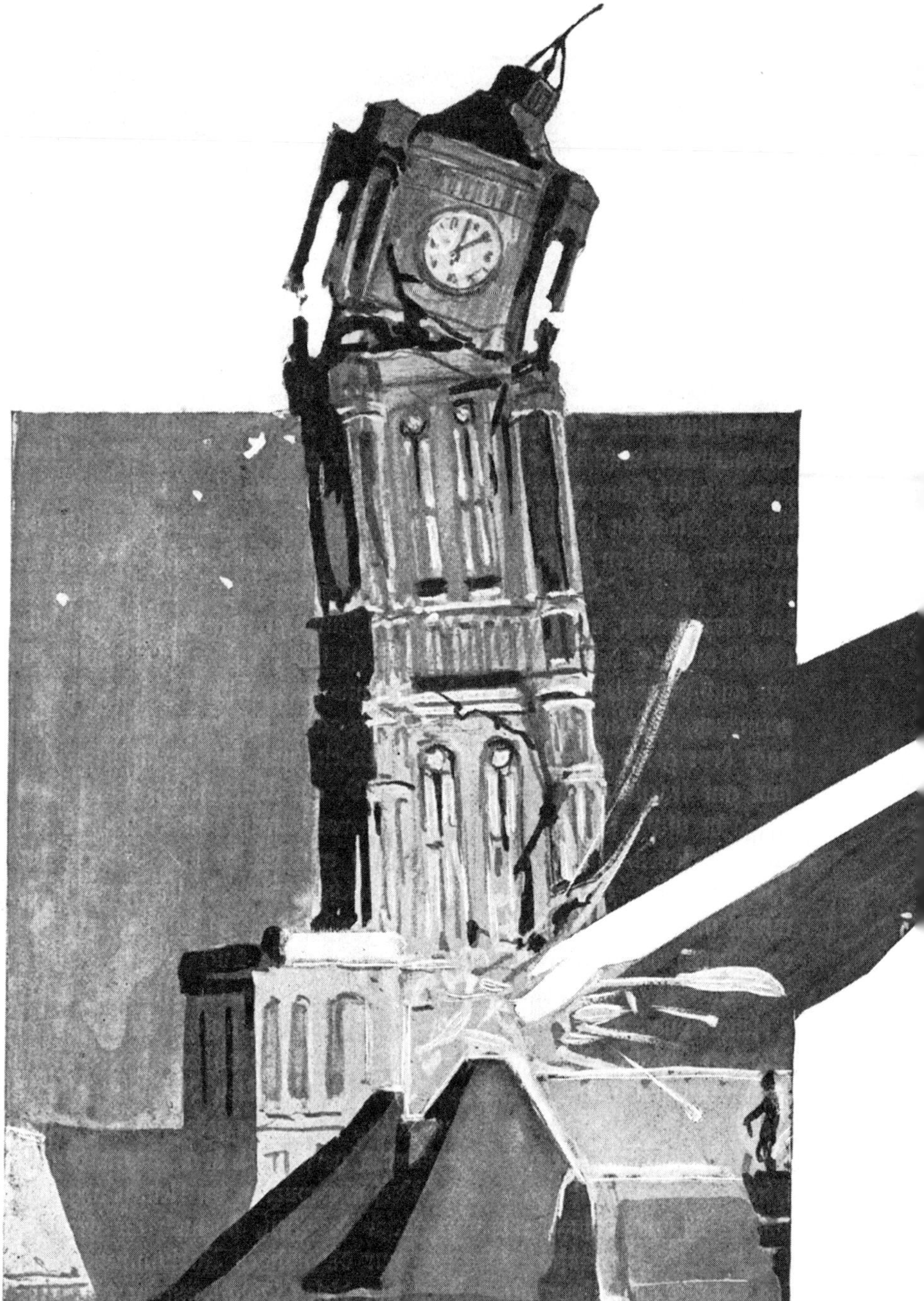

Das Berliner Rathaus stürzt, von Radiumstrahlen getroffen, zusammen.

zwischen 300 Metern und 1500 schwankt), müßten wir parabolische Spiegel von etwa 8000 Meter Höhe haben oder es müßten uns Kondensatoren von einer Kraftentwicklung zur Verfügung stehen, die wir bisher noch nicht herzustellen vermögen. Doch könnten wir uns auch mit Radiationen von geringerer Länge begnügen, dann wäre aber die Entfernung, auf die wir sie mit Sicherheit werfen könnten, eine ganz wesentlich beschränktere. In jedem Falle aber w i r d es gelingen, die nötigen Apparate herzustellen. Der Physiker oder Mechaniker aber, dem dies gelingen wird, dem wird es eine Kleinigkeit sein, seine Energie methodisch auf die einzelnen Kriegshäfen zu richten, in denen stets die Mehrzahl der zu einer Flotte gehörenden Schiffe beisammen ist, z. B. erst auf den Hafen von San Francisco, in welchem der größte Teil der amerikanischen, dann auf den Hafen von Spithead, wo der größte Teil der englischen, und

— 249 —

hierauf auf den Hafen von Kiel, wo der größte Teil der deutschen Flotte beisammen ist. Jede dieser Flotten wäre in demselben Augenblicke vernichtet. Millionen wären zerstört, Tausende von Menschenleben wären geopfert, aber der großen Sache des Friedens wäre ein ungeheurer Dienst mit einem Schlage geleistet. Denn, was mit den Schiffen geschehen kann, kann mit den Festungen, kann mit ganzen Städten und Landstrichen geschehen, und von einem einzigen Aeroplan aus wäre ein einziger Mensch imstande, das zu vollbringen. Und das ist keine Utopie mehr, sondern eine verbürgte wissenschaftliche Tatsache, deren Nutzanwendung den kommenden Geschlechtern gewiß, vielleicht auch dem unseren schon, vorbehalten ist."

So weit Le Bon, der, ich wiederhole es, alles eher als ein Phantast, sondern vielmehr eine ganz anerkannte wissenschaftliche Autorität ist.

Aber — wie ich schon sagte — die Kraft der Radiumemanationen, dieses ewig währende Bombardement kleinster Partikelchen, kann nicht nur zu Werken der Zerstörung verwendet werden, sondern sie kann auch sonst noch in den Dienst der Menschheit gezwängt werden. Beispielsweise wird es in hundert Jahren gewiß in keiner Stadt mehr elektrische, geschweige denn eine Gasbeleuchtung mehr geben. Es wird

das Radium das Licht der Welt

geworden sein. Die von dem Radium abgestoßenen Partikelchen sind an sich allerdings keineswegs leuchtend. Sie werden es erst nach dem Zusammentreffen mit einer anderen Substanz. Zum Beispiel ist es nicht das Licht des Radiums selber, das es uns ermöglicht, durch Holz und Stein und andere Substanzen hindurch photographische Aufnahmen zu machen, sondern die Menge aller der mikroskopisch kleinen „Electrons", die hindurchfliegen, aufleuchten und das Bild erzeugen. Sie sind wie kleine Lämpchen, die sich plötzlich an dem Radiumstrom entzünden. Nun denn, sagt die Wissenschaft, wenn dem so ist, so kann man sich das ja zunutze machen. Wir werden allen unseren Bauten einen Ueberzug, oder sagen wir einen Anstrich von Pechblende geben. Diesen Anstrich werden wir mit einer Substanz übertünchen, die die elektrische Wirkung unterstützt, durch welche die zwischenliegenden Partikelchen zum Leuchten gebracht werden, und die diesen gleichzeitig ein Schutz ist. Dadurch wird ein konstantes, mildes, weißes Licht erzeugt werden, das niemals einer Erneuerung bedürfen wird. Jede weitere Straßenbeleuchtung wird dadurch unnötig werden, denn das Bombardement der Atome ist ein unaufhörliches und der Energieverlust ein so geringer, daß man ihn erst nach Jahrhunderten gewahr werden würde. Radium ist nämlich die einzige bisher bekannte Substanz, deren Energie eine immerwährende, ewige ist, und die trotz einer Aktivität, die auf der Welt ihresgleichen nicht hat, nie oder, wie gesagt, für uns ganz unmeßbar abzunehmen scheint. Die Singer-Building in Newyork, der Stefansturm in Wien, der Rathausturm in Berlin würden mit diesem Anstrich, sobald das Dämmerlicht eintritt, ganz leicht zu leuchten beginnen, und mit zunehmender Dunkelheit würden sie in immer hellerem Lichte erstrahlen, das endlich so intensiv werden würde, daß es weithin alles mit seinem milden Glanz übergießen müßte. Die geringe Quantität Radium, die dazu nötig wäre, würde jede Gefahr für das Leben und die Gesundheit der in diesem Licht lebenden Menschen ausschließen. Ja, im Gegenteil, die Emanationen dieses Lichtes würden genau jene wohltätige Heilwirkung ausüben, die man in Deutschland und England längst den radioaktiven Bädern zuschreibt, und die auch die berühmtesten Heilquellen nur der Radioaktivität ihrer Wässer verdanken. Doch nicht davon will ich jetzt reden, sondern vorher noch auf mein altes Thema zurückkehrend, mitteilen, was Professor Dr. Wilson Hartwell, der berühmte Lehrer an der Oxford-Universität, gestützt auf die neuen Ergebnisse der Wissenschaft von der zerstörenden Wirkung des Radiums sagt und welches Bild er davon entwirft.

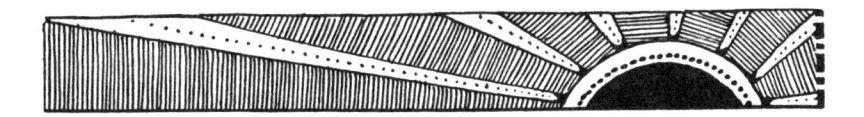

Man stelle sich die amerikanische Riesenstadt vor, ahnungslos und in stolzer Sicherheit auf ihrer Insel hingebettet. Es ist Nacht und ein milder Schimmer von Licht hüllt die Stadt vollständig ein. Ein Licht, das von dem selbsttätigen Leuchten ihrer zahllosen Türme und Wolkenkratzer herrührt, und in welchem die viel tausendköpfige Menge sich im mächtigen Strome pulsierenden Lebens ergeht. Da erscheint hoch über der Stadt ein lenkbares Luftschiff oder ein großer Aeroplan. Er schwebt über der Stadt, beschreibt seine Kreise, und plötzlich schießt ein dicker blendender Strahl weißen Lichtes förmlich aus ihm hervor. Dieser Strahl, der einem schneidenden Schwerte gleich das Dunkel des Himmels durchschneidet, kommt aus seinem Radiumkondensor und ist gegen den Metropolitainturm gerichtet. Das ganze Rahmenwerk und die Gondel des Luftschiffes scheinen in einem elektrischen Feuerwerk wirr dahinschießender glitzernder Strahlen zu leuchten und bieten einen ganz wundervollen Anblick, der das Staunen und die Aufmerksamkeit der Leute in allen Straßen und auf allen Plätzen erregt und lebhafte Bewunderung findet. Das Schwert des mächtigen Strahles aber senkt sich immer mehr gegen den Turm herab und trifft ihn, und in demselben Augenblick schießen aus ihm überall dort flammende, blendende Blitze hervor, wo der Strahl den Turm berührt hat, und gleichzeitig kracht der mächtige Bau in allen seinen Fugen, wankt, zittert, bebt und stürzt, alles unter seinen Steinmassen begrabend und in dem vernichtenden Sturze mit sich reißend, nieder. Das verderbenbringende Luftschiff da oben aber gleitet ruhig durch die Luft weiter und überall, wohin der Strahl fällt, führt er sein zerstörendes Werk der Vernichtung zu Ende. In wenigen Stunden ist Newyork nichts als ein Haufen Millionen von Toten begrabender Trümmer, und es ist sehr die Frage, ob die radiumaktive Substanz, die seine Häuser bedeckt hat, nicht mit dazu beigetragen hat, das Zerstörungswerk zu erleichtern. Was nun in Newyork geschieht, das kann jeder anderen Stadt auch so geschehen, und nichts kann, wenn eine wahnsinnige Hand solch ein Unheilschiff lenkt, die Metropolen der Welt, Berlin, Paris und den Riesenleib Londons vor gleicher Vernichtung beschützen."

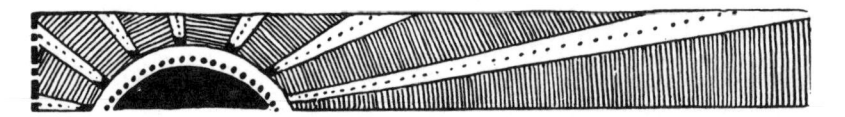

Diese Schilderung entwirft der englische Gelehrte als ein Bild der nahesten Möglichkeit, und Professor Le Bon erklärt, daß es nicht etwa nur die Möglichkeit für sich hat, sondern sogar die Wahrscheinlichkeit. —

Wenn die Entdeckung der zerstörenden Eigenschaften des Radiums also so seltsame sind, so sind die neuesten Erfolge der wissenschaftlichen Welt auf dem Gebiete der Radiumforschung noch viel verblüffendere.

Der Einfluß des Radiums auf die gesamte Lebenstätigkeit ist danach ein ganz außerordentlicher, und die Anwendung der bisher gemachten Entdeckungen dürfte vieles von dem, was bisher als Evangelium der Wissenschaft galt, ebenso über den Haufen werfen, wie die Radiumstrahlen die stolzesten Bauten unserer Städte über den Haufen zu werfen vermögen. Hier möge nur eine ganz kleine Auslese der neuesten und unglaublichsten Radiumentdeckungen stehen:

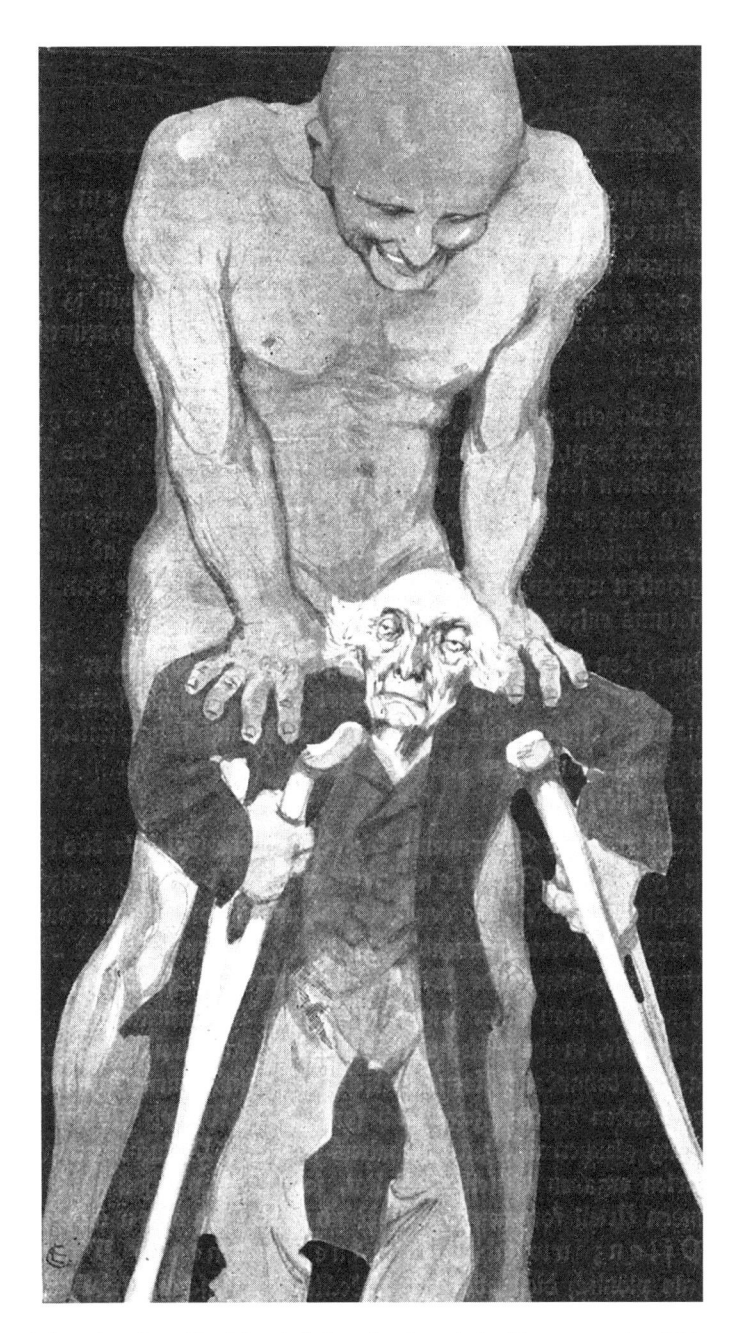

Das Leben, das den Menschen drückt und alt und kraftlos und gebrechlich macht.

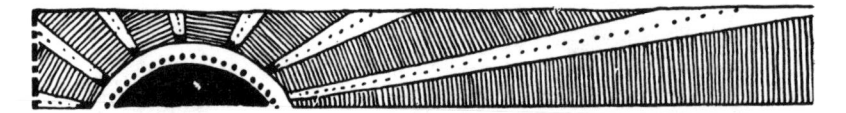

Es wurde herausgefunden, daß das Radium in einem Falle das Wachstum der seinen Strahlen ausgesetzten Pflanzen um das dreifache beschleunigen kann und auch um das dreifache erhöhen. In anderen Fällen aber wird es ebenso die Entwicklung entweder vollständig hemmen oder teilweise, je nach dem Wunsch und dem Willen des Experimentators, zurückhalten.

Die Wurzeln der Pflanzen drehen sich dem in ihrer Nähe vergrabenen Radium eben so zu, wie die Blätter und Blüten der Sonne. Das Radium wird Bakterien töten oder aber, je nachdem, wie man will, auch deren Menge in unheimlichster Weise erhöhen. Schmetterlingspuppen konnten in ihrer Entwicklung monatelang unter dem Einflusse der Radiumstrahlen zurückgehalten werden, entwickelten sich dann aber, wenn sie dem Einfluß des Radiums entzogen wurden, wieder völlig normal.

Durch den Kontakt von Radiumsalzen mit sterilisierter Bouillon schuf Dr. Burke, ein englischer Bakteriologe, eine Unzahl neuer lebender Organismen. Andererseits wieder, so barock es auch klingt, wurde Milch, die den Emanationen des Radiums ausgesetzt wurde, durch diese vollständig sterilisiert!

Hochinteressante Experimente, die der deutsche Gelehrte Körnicke und die Franzosen Guilleminot und Abbè an Pflanzen und Pflanzensamen machten, die den Ausstrahlungen von Radium ausgesetzt waren, ergaben übereinstimmend die Tatsache, daß auch hier die Strahlen eine entwicklungshemmende Wirkung ausübten. Beispielsweise blieben Haferkörner, die man unter dem Einflusse von Radiumemanationen zum Keimen brachte, in ihrer Keimentwicklung um das Dreifache gegen nicht mit Radium behandelte Körner derselben Qualität zurück, und bei der heranwachsenden Pflanze zeigte sich sowohl die Wurzel- als die Halmentwicklung gleicherweise zurückgehalten. Andere Versuche mit anderen Samenarten ergaben dasselbe Resultat, so daß man schon zu dem abschließenden Urteil kommen wollte: Radiumstrahlen üben auf das Pflanzenwachstum eine hemmende Wirkung aus, als plötzlich diese eben erst entdeckte, „wissenschaftliche Wahrheit" durch das ganz entgegengesetzte Verhalten von Lupinensamen mit einem Male umgestoßen wurde. Die Samen weißer Lupinen, die nämlich auch einmal zufällig zu Radiumversuchen verwendet wurden, zeigten nach ihrer „Behandlung" eine um das Doppelte beschleunigte Keimtätigkeit, eine um ebensoviel gesteigerte Entwicklungsfähigkeit; das heißt also die unter dem Einflusse von Radiumstrahlen stehenden Pflanzen wuchsen doppelt so schnell, und wurden dopelt so stark wie die auf normalem Wege zum Wachstum gebrachten. Aus diesem, so ganz entgegengesetzten Verhalten kam man dann zu den richtigen Erkenntnis, daß jede Pflanze nur ein gewisses Maß von Radiumstrahlen für ihre Entwicklung benötige oder vertrage; daß die Radiumemanationen, in richtigem Maße angewendet, **Wecker und Förderer der Lebensenergie sind**, im Uebermaße aber diese Energie lahm legen. Auf dieser doppelten **Leben schaffenden und Leben tötenden Wirkung des Radiums** beruhten auch die ganz fabelhaften Erfolge, die man bei Anwendung des Radiums in der Therapie mit diesem erzielte.

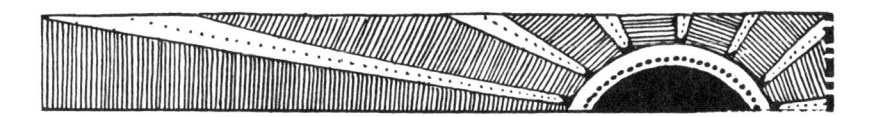

In Paris machte vor nicht langer Zeit Professor Dr. Roux den Versuch, eine schwer an Magenkrebs erkrankte Frau durch Radium zu heilen, und dieser Versuch, der allerdings bisher noch viel zu teuer ist, um verallgemeinert zu werden, gelang vollständig.

„Ich nahm ein ganz kleines Glasröhrchen", schreibt der berühmte Gelehrte darüber, „tat in dieses ein ganz winziges Partikelchen Radium, öffnete den Magen und nähte nun das Röhrchen, ganz nahe dem bösartigen Neugebilde, an die Magenwand an. Die Wirkung war eine beinahe augenblickliche. Keine Entzündung und keine neuen Störungen traten ein. Innerhalb dreier Monate war der Krebs beinahe vollständig verschwunden, und die vollkommene Heilung war nur eine Frage ganz kurzer Zeit. Die Radiumstrahlen haben auf das bösartige Gewächs denselben Einfluß, den sie auf gewisse Bazillenkolonien ausüben, indem sie sie entweder töten oder vollständig lähmen. Mit einem Wort: die Wirkung auf das Krebsgebilde ist folgende:

Einige Teile werden einfach zerstört und abgestoßen, und an ihre Stelle tritt gesundes Gewebe. Andere Teile werden zwar nicht zerstört, aber dafür vollständig unschädlich gemacht. Ihre ganze bösartige Wirkungsfähigkeit wird paralisiert und mit der Zeit gänzlich aufgehoben. Es ist ein ganz einfacher Prozeß, der sich da abspielt, die Krankheit kann sich nicht weiter ausdehnen, und die Keime werden fortwährend durch die Radiumemanationen vernichtet und abgestoßen. Wir können daher mit aller Sicherheit sagen, daß wir im Radium ein **unfehlbares Mittel gegen Krebs haben** könnten, wenn es leichter zu beschaffen wäre."

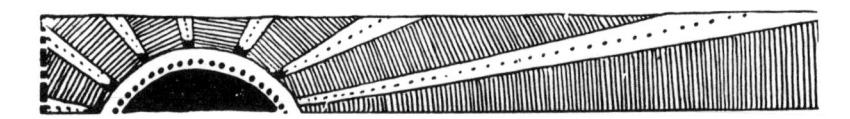

Sir Frederick Treves, der berühmte englische Arzt, sagt: „Radium sendet dreierlei Strahlen aus, die in der Wissenschaft die Namen Alpha, Betha und Gamma erhalten haben. Die Alphastrahlen bestehen aus kleinen Körperpartikelchen, die von der Grundmasse des Radiums mit einer Geschwindigkeit von etwa 20 000 Meilen*) in der Sekunde abgestoßen werden. Um sich von dieser Geschwindigkeit und der damit verbundenen Kraft einen Begriff zu machen, genügt es, wenn man sich vor Augen hält, daß eine Gewehrkugel, die eine Geschwindigkeit von nur einer halben Meile in der Sekunde aufweist, schon ganz Tüchtiges geleistet hat. Diese Alphastrahlen des Radiums sind mit positiver Elektrizität geladen. Die Betastrahlen dagegen sind negativ elektrisch und bilden eine Sonderklasse für sich. Jedes der Betapartikelchen, die alle kleiner als die Alphaatome sind, bewegt sich mit einer fünffach so großen Geschwindigkeit wie ihre Alphakollegen und halten zweifellos den Geschwindigkeitsrekord in der Welt, denn selbst die am schnellsten sich im Weltenraum bewegenden Sterne bewegen sich mit höchstens $1/300$ der an den Betastrahlen festgestellten Geschwindigkeit. Die Gammastrahlen unterscheiden sich von den beiden erstgenannten Strahlenarten vornehmlich dadurch, daß sie keinerlei Elektrizitätladung haben. Sie scheinen mit den Röntgenschen X-Strahlen identisch zu sein. Ihre Natur ist aber mit Sicherheit noch nicht erkannt. Einige dieser Strahlen sind schädlich, andere üben eine wohltätige Wirkung aus und ihre Anwendbarkeit hängt ganz davon ab, wie sie gemischt sind. In jedem Falle ist die Kraft und die Wirkung der Radiumstrahlen eine grenzenlose nach jeder Richtung hin, und es kann nahezu mit Sicherheit behauptet werden, daß man im Radium den Wunderstein gefunden hat, durch welchen selbst die Unmöglichkeiten möglich gemacht werden. Die Wirkung des Radiums auf chronische Ausschläge ist zum Beispiel eine geradezu außerordentliche. Oft sind die Ausschläge wie weggeblasen. Fressende Geschwüre und

---
*) Gemeint sind natürlich englische Meilen.

Der Mensch, der den bösen Einfluß des Lebens überwunden hat und ewig jung und kraftvoll bleibt.

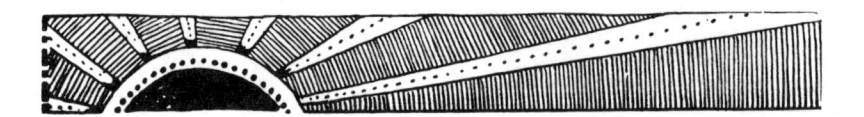

fressende Flechten können durch Radium mit Sicherheit geheilt werden. Ein Fall liegt vor, bei welchem die Krankheitsdauer schon jahrelang gewährt, und bei welcher die Zerstörung bereits solche Fortschritte gemacht hatte, daß der Zerstörungsprozeß schon bis auf die Knochen gegangen war. Dieser Fall wurde vorher sowohl mit X-Strahlen als mit den ultravioletten Strahlen des Finsenlichtes vergeblich behandelt. Eine zweistündige, auf zwei Tage verteilte Behandlung mit Radiumstrahlen genügte, um eine vollständige Heilung hervorzubringen. Damit ist aber der Beweis erbracht, daß die Heilwirkung der Radiumstrahlen keineswegs in ihren Gammastrahlen allein zu suchen ist, sondern daß eine kombinierte Wirkung sämtlicher Strahlen vorliegt. Wenn wir uns nun fragen, ob diese Heilresultate dauernde sind, so kann die Antwort schon deshalb nicht gegeben werden, weil wir das Radium viel zu kurze Zeit kennen. Es besteht aber gar kein Zweifel darüber, daß wir zu der Annahme berechtigt sind, die Zukunft werde dem Radium

ein Zeitalter völliger Krankheitslosigkeit

danken. Noch seltsamer als alle diese Wunderkuren muß uns die sichere Aussicht erscheinen, daß auch das Alter künftighin seinen Einfluß auf unseren Organismus verlieren, und daß es kein Altern mehr geben wird. Die kommenden Geschlechter werden ewig junge Menschen hervorbringen, Menschen voll physischer Kraft und voll Schönheit, Menschen, die vom Kranksein nichts wissen und alle Berichte über Krankheiten und Seuchen als seltsame Märchen aus einer fernen, fernen, vergessenen Welt betrachten werden.

In Molokai, der „traurigen Insel" Ozeaniens, nach welcher alle Aussätzigen des Sandwicharchipels verschickt werden, wurde auch die Einwirkung der Radiumstrahlen auf die Lepra studiert, und aller Wahrscheinlichkeit nach wird man im Radium bald auch das Heilmittel für diese entsetzlichste aller Krankheiten gefunden haben. Ja, wenn man nicht fehlgeht, dürften die Radium e m a n a t i o n e n oder das Radium f e l b e r bald zum Heilmittel gegen den Millionenwürger werden, den wir unter dem Namen Tuberkulose kennen. Professor Lieber hat nämlich als erster entdeckt, daß der Atem von Kaninchen, die Radiumstrahlen ausgesetzt und einer Radiumbehandlung unterzogen worden,

Das Inhalieren radioaktiver Luft wird in Verbindung mit einer internen Radium=
behandlung den Würger der Menschheit, die Tuberkulose, für immer unschädlich machen.

selbst radioaktiv wurde und eine lebhafte Wirkung auf das Elektroskop
ausübte. Damit aber war der Beweis erbracht, daß das Radium eine
direkte Wirkung auf die Lungen ausübt. Nimmt man die nachgewiesene

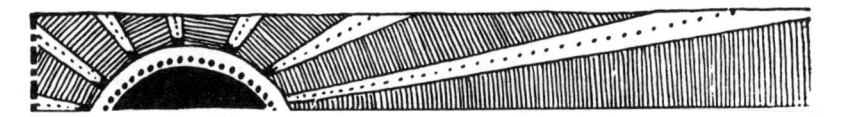

bazillentötende Wirkung dazu, so ist kein Grund vorhanden, nicht an die Heilwirkung dieses Wundermittels zu glauben, und die Prophezeihung, daß es

in der Zukunft keine Tuberkulose mehr

geben wird, ist eine leichte, umsomehr, als auch die an Menschen gemachten Versuche, die anfangs keineswegs sehr ermutigende Resultate gaben, jetzt mehr als zufriedenstellend verlaufen. Es wird nämlich nicht nur zur Injektionsmethode gegriffen, sondern auch radioaktive Luft inhaliert, so wie wir bisher gewissen Kranken Sauerstoff zum Einatmen gegeben haben. Diese Behandlung hat schon positive, günstige Resultate ergeben, ist aber, wie gesagt, noch sehr entwicklungsbedürftig.

Daß man durch Radium auch Blinde sehend machen kann, das entdeckt zu haben, ist das Verdienst des Professors London in Petersburg. Er hat es tatsächlich dazu gebracht, einen Knaben, der blind von Geburt war, fähig zu machen, Buchstaben zu lesen und Zeichen zu sehen. D. h. von einem wirklichen Sehen ist natürlich nicht die Rede, wohl aber gelingt es, Lichtempfindungen bei den Blinden hervorzurufen und sie Licht und Schatten erkennen zu lassen. Das ist aber ein geradezu fabelhafter Fortschritt und hebt die Blindheit tatsächlich auf!

Der Knabe, an dem Prof. London seine Versuche angestellt hat, und der, wie gesagt, von Geburt blind war, wurde in den Operationsraum geführt. Mit Radium, das in einem Röhrchen enthalten war, beschrieb Dr. London einige Linien hinter einem hölzernen Wandschirm. „Was ist das?" fragte der Professor. Und mit zitternder Hand malte der Blinde das Gesehene (!) nach, ein großes A. Das war genau der Buchstabe, den der Professor hingemalt hatte. Und so übertrug der geniale Forscher in das blinde Auge, nein, direkt in die empfänglichen Hirnzellen Lichteindrücke, die sich in den seltsamsten Kurven und Linien bewegten, und die der Knabe mit wachsender Sicherheit wiedergab.

„Das ist das Wunder!"
sagte Professor London. Und er hatte recht. Aber es ist nicht das einzige Wunder, das das Radium vollbringt.

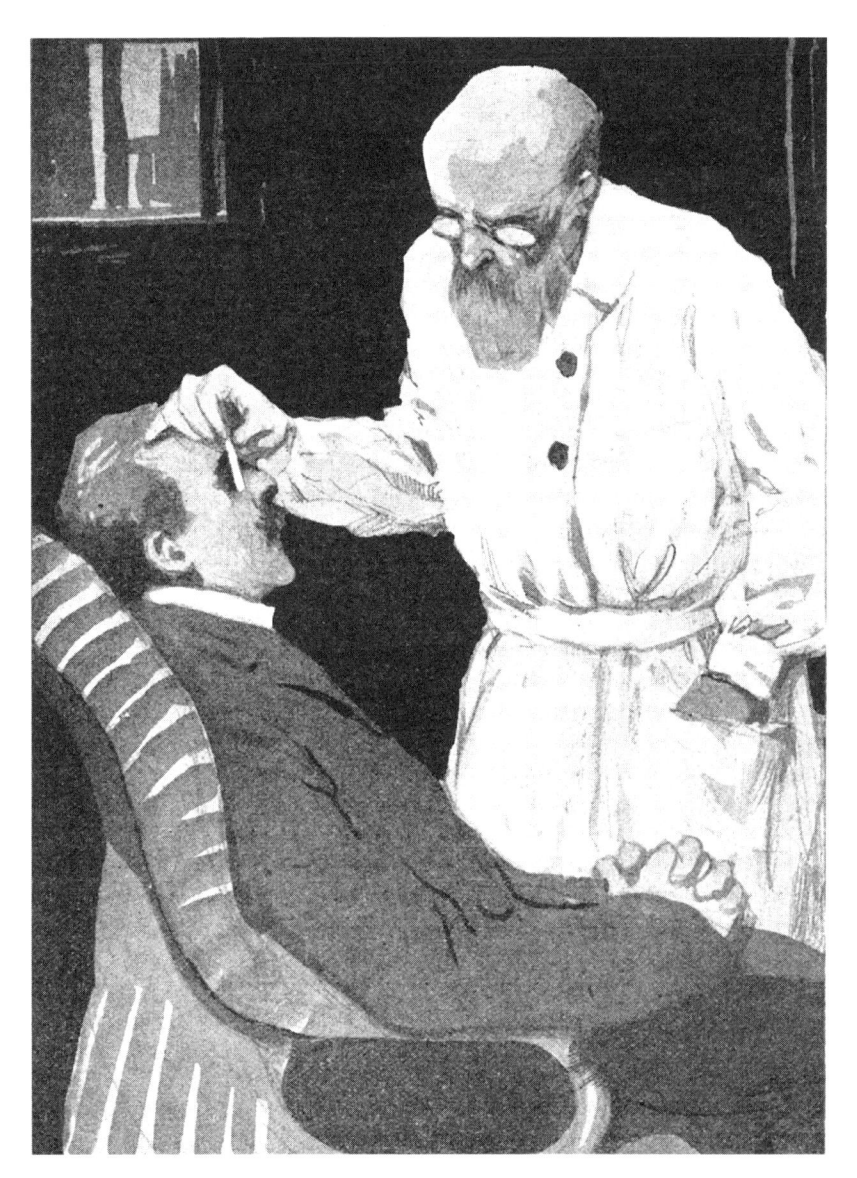

Durch das Radium werden Blinde sehend gemacht, d. h. ein Schatteneindruck der
Gegenstände wird in ihren Hirnzellen hervorgebracht.

Ich habe früher schon darauf hingewiesen, daß es Professor Burke in einwandfreier Weise gelungen ist, aus keimfreier Bouillon neue kleinste Lebewesen zu schaffen. Der Vorgang war folgender: Völlig sterilisierte

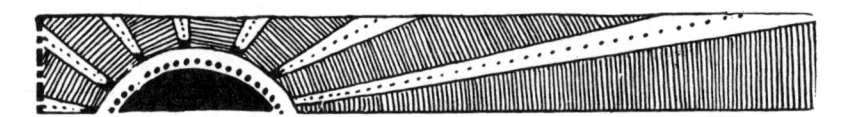

Bouillon, die nicht die geringsten Spuren irgend welcher auch nur allerkleinster Lebewesen entdecken ließ, und die auf solche geprüft und überprüft und wieder geprüft wurde, tat der Experimentator in ein an seinen beiden Enden fest geschlossenes Glasröhrchen. In dessen Mitte befand sich oben eine Oeffnung, in welche ein anderes kleines Röhrchen eingepaßt werden konnte, welches das Radium enthielt. Auch hier waren alle Vorsichtsmaßregeln ergriffen, um das Eindringen von Bakterien völlig auszuschließen. Durch eine sinnreiche Konstruktion war es nun möglich, die sterilisierte Bouillon mit dem Radium in **direkte Verbindung** zu bringen. Einige Tage lang wurde die sterilisierte Masse den Einwirkungen des Radiums ausgesetzt, und bei der darauffolgenden mikroskopischen Untersuchung war die so behandelte Bouillon von neuen kleinsten Lebewesen durchsetzt. Es erwies sich somit

das Radium als Lebenswecker.

Selbstverständlich zeigte alle Bouillon, die man gleichzeitig derselben Prozedur unterworfen hatte, ohne jedoch das Radium in direkten Kontakt mit ihr zu bringen, keinerlei Veränderung und keine Spur von Lebewesen. **Der Einfluß des Radiums war also der Schöpfer des Lebens.**

In überraschender Weise wurde diese Erkenntnis durch Versuche bestätigt, die Professor Holstermann an der Genfer Universität mit unbefruchteten Eiern des Seeigels machte. Durch den bloßen Einfluß des Radiums konnte das Leben in diesen Eiern entwickelt werden. Sie wurden durch das Radium befruchtet, und zwar gelang dieses Experiment durchschnittlich viermal unter zehn.

Aus all diesen und den früher geschilderten Versuchen, die einander zum Teil ergänzen, zum Teil einander widerstreiten, erhellt eines mit apodyktischer Klarheit: d. i. **daß Radium auf das engste mit den Grundphänomenen des Lebens verknüpft ist.** Hierauf basierte man, baute man eine Theorie auf, die im ersten Momente unglaublich erscheint, die aber selbst vor der skeptischsten Auffassung standhält und heute so gut wie erwiesen ist.

Einer der hervorragendsten deutschen Radiumforscher sagt diesbezüglich:

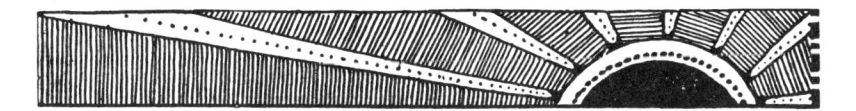

„Es ist außerordentlich wahrscheinlich, daß wir im Radium endlich das langgesuchte Mittel gefunden haben, durch welches es uns gelingen wird, das menschliche Leben um das dreifache, vielleicht auch das zehnfache verlängern und wieder das biblische Alter zu erreichen. Es ist uns jetzt schon gelungen, dem Kräfteverfall in so überraschender Weise durch direkte Radiumeinwirkung entgegenzutreten, daß alles darauf hinweist, daß wir in dem neuen Elemente eine Kraft gewonnen haben, die alle Garantien für eine künftige, ganz außerordentliche Verlängerung unseres Lebens bietet.

Solange das Gleichgewicht der Lebenskraft in uns erhalten bleibt, sind alle „Alterserscheinungen", denen die Menschheit jetzt so frühzeitig ausgesetzt ist, vollkommen ausgeschlossen. Nur wenn unsere Lebenskräfte sich allmählich oder auch plötzlich erschöpfen, wird sich die Altersschwäche bei uns einfinden, oder werden die nötigen, mit dem „Alter" verbundenen Erscheinungen sich zeigen, die unser Leben bedrohen und unsere Lebensdauer verkürzen. Durch eine vielleicht dauernde, zur rechten Zeit einsetzende Radiumbehandlung wird man es nun ganz entschieden dahin bringen, alle Alterssymptome durch die Wiederherstellung des durch diese gestörten Gleichgewichts zu beseitigen, die „Mikroben des Alters" zu zerstören und den ganzen Körper einen Verjüngungsprozeß durchmachen zu lassen, der ein „Altern" unmöglich macht.

In ähnlich zuversichtlicher Weise äußert sich Professor Metschnikoff in Paris, der von jeher das große Problem von der Lebensverlängerung und Lebenskräftigung des Menschen zum Gebiete seiner Studien gemacht hat, und der den Versuchen seines Kollegen Roux vom Pasteurinstitute das größte Interesse entgegenbringt. Auch er spricht vom Zeitalter ewiger Jugend, das für uns hereinbrechen wird und schon an unsere Tür klopft.

Ja aber — woher das viele Radium nehmen, das zur Verallgemeinerung all der Kuren und Wunder nötig ist, und wie die Herstellungskosten verringern, die ja ein unüberbrückbares Hindernis für diese Verallgemeinerung sind, wenn dieses Wundermittel nicht wieder nur ein Lebenselixier für jene Kreise allein werden soll, die in Reichtümern schwelgen?

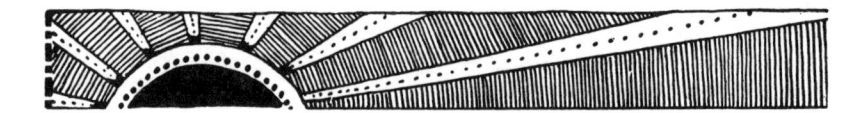

Diese beiden Fragen drängen sich einem natürlich vor allem auf, und glücklicherweise kann man in erfreulichstem Sinne darauf Antwort geben.

Das Vorkommen des Radiums ist wahrlich nicht so selten, wie man glaubt. Im Gegenteil. Jüngst erst hat Professor Lodge diese Frage in folgendem Satze, der, wie alles, was Radium angeht, etwas Ueberraschendes hat, erledigt.

Er hat nämlich buchstäblich gesagt, "die Schwierigkeit sei nicht d i e, radioaktive Körper zu finden, sondern Körper, d i e n i c h t r a d i o a k t i v sind." Alles nämlich, was lebt und scheinbar unbelebt ist — denn auch am Steine wurde ja jetzt das "Leben" schon nachgewiesen — ist radioaktiv. Es muß es sein, denn das Radium ist ja die Lebenskraft selber. Es ist die Quintessenz aller Kraft, die alles, was ist, aufbaut und alles zerstört, um in der Vernichtung neues zu schaffen. Sie ist die Schöpferkraft, die wir nun endlich in Händen halten, und mit der der Prometheustraum der Menschheit erfüllt ist.

Tatsächlich ist nicht nur die ganze Erde von Radium und seinen Emanationen erfüllt, sondern wahrscheinlich auch das ganze All. Die Erde aber gewiß, und zwar dürfte der Kern der Erde aus reinem Radium bestehen, wenn wir von der merkbar zunehmenden Radiummenge in größeren Tiefen des Erdinnern progressiv schließen dürfen. Beim Durchstich des Simplontunnels sowohl wie bei dem des Gotthardtunnels wurden die entsprechenden Messungen vorgenommen und gefunden, daß in letzterem bei einer Tiefe von 2500 Fuß die Radioaktivität der geförderten Felsmassen $3^3/_{10}$ Billionstel Gramm auf ein Gramm Gestein betrug, während beim Simplontunnel, der 17 Kilometer lang ist und 5600 Fuß unter der Erdoberfläche liegt, der Radiumgehalt auf $7^1/_{10}$ Billionstel Teil stieg. Ein ähnliches Verhältnis fand man auch bei den artesischen Brunnen, die man 1000 bis 1500 Fuß tief gegraben hat. Je tiefer man nun in die Erde eindringt, desto höher steigt bekanntlich die Temperatur, und zwar nimmt sie ungefähr bei je 100 Fuß um 1 Grad Celsius zu. Bei einer Tiefe von 40 Kilometern würde man also schon das Quecksilber im Thermometer zum Sieden bringen und Eisen würde in einen flüssigen Glutstrom geschmolzen sein. Diese Wärme nun ist auch weiter nichts als eine Folge der Ausstrahlungen des Radiums im innersten Innern der Erde. Die unglaubliche Schnelligkeit, mit welcher die Radiumteilchen von diesem fortgeschleudert werden, und die furchtbare Reibung, die dadurch entsteht, entwickelt die Wärme, die in ihrer Intensität alles übertrifft, was wir uns an Glut und Hitze vorzustellen vermögen. Und wenn das Radium diese Feuerglut zu schaffen vermag, dann muß es aber auch in Quantitäten da sein, die wir, weil wir auf der Oberfläche der Erde nur leben, uns nicht einmal träumen lassen. Es braucht uns also, die wir dieses größte aller Lebenselemente erst seit kurzer Zeit kennen, um die Quantitäten desselben nicht bange zu sein.

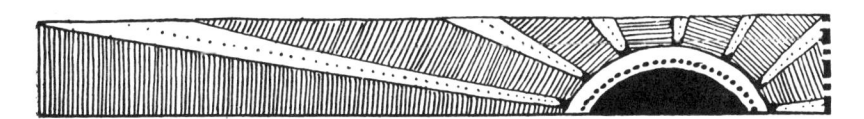

Bleibt die Frage der Herstellung, die begreiflicherweise die Frage des Kostenpunkts ist.

Nun denn, auch diese kann in befriedigendster Weise beantwortet werden. Man kann nämlich aus der Pechblende — aus der wir vorläufig beinahe ausschließlich das Radium uns herstellen — verschiedene Formen der Radiumsubstanz gewinnen. Und während nun das Radium, das Professor Curie und seine Frau als erste gewannen, etwa 400 000 Mark pro Gramm kostet, kostet das Tho-rad-x, mit welchem Dr. Bailey, Dr. Roux und Koernicke vorzugsweise experimentieren, in derselben Quantität nur 6000 Mark. Aber auch das ist noch teuer, so wesentlich die Verbilligung auch schon ist. Aber wir werden bei ihr auch nicht stehen bleiben, und die Zeit wird kommen, und sie ist gar nicht so fern, wo die Radiumgewinnung im Großen wird betrieben werden können. Der menschliche Geist weiß ja alle Hindernisse zu überbrücken, und es wird ihm zweifellos auch gelingen, bis zu den großen Radiumlagern der Erde zu gelangen, so unmöglich das auf den ersten Blick auch noch scheint. In jedem Falle sind auch jetzt schon Radiumformen entdeckt, die selbst den Preis der Tho-rad-x weit hinter sich lassen und dieselbe außerordentliche Wirkung auf den menschlichen Organismus haben, die ich eben besprochen habe. Die Versuche sind natürlich zu jung, um als abgeschlossen zu gelten, trotzdem aber kann man sagen, daß a u c h j e t z t s c h o n durch ein Radiummittel, das allen zugänglich ist, das Alter verjüngt und alle Alterserscheinungen erfolgreich bekämpft werden können. Gicht und Zipperlein werden nicht nur in der Zukunft, sondern auch jetzt schon unbekannt sein; die Arteriosklerose wird verhindert werden, sich an den Wandungen unserer Blutgefäße festzusetzen und ihre Knochenherde zu bilden; die Möglichkeit der Schlaganfälle wird wesentlich verringert, wenn nicht ganz aufgehoben sein, und der Mensch wird sich, so alt und so hinfällig er auch sein mag, wieder gekräftigt fühlen, und seine Lebenskräfte werden aufs neue geweckt werden. Bei der heranwachsenden Generation aber wird die Radiumkombination schon anfangen, ihre altervertreibende Wirkung zu beginnen, ehe die ersten Alterserscheinungen sich zeigen, und ein ewig junges, ewig kraftvolles Geschlecht, dessen Lebensdauer sich ins Fabelhafte wird gesteigert haben, wird **das Geschlecht der Zukunft** sein.

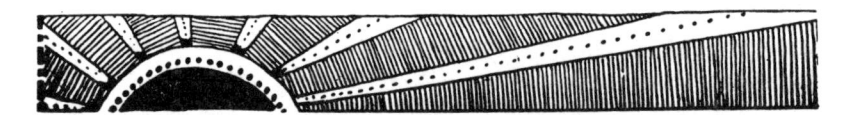

Ich wies schon darauf hin, daß unsere Heilquellen ihre Heilwirkung zum allergrößten Teile den Radiumemanationen verdanken, nicht dem wirklichen Radiumgehalte, der bei fast keiner vorhanden ist. Darin aber liegt der Umstand, daß all diese Quellen beim Versand leiden und ihre Wirkung verlieren. Während Radium geradezu ewig ist, schwindet der Einfluß der Emanationen sofort, da ja die Atome in fortwährender ungeheurer Bewegung fortgeschleudert werden. Jeder weiß, wie wundervoll die Sprudel wirken, und wie gering die Wirkung der gewonnenen Sprudelsalze ist. Man wird also und hat zu Mitteln gegriffen, in denen Radium selber enthalten ist. Das Radium, das im Körper selber seine an das Fabelhafte grenzende Emanationskraft entwickelt. Das „Bombardement der Atome", von dem ich eingangs gesprochen, geht dann im menschlichen Leibe vor sich und übt seine zerstörende Wirkung auf alle krank gewordenen Körperatome, während es auf die gesunden Gewebe seine entgegengesetzte, fördernde, wachstumunterstützende Wirkung übt. Darauf basiert der große Erfolg. Ein sich Ablagern und Festsetzen krankhafter Ausscheidung ist dadurch unmöglich und jeder Krankheitsprozeß wird schon im Keime erstickt. **Das Jahrhundert der Gesundheit** bricht an, das Jahrhundert der großen geistigen, körperlichen und seelischen Gesundung der Menschheit, und wir fühlen schon den Flügelschlag dieser großen, wunderbaren Zeit, einer Zeit, in welcher die Menschheit emporgehoben wird zu den Höhen der Vollendung, und die letzte Brücke abgebrochen wird, die uns jetzt noch mit den niederen Geschöpfen der Welt, der Erde verbindet.

Professor A. Lustig
Die Medizin in 100 Jahren.

Die Medizin in 100 Jahren.
Von Professor C. Lustig.

Die Hauptaufgaben der Medizin sollten nicht im Heilen der Krankheiten bestehen, sondern im Verhüten. Dieser Aufgabe kann die Medizin heute nur in sehr geringem Grade gerecht werden. Denn so stolz wir auch auf neuere Erfolge auf hygienischem Gebiete sein mögen, so ist das bisher Erreichte doch nur der Anfang vom Anfang. Die Medizin ist eben ohnmächtig, solange nicht auch andere Faktoren mitwirken, die auf sozialem und gesetzgeberischem Gebiete liegen. Bei einem Kranken kann von einem Verhüten der Krankheit keine Rede mehr sein, sondern nur von einem Bekämpfen. Wir s i n d aber mehr oder minder alle krank, und von einem gesunden Geschlecht kann selbst beim besten Willen wohl von niemandem gesprochen werden.

Solange die Natur nun von ihrem grausamen Gesetze nicht abläßt, wonach sie die Sünden der Väter heimsucht bis in das vierte und fünfte Glied, so ist ein gesundes Geschlecht ganz undenkbar. Solange es Not und Elend und Entbehrung gibt, auch. Solange Arbeit und Erholung sich nicht die Wage halten, ebenfalls.

Hierdurch allein ist schon die Richtschnur für die Zukunft gegeben.

Daß wir die Gesetze der Natur nicht ändern können, ist klar. Wir müssen daher dort, wo diese Gesetze schädigend wirken, die Natur hindern, sie uns gegenüber in Anwendung zu bringen.

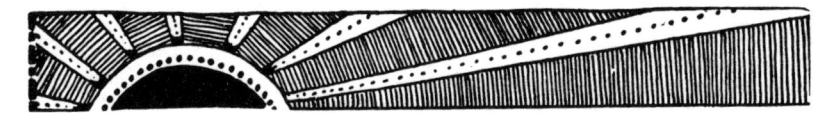

Gift bleibt, solange es Gift ist, immer giftig. Wer es in den entsprechenden Dosen nimmt, vergiftet sich. Daran läßt sich nichts ändern, aber — man braucht das Gift nicht zu nehmen, und vergiftet sich dann eben nicht.

Das ist doch klar.

Das ist eine Weisheit, die jeder kennt. Aber wir wenden sie nicht an. Wir kennen das Gift ganz genau; wir kennen seine schädigende Wirkung auf uns und unser Geschlecht, aber wir denken nicht daran, uns darum zu kümmern. Wir vermischen damit doch unser Blut, wir impfen es unseren Kindern und Kindeskindern nach wie vor ein, und die, denen — wenn u n s die Vernunft dazu fehlt — nicht nur das Recht zustehen würde, uns daran zu verhindern, sondern geradezu die Pflicht erwächst, es zu tun, kümmern sich auch nicht darum und verbieten das Weitervergiften der Menschheit nicht nur n i c h t, sondern unterstützen es noch.

Gesunde Kinder können bekanntlich nur von gesunden Eltern kommen. Der Staat w i l l gesunde Kinder. Er braucht sie. Aber er sorgt nicht dafür, daß die Eltern gesund sind und gesund sein können.

Bei den Eheschließungen werden Braut und Bräutigam nach allem Möglichen gefragt, nur nach dem Nötigsten nicht: o b s i e g e s u n d s i n d. Ob nicht der Keim einer sich vererbenden Krankheit in ihnen steckt. Sie werden daraufhin nicht untersucht. Ja, sie dürfen heiraten, selbst wenn der eine oder beide schon an vorgeschrittener Schwindsucht leiden; sie dürfen heiraten, wenn dem einen auch das Stigma der Lues auf der Stirne eingebrannt steht. Sie dürfen heiraten, wenn der eine auch in epileptischen Krämpfen zusammenstürzt und sich unter ihnen windet und krümmt. Sie dürfen alle heiraten und Kinder in die Welt setzen und dürfen ihnen ihre Krankheiten mit auf den Lebensweg geben.

Für die Aerzte ist das ganz gut. Für die Menschheit nicht. Aber schließlich ist doch die Menschheit nicht für die Aerzte da, sondern umgekehrt. Und allmählich wird es ja doch dazu kommen, daß — wie in einigen Staaten der amerikanischen Union — schon jetzt überall von all denen, die einen Ehebund eingehen wollen, diese Hauptbedingung, die Gesundheit, gefordert wird.

Natürlich wird auch dafür gesorgt werden müssen, daß, wenn ein neues gesundes Geschlecht auf die Welt kommt, dieses auch die Möglichkeit hat, gesund zu bleiben. Vor allem wird die Mutter in die Lage versetzt werden müssen, ihr Kind zu nähren. In die materielle Lage. Ist das der Fall, dann wird der Tod nicht mehr drohend an jeder Wiege stehen, so wie jetzt, wo die Kindersterblichkeit Ziffern aufweist, die ein flammendes Dokument für den Tiefstand unserer Menschlichkeit sind.

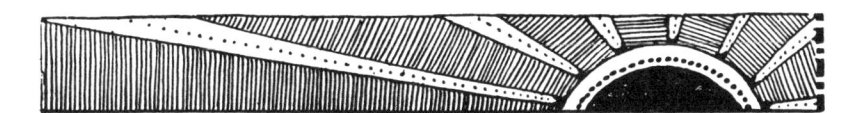

Wird dann noch dafür gesorgt sein — und es w i r d zweifellos — daß jeder, der lebt, auch sein Recht auf das Leben wird geltend machen können, dann werden die Vorbedingungen erfüllt sein, auf denen die Medizin der Zukunft wird fußen können. Dann wird durch sie die Gesundheit in Permanenz erklärt werden, und keine Krankheit wird mehr den Nährboden finden können, auf dem sie gedeiht.

Die Mittel dazu wären jetzt schon vorhanden, nur die Prämissen fehlen. Die Prämisse eines gesunden Geschlechts.

Die Möglichkeit aber, den Körper in seinen feinsten Gewebeteilen — nicht etwa durch Impfung, die selbstverständlich in der Zukunft verworfen wird — gegen alle möglichen Krankheitskeime immun zu machen, besteht schon jetzt.

Die Möglichkeit, dem Körper die Lebensenergie zuzuführen, die jeden Altersprozeß hemmt, haben wir durch die Radium enthaltenden Mittel jetzt auch.

Damit aber sind Perspektiven für die Zukunft geschaffen, die an das Wunderbare grenzen und den Traum von dem Hinausschieben der Lebensgrenze bis weit über das biblische Alter in Erfüllung bringen werden.

Die geänderten Lebensverhältnisse werden natürlich wesentlich dazu beitragen, das zu unterstützen. Das „fliegende Geschlecht" wird sich die Luft auch in hygienischer Hinsicht zunutze machen. Es wird tagtäglich die Höhen aufsuchen, die wir heute nur in unseren Höhenkurorten oder auf sportlichen Touren aufzusuchen gewohnt sind. Es wird seine Lungen weiten und die köstliche Luft einatmen, die nebstbei von keinem Millionen von Schloten entqualmenden Rauch mehr verpestet sein wird, so daß auch in den Städten die Luft schon eine andere sein wird, als heute. Statt des Rauches aber wird ihr zweifellos auf künstlichem Wege noch Ozon zugeführt werden, und die Radiumbeleuchtung, die die ganze Erde mit einem Dunstkreis matten, wohltuenden Lichts umhüllen wird, wird durch die konstant ausstrahlenden Emanationen auch belebend, kräftigend, verjüngend wirken. Die Medizin in unserem Sinne wird also als solche aufhören müssen zu sein; man wird sie nicht mehr brauchen.

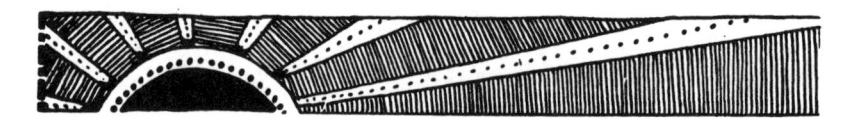

Anders stellt es sich, wenn wir, wie dies noch vielfach geschieht, die völlig selbständige Disziplin der Chirurgie mit dazu rechnen. Diese wird bleiben müssen. Unfälle wird es immer noch geben. Armbrüche, Beinbrüche, Schädelbrüche, Genickbrüche, Verstauchungen, Verwundungen, Darmverschlingungen, Schwergeburten und wie die Fälle alle heißen, die einen chirurgischen Eingriff erfordern, und die Chirurgie, die in unserer Zeit auch an Wunder grenzende Fortschritte gemacht hat, wird vor keiner Unglaublichkeit mehr zurückschrecken. Sowie wir heute schon Herzwunden vernähen können, sowie wir aus unseren Schlagadern Stücke ausschneiden und neue einsetzen können, sowie wir gewisse Organe heute schon aus unserem Körper entfernen und durch fremde ersetzen können, sowie wir sogar gewisse Hirnteile entfernen können, ohne Schaden zu verursachen oder gar den Tod herbeizuführen, sowie wir heute schon fremde Knochenstücke mit neuen „vernieten" und sie zu unseren machen können, sowie wir unserem Magen eine neue Magenhaut einnähen können, so wird man später nahezu alle Organe und alle Gliedmaßen umtauschen und durch andere zu ersetzen vermögen. Und dabei wird die kraftvolle Natur des neuen „gesunden" Geschlechts dazu beitragen, alle Operationen in verblüffend kurzer Zeit zur Heilung zu bringen, so daß die köstliche Figur des Bluntschen Kapitän Duddle, „der kein größeres Vergnügen kennt, als sich ein Bein abnehmen zu lassen", beinahe aufhören könnte, bloße Fiktion zu sein, und ein D o y e n und ein B a i l e y recht bekommen dürften, die erklärten, „die Chirurgie wird künftighin nicht nur eine grandiose Wissenschaft sein, sondern auch e i n S p o r t".

Cesare del Lotto

Die Kunst in 100 Jahren.

Die Kunst in 100 Jahren.
Von Cesare del Lotto.

Prophezeiungen haben nur dann Sinn und Zweck, wenn sie Schlußfolgerungen aus schon Vorhandenem und dessen bisherigem Entwicklungsgange sind. Nun ist aber nichts schwerer, als aus dem Entwicklungsgange unserer bildenden Künste irgend welche Schlüsse ziehen zu wollen, von denen man annehmen könnte, daß sie dem tatsächlich zu Erwartenden in Wirklichkeit auch nur annähernd entsprächen, denn nichts ist unberechenbarer als gerade die Kunst. Sie hat ihre Launen, und ihre ganze Wirkung beruht nur auf diesen. Bernhard Shaw, der große Spötter mit dem tiefen Wissen hat darum nicht Unrecht, wenn er die Kunst mit einem Weibe vergleicht, das stets neue Toiletten macht, in deren jeder sie anders aussieht, während sie selbst doch stets ein und dieselbe bleibt. Diese Toiletten sind oft schlicht und einfach, oft schreiend und bizarr, oft vornehm, oft wieder gemein, oft nonnenhaft puritanisch, oft dirnenhaft frech, und die Uebergänge von einer zur andern sind häufig ganz unmittelbar von einem Extrem ins andere gehend, während sie andererseits ineinanderfließen, um unvermerkt eine Kunstrichtung und Kunstoffenbarung zu schaffen. Es ist wie das Meer. Jeder Hauch setzt es in Bewegung und schafft neue, wechselnde Bilder. Bald liegt es glatt da wie ein Spiegel, bald ist es leicht nur gekräuselt, bald tief aufgewühlt, und die Wellen türmen sich hoch empor zu gigantischer Höhe, um sich dann wieder zu glätten und jeder Spur gewaltiger Größe zu entraten. In der Kunst nennen wir das Epochen, und wir suchen sie — freilich vergebens — mit den Zeitepochen in Einklang zu bringen, und zwar deshalb vergebens, weil die Kunst als solche mit ihrer Zeit nichts zu tun hat, ganz ebenso wie der Traum nichts mit der Wirklichkeit, wenn auch diese ihre Fäden mit in jenen hineinverwebt. Wir können also einen Zusammenhang zwischen Zeit und Kunst nur konstruieren, wenn wir den Einfluß betrachten, den die Kunst auf die Zeit, auf die Menschen und das Leben geübt hat. Auch da können wir Strömungen, Rückströmungen und sogar ein Stagnieren der Kunst beobachten, Wechselströmungen, die in einem größeren oder geringeren Kunstbedürfnisse der Menschheit zum Ausdrucke kommen. Gerade jetzt wieder hat eine Art Kunstdurst die Menschheit erfaßt, und ein gewisser Schönheitsdrang ist uns bewußt oder unbewußt überkommen, was wir aber vorläufig haben, ist nur das unsichere Tasten nach einem neuen Schönheits-, einem neuen Kunstideal, auf dessen Offenbarung wir mit Macht hindrängen, und zu welchem wir auf verschiedenen Wegen zu gelangen trachten, ohne daß wir eigentlich wissen, welches das Ziel ist, das wir zu erreichen streben. Es ist ja sehr leicht möglich, daß die kommende Kunst etwas ganz anderes, ganz neues sein wird, als was sie jetzt ist. „Die Kunst ist nie das, was sie ist, sondern das, als was sie gesehen wird", sagt schon Ruskin. Die Art zu sehen ist aber nicht nur eine individuelle, sondern sie ändert sich von Tag zu Tag auch physiologisch. Unser Auge hat die Fähigkeit gewonnen, die Lichtstrahlen in weit mehr Farben und Farbennuancen zu zerlegen als früher. Dadurch sehen wir die Welt anders; die Natur ist für uns eine andere geworden, also auch die Kunst, denn die Kunst ist das Vorahnen der Natur, und wir, die wir vorläufig nur mit den Strahlen des Lichtes sehen, und die nur Augen haben, die scheinbar nur für diese empfänglich sind, werden vielleicht später einmal auch mit jenen Strahlen direkt zu sehen lernen, mit denen wir jetzt schon hören, sprechen und mit Zuhilfenahme von Apparaten auch wirklich schon sehen können. Die Wahrscheinlichkeit spricht in jedem Falle dafür, und namentlich eines nimmt merkwürdig überhand, das Sehen jener magnetischen Strahlen, die dem menschlichen und tierischen Körper entströmen. Diese

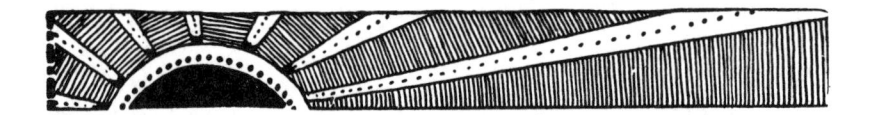

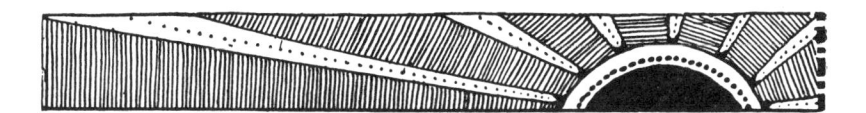

Strahlen wird auch die Kunst sehen müssen, die sie heute noch verleugnet, um nicht noch mehr Mißtrauen zu begegnen, als sie heute schon in ihren verschiedenen Richtungen zu überwinden hat. Und wenn Mosso behauptet, unser Auge würde sich allmählich auch zum Röntgenapparate entwickeln, so wird die Kunst auch auf dieses alles durchdringende Sehen Rücksicht nehmen und ihre Kunstwerke demgemäß ausgestalten oder diese Art zu sehen geflissentlich ausschalten müssen. Der mystische Zug, der aber jetzt schon durch einen Teil unserer Kunst geht, deutet darauf hin, daß das heute noch Mystische, das in der Zukunft möglicherweise zum Alltäglichen geworden sein wird, der nächsten Zukunftskunst seine Signatur aufdrücken wird. „Sobald wir alles Irdische kennen werden, wird uns das Streben nach dem Ueberirdischen erfassen." Dieser Zeit, die der Dichter da vorausahnt, sind wir näher, als wir glauben. Der Erde entrückt werden wir ja in gewissem Sinne schon jetzt durch das Fliegen. Und während wir den Einfluß der Postkutsche, des Zweirads, der Eisenbahn und des Automobils auf die Kunst gewiß niemals bemerkten — von einigen Bildern, die keine Kunst machen, natürlich abgesehen — wird das Fliegen zweifellos eine Umwälzung hervorbringen. Wir werden die Dinge von einer anderen Perspektive aus sehen, als wir sie jetzt sehen, und das wird in den Werken der Kunst auch zum Ausdruck kommen. Wir werden in den Höhen, in denen unser Flug sich bewegen wird, unsere Eindrücke in ganz anderen Luftschichten, unter ganz anderen Brechungsverhältnissen des Lichtes empfangen, und werden diese Eindrücke auf unseren Bildern festhalten müssen, und es werden sich ebenso große Unterschiede daraus ergeben, wie sie Atelierbild und Freilichtbild heute schon aufweisen, und die so groß sind, daß sie als ganz besondere Richtungen aufgefaßt werden. Wir werden aber infolge der veränderten Lichtbrechungseffekte auch andere Farbentöne entdecken, und diese werden eine besondere Wesenheit der künftigen Werke unserer Malerei sein. Noch bedeutender aber dürfte die Umwälzung auf dem Gebiete der Plastik werden, und namentlich die Reliefkunst dürfte zu ungeahnter Bedeutung gelangen. Heutzutage wird ein Kunststück so geschaffen und so aufgestellt, daß es für den Beschauer auf die bequemste Weise zur besten Geltung kommt und dadurch auf ihn die vom Künstler beab=

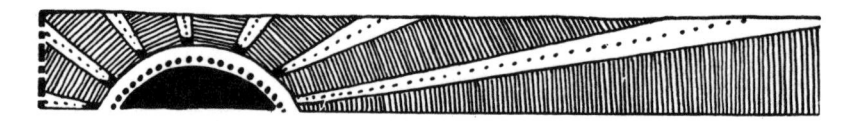

sichtigte Wirkung ausübt. Alle Größenverhältnisse, jede Proportion, jede Gestalt, jede Verkürzung sind aus dieser Absicht hervorgegangen. Eine Figur, die ich auf einen hohen Sockel stelle, muß anders gedacht, anders empfunden und anders ausgeführt sein als eine, die ich aus demselben Niveau mit mir betrachte. Unsere Monumente nun sind alle derart berechnet, daß sie auf den Fußgänger ihre Wirkung üben. Die Wucht unserer Denkmäler wirkt also nach unten, und wie sehr das der Fall ist, sehen wir am besten daran, wenn wir an solch einem Denkmal auf dem Verdecke eines Omnibusses vorüberfahren, oder wenn wir es ganz von oben betrachten. Es verliert dann vollständig seine Wirkung. Es hört auf, Kunstwerk zu sein. Wird der Verkehr nun — und er wird es — künftighin weniger durch die Straßen als durch die Lüfte gehen, wird sich also ein oberirdischer Verkehr entwickeln, um nicht ein „überirdischer" zu sagen, dann werden die Monumente der Zukunft, wenn sie ihren Zweck erfüllen sollen, darauf bedacht nehmen müssen. Sie werden also derartig geschaffen sein, daß sie ihre volle künstlerische Wirkung sowohl von unten aus — denn gehen wird man ja trotzdem noch immer — als auch von oben aus üben. Es werden also Momente sein, die nicht mehr eine Figur auf den Sockel stellen, sondern große architektonische Aufbaue mit Reliefgestalten, deren vortretende Linien von oben herab die Harmonie des Kunstwerkes nicht stören, welches auch o b e n nur aus einem großen machtvollen Relief wird bestehen können. Und da die Entfernungen, von denen aus die Ueberfliegenden das Monument sehen werden, weit größere sein werden als die sind, die gegenwärtig den Abstand zwischen Kunstwerk und Beschauer bilden, so werden auch die Monumente dementsprechende gewaltige Dimensionen annehmen müssen; Dimensionen, die zum mindesten der Basis der ägyptischen Pyramiden entsprechen müßten, wenn sich die Werke der monumentalen Plastik künftig noch Geltung verschaffen wollen. In bezug auf d i e s e Kunst ist also das Vorhersagen leicht, weil m i t dieser Kunst ein ganz bestimmter Zweck verbunden ist; ein Zweck, den die Malerei nicht hat und nicht haben kann, denn Museen mit horizontal gelegten, von oben herab zu betrachtenden Bildern wird es niemals geben, es sei denn, tolle übersprudelnde Künstlerlaune schaffe sie als Karikatur einer anderen, kommenden Zeit. Wohl aber wird die Malerei in einer ihrer jetzt noch dem Handwerk nahenden Zweige auf diese Art des Malens ernsthafter bedacht sein müssen. Ich meine die Plakatmalerei. Hier würden dem schaffenden Geist der Künstler nach oben gehende Wirkungen erstehen müssen, und so eröffnet sich ihnen dann für die Zukunft ein neues großes Feld, und im Geiste sehe ich schon die Dünen der holländischen Küste, die Gletscherfirne der Alpen, die endlosen Sandstrecken der afrikanischen und asiatischen Wüsten, die riesigen Steppen Amerikas, die Dschungelfelder von Indien und die Eisfelder der Polargegenden mit bunten, gen Himmel schreienden Plakaten bedeckt, und ich freue mich, daß ich jene Zeit nicht mehr erlebe.

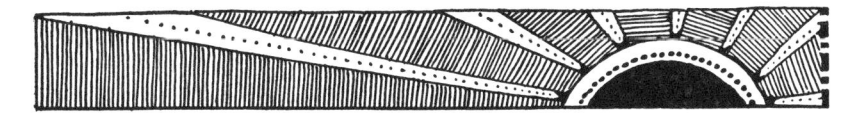

Charles Dona Edward
Der Sport in 100 Jahren.

Der Sport in 100 Jahren.
Von Charles Dona Edward.

Dem Sport erwachsen schon jetzt für seine Zukunft ungeahnte Möglichkeiten. Es gehört daher wenig Phantasie dazu, ein Zukunftsbild zu entwerfen, so lange man sich auf dem Gebiete der Sachlichkeit bewegen und sich nicht in haltlosen Utopien ergehen will, die allerdings auch zu den Möglichkeiten, vorläufig aber noch nicht zu den Wahrscheinlichkeiten gehören. So dürfte es sich erübrigen, von dem „Maulwurfssport" und dem „Salamandersport" zu sprechen, von welchem einige unserer Romanciers vorahnend zu schwärmen wissen. Beide dieser Sportarten sind schon hinreichend durch die ihnen beigelegten Namen charakterisiert. Der eine ist der Feuersport, der andere der unterirdische Sport, der sich durch die Erde gräbt, ähnlich wie man sich etwa, um ins Schlaraffenland zu gelangen, durch den Hirsebreiberg hindurchgraben muß, während der andere der Feuersport ist, der ja allerdings in unseren Feueressern und in der Feuerschaukel der indischen Fakire seine Vorläufer hat. Solchen Sport aber zum Sport zu rechnen, hieße das Wesen des Sports vollkommen verkennen. Wasser, Luft und Erde müssen uns als Felder der Sportbetätigung genügen. Der Sport der Zukunft wird der Sport der rasenden, sich überbietenden Geschwindigkeiten sein; er wird der Sport mehr des Intellekts, als der physischen Kraft sein, denn trotz aller Körperkultur wird das menschliche Geschlecht allmählich „schwächer werden, um stark zu sein". Es wird eine Ausbildung der Sinne nötig werden, die zweifellos auf Kosten des Körpers gehen wird. Fordert schon der jetzige Sport Blitzesschnelle der Gedanken, größte Geistesgegenwart, Anschauung, Kaltblütigkeit, Selbstbeherrschung und Selbstzucht in hohem Maße, hervorragende Charaktereigenschaften also,

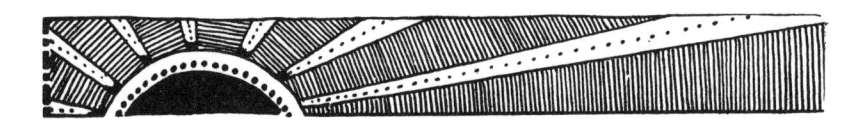

und ebensolche des Geistes, so wird das in Zukunft noch weit mehr der Fall sein. Mit der Erhöhung der Geschwindigkeit wachsen die Gefahren des Sports, und auch solche gibt es in arithmetischer Progression. Schon jetzt haben wir Geschwindigkeiten erreicht, die an das Fabelhafte grenzen, und die doch ein Nichts gegen die sind, die wir noch erreichen können, denn die Geschwindigkeit kennt keine Grenzen. Wenn heutzutage schon Motore gebaut werden, mit denen wir — falls wir uns eine asphaltierte Straße rund um die Erde gelegt denken — bequem in vierundzwanzig Stunden und noch weniger die ganze Welt umrunden könnten, so haben wir damit noch immer nicht das denkbar Mögliche geleistet, sondern stehen nach wie vor an den Anfängen einer Industrie, die noch so gut wie in den Kinderschuhen steckt. Ganz andere Kräfte, die wir jetzt erst zu kennen beginnen, werden uns dann zur Verfügung stehen und die Menschen werden stets kleiner und leichter werden, so daß Lewell wohl recht haben mag, wenn er sagt, wir werden künftig im Gehäuse einer Uhr mehr Kraft mit herumtragen können, als jetzt unsere Riesenschnellzugsmaschinen entwickeln. Damit ist aber die Richtschnur für unseren kommenden Sport auch gegeben, der sich aller Wahrscheinlichkeit nach hauptsächlich im Wasser, unter Wasser und in der Luft abspielen wird, während neuere gegenwärtige Sportarten, die auf der Erdoberfläche getrieben werden, ganz zweifellos als solche verschwinden werden. Mit den Geschwindigkeiten werden nämlich die für neueren Sport notwendigen Distanzen sich zu ungeheuren erweitern. Der Modesport wird uns nicht mehr befriedigen können, und so wie man heutzutage schon Schach zwischen zwei Ländern und über den Ozean weg spielen kann, ohne daß die Partie länger dauert als eine in ein und demselben Klubzimmer gespielte, so wird man auch unsere edleren Ballspiele per Distanz spielen können. Heute schon tauchen, allerdings als Spielzeug, kleine Motorbälle auf, die man sich gegenseitig auf sechs- bis siebenhundert Meter zuwerfen kann; heute schon läßt man Aeroplanspielzeuge über die Teiche fliegen, an deren jenseitigem Ufer sie aufgefangen und zurückgesandt werden, und bald wird es einerlei sein, ob dieser Teich klein oder groß ist, ob er ein See oder ein Meer ist. Die Hilfsmittel der Wissenschaft sind heute soweit gediehen, daß man nicht nur annehmen, sondern schon bestimmt voraussagen kann, daß man

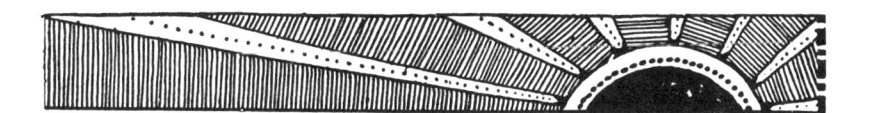

jeden Mitspieler, sei er noch so weit, beim Spiele wird sehen, hören und sprechen können. — Luftballonwettfahrten und Flugwettfahrten haben wir schon jetzt, wir selbst aber werden noch Höhen= und Distanzflüge erleben, die den Flug des Adlers und der Schwalbe überbieten werden, ja, die Kraft unserer Motore wird hinreichen, um uns ohne weitere kostspielige und schwerfällige Apparate in die Luft zu erheben, so daß Flammarion recht behalten dürfte, der für die Zukunft nicht nur Luft= flieger, sondern Luftschwimmer prophezeit. So wie die Erde durch Millionen von Jahren das Element der Menschen gewesen, so wird es jetzt eben die Luft werden, und auch unser Körper wird sich den neuen Lebensverhältnissen anpassen. Das Wasser dagegen wird niemals zum Element der Menschheit werden. Nur der Reiz, auch dieses zu meistern und die Widerstände zu überwinden, macht es zum Sportfeld, das es auch bleiben wird. Der mit einem kleinen Handmotor bewaffnete Schwimmer wird aber nicht mehr im Schwimmtempo die Wellen durch= schneiden, sondern mit der Geschwindigkeit eines Torpedobootes, und das Ueberschwimmen des Aermelkanals, das heute noch der unbefriedigte Ehrgeiz der größten Heroen der Schwimmkunst ist, wird eine Leistung sein, die jedes Kind wird vollbringen können. Wenn Wells meint, wir würden dann den Fisch im Meer jagen, so wie man heute das Wild jagt, so kann er recht haben, denn wie heute der Skiläufer mit dem schnellsten Renntier Schritt zu halten vermag, so werden wir in Zukunft den schnell= sten Fisch in seinem Element überholen können. Selbst oder in unseren Tauchbooten, die wahre Wunder an Schnelligkeit, Tauch= und Lenkbar= keit sein werden. Auch die Möglichkeit von Tauch= und Flugkombina= tionen ist nicht ausgeschlossen. Bekanntlich hat die Natur schon alles geschaffen, was der Mensch später erfindet. Es ist fast, als wolle die schöpferische Kraft der Natur spottend die Winzigkeit unseres Könnens demonstrieren. Und sie schuf neben den Wesen, die gehen und fliegen können, auch solche, die fliegen und tauchen können. Wenn diese Kom= bination aber in der Natur schon gegeben ist, dann wird sie die Kunst der Menschen auch noch vollbringen, und der Sport wird sich — ich weiß natürlich nicht, ob in hundert, fünfhundert oder tausend Jahren — auch diese Möglichkeit nutzbar machen und Konkurrenzen veranstalten, die nicht nur rund um die Erde, nicht nur in die Höhen des Chimborasso und des Mount Everest gehen, sondern aus diesen Höhen auch in die Tiefen des Meeres, und wieder in die Aetherhöhen empor führen werden. Der Sport wird also unbeschränkt in den Geschwindigkeiten, unbeschränkt in den Entfernungen und unbeschränkt in den Richtungen werden. So unbeschränkt, daß viele ja sogar davon träumen, weit über die Grenzen der Atmosphäre hinaus dringen und von Welt zu Welten wandern zu können. Daß das aber ein Traum der Zukunft ist, den die nahe und nächste Zukunft n i ch t erfüllen wird, das ist gewiß, und auf Jahrtausende hin soll I ch ja nicht prophezeien.

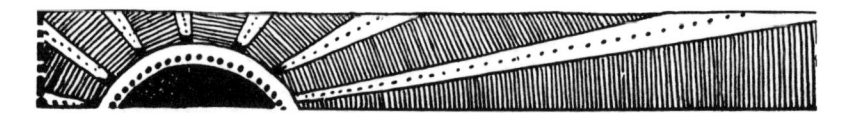

Frl. Professor E. Renaudot, Paris
Die Welt und der Komet.

Die Welt und der Komet.
Von Fr. Professor E. Renaudot, Paris.

Im tiefen Schweigen des Alls bewegt sich lautlos, in schnellem, rasenden, den Weltraum durchziehenden Laufe, aus der Leere heraus, ein zwanzig und mehr Millionen Meilen langer, kalter, giftiger Dunst der Sonne und ihren Planeten entgegen.

Diesem dahinrasenden Strom von Gasen folgt, von ihm mitgerissen, ein Haufe von losem Gestein, das teils nicht größer ist als irgend ein Feldstein, teils aber größer als der größte unserer Berge; und all diese Steine und Felsen und Massen folgen nicht nur der seltsamen, alles mit sich reißenden Dunstform, sondern sie drehen sich auch in tollem, ewigem Lauf um sich selber. Trümmer von Welten sind es, die andere Welten mit ihrer Zerstörung bedrohen.

Kein Mensch weiß, seit wieviel Aeonen der tödliche Weltenraumwanderer die Erdbahn schon kreuzt; kein Mensch weiß, wieviel andere seinesgleichen noch da sind, die in unsere Bahn, uns bedrohend, geraten. Zweifellos aber steht es fest, daß wir schon zahllose Male mit den seltsamen Himmelsgebilden, die wir Kometen nennen, zusammengestoßen sind, und daß wir noch unzählige Male mit ihnen zusammenstoßen werden. Und nicht nur wir, sondern alle andern Planeten genau so. Und man kann die Spuren dieser Katastrophen immer noch sehen.

Wenn nun die Erde mit einem Kometen zusammenstieße, was würde dann wohl geschehen?

Unser Trabant, der Mond, gibt uns die, wenn auch stumme, so doch beredteste Antwort auf diese Frage. Die Astronomen unserer Zeit kommen nämlich immer mehr dazu, die meisten, wenn nicht alle, sogenannten „Krater" der Mondgebirge nicht mehr als solche, sondern als Eindrücke von, mit großer Gewalt auf die Oberfläche des Mondes aus dem Weltenraume gestürzten Körpermassen zu betrachten. Die „Krater" wären also nichts als die Narben eines zu einer Zeit mit dem Monde erfolgten Zusammenstoßes, als die Mondkruste gerade zu erkalten begann. Wir können diese Kraterformationen ganz genau nachbilden und uns eine förmliche Reliefkarte einer Mondlandschaft anfertigen, wenn wir Steine verschiedener Größe mit großer Kraft auf eine noch nicht ganz erstarrte Lehmmasse werfen.

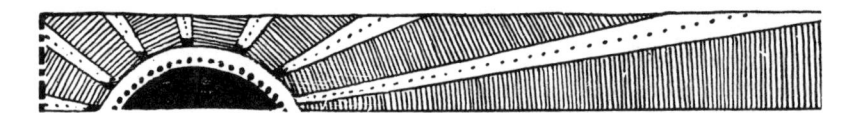

Selbstverständlich wurde durch jenen, für den Mond so unheilvollen Zusammenstoß auch die Erde getroffen, und sie mußte ganz dasselbe Bombardement aushalten, da eben die Erde größer und ihre Oberfläche zu jener Zeit noch viel heißer war, so verschwanden die Spuren der Eindrücke, und die glühenden Massen der Erde schlossen sich über den fremden Eindringlingen aus dem Himmelsraum.

Aber auch späterhin, als die Erde schon abgekühlter war, muß sie zweifellos mehr als einmal schon mit einem oder dem andern Kometen zusammengestoßen sein. Da aber war der Schild von Wasser, der sie zum größten Teile auch jetzt noch umgibt, ihr großer, sie vielfach vor der Zerstörung, gewiß aber vor tiefen Wunden behütender Schutz.

Sollte es nun noch einmal geschehen, daß wieder ein Komet mit unserem Planeten zusammenstößt, dann wird eine Lawine von Sternen und Meteoren über den unglücklichen Teil der Erde niedergehen, der gerade dem Kometen zugewandt ist.

Vielleicht trifft der Kern des Kometen gerade auf einen der Pole. Dann würde der aus dem Himmel stürzende Felshagel niemanden direkt verletzen, aber das durch die furchtbare Hitze schmelzende Eis würde eine Sturzwelle bilden, die, einer neuen Sintflut gleich, unsere Kontinente überfluten würde, und unsere Atmosphäre wäre mit Dünsten und Gasen und Nebeln erfüllt, so daß das Klima aller unserer Länder auf Jahrzehnte und Jahrhunderte hinaus vollständig verändert würde.

Der Komet von 1907, der eine so große Weltuntergangsangst hervorgerufen hatte, bewegte sich mit einer Geschwindigkeit von 107 500 Meilen

Mondlandschaft. Nach einer teleskopischen Aufnahme.
Die sogenannten Krater der Monde sind nichts als bei der Begegnung mit Kometen entstandene Narben.

in der Stunde auf unser Sonnensystem zu, und der eben jetzt am Himmel stehende zeigt keine gerade wesentlich kleinere Bewegungsschnelligkeit. Würde nun die Erde mit dem Kern solch eines Kometen zusammenstoßen, so würde keine Stadt der Welt ihm Widerstand zu leisten vermögen, und ein Paris, London, Newyork oder Berlin wäre nicht nur in wenigen Sekunden ein glühender, rauchender, brennender Trümmerhaufen, sondern die Hitze würde auch hunderte von Meilen weit in der Runde alles Leben zerstören.

Die Menschheit aber würde deshalb doch nicht zugrunde gehen, und die Erde würde sich auch von diesem Schlage erholen.

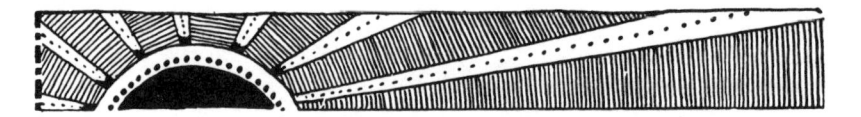

Es ist auch nicht der Kern, den wir bei den Kometen am meisten zu fürchten haben.

Der Kern ist ein so verschwindend kleiner Teil eines Kometen, daß unsere Erde durch hunderte von Kometen hindurchziehen könnte, ohne bei einem einzigen mit diesem festeren Kern zusammenzustoßen. Dieser Kern würde, wie gesagt, den Teil der Erde, mit dem er zusammentrifft, zermalmen und verbrennen, der übrige Teil der Erde würde aber nicht sonderlich durch ihn getroffen werden. Aber der große "Schweif" des Kometen der aus Millionen und Abermillionen von Kubikmeilen giftiger Gase besteht, würde unsere Atmosphäre umhüllen, die Gase würden sich mit ihr vermengen und sie von e i n e m Pol bis zum andern vergiften.

Sollte der Kern eines Kometen irgend eine Stadt treffen, so würden die Astronomen in der Lage sein, sie vielleicht noch rechtzeitig zu warnen und mehrere Stunden vor dem wirklichen Zusammenstoß würden die entsetzten, schreckgelähmten Bewohner die "Geschosse" ihres Feindes am Horizont emporsteigen und größer und größer werden sehen. Bei Tage würden sie schwarz aussehen wie Kohle, und sie würden von einer Dunsthülle umgeben sein, die in demselben Augenblicke, wo sie mit unserer Atmosphäre zusammentrifft, in Flammen aufgehen würde.

Bei Nacht würden die g r o ß e n , den Kometen begleitenden Massen auf der der Sonne zugekehrten Seite gleich poliertem Silber erglänzen, während man den unbeleuchteten Teil nur eben so schwach sehen würde, wie man beim zu- und abnehmenden Mond den unbeleuchteten Teil dieses unseres Trabanten zu sehen vermag. Ein geisterhaft phosphoreszierendes Licht würde alle diese Körper umhüllen und sie zu einem schauerlich schönen, unheimlich hypnotisierenden Anblick machen.

Sollten wir bei solch einem Zusammenstoße dem Kerne entgehen und dann nur mit der Dunstmasse des Schweifes zusammentreffen, so wäre der Effekt f ü r d a s A u g e kein so außerordentlich großer, sonst aber würde er sich weit fühlbarer machen.

Ohne jede vorherige Warnung würden wir plötzlich in die Dunstmasse des Kometen hineingeraten. Vielleicht würde ein mächtiger Sternschnuppenfall eintreten, vielleicht würden Meteore niederfallen und unsere Erde erreichen, vielleicht aber auch nicht. Wahrscheinlich würden wir nichts besonderes sehen und nichts besonderes merken, bis wir plötzlich

Der Komet und der Schwarm ihn begleitender Trabanten.
Den Schweif der Kometen begleitet ein Schwarm im Sonnenlicht leuchtender Körper von der Größe eines Feldsteines bis zu der riesiger Berge.

mitten drin wären in der Katastrophe. An jenem Tage würden die Vögel leblos aus der Luft stürzen; ein Regen aller, ihrer Lebenskraft beraubten fliegenden Insekten würde auf die Erde niedergehen; der Eisbär würde taumelnd neben seiner Beute niedersinken, der Eskimo würde von plötzlicher Angst und Beklemmung getrieben aus seiner Hütte stürzen und bewußtlos vor deren Eingang zusammenfallen. Jedes Wesen, das atmet, würde nach Atem ringen und, sein Bewußtsein verlierend, zusammensinken. Mit Ausnahme der Fische im Wasser und der Würmer unter der Erde würde nichts sich auf Erden bewegen, als die vorher schon von Menschenhand in Bewegung gesetzten Maschinen.

Kämen die Gase nachts, wenn die Menschheit noch schläft, dann würde der Schlaf wie ein Alb auf ihr lasten. Auftaumelnd würden die

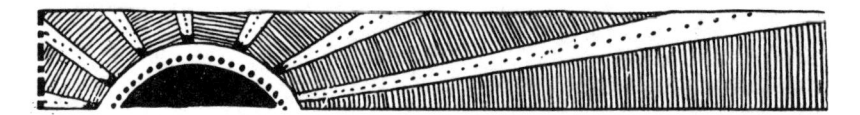

Schläfer zu den Fenstern hinstürzen, um sie aufzureißen und Luft! Luft! in die Räume zu lassen, aber die Luft wäre das Gift, und unter seiner Wirkung würde alles dem Tode verfallen. Dem Tode oder dem todesähnlichen Betäubtsein.

Wäre es Tag oder würde die Katastrophe sich abends zur Zeit der gesteigerten Lebensfreude ereignen, dann wäre das Ereignis noch krasser. Frauen und Männer, Pferde, Hunde und Vögel würden auf den Straßen wirr durcheinanderfallen. Die Wagenführer würden von ihren Wagen, die Lokomotivführer von ihren Lokomotiven fallen, und die Wagen und Züge würden über die Leichen von Menschen und Tieren dahingehen und durch diese aus den Geleisen geraten. Die Elevatoren würden in ausgestorbenen Häusern auf- und niedergehen. Die Maschinen würden arbeiten, solange die Kraft da ist, aber niemand wäre da, sie auszunutzen oder zu bedienen. Die Feuer würden erlöschen oder wie rasend um sich greifen. Somit würde die Stille des Todes auf der ganzen Welt herrschen. Einige Stunden lang würde die atmosphärische Hülle unserer Erde so mit Kometengasen durchsetzt werden, die aus Kohlen- und Wasserstoff bestehen. Wären diese Gase sehr dicht, so würde es ein Erwachen überhaupt nicht mehr geben, und dann würden selbst die Fische im Wasser und selbst die Würmer den Gifttod erleiden. Wäre aber die Mischung nicht allzu stark, dann würde die Menschheit krank, matt und abgeschlagen, mit benommenem Kopfe und mit schmerzenden Gliedern erwachen und nach Atem ringen, aber nur eine sauerstoffarme Atmosphäre finden, die so schwer auf ihr lasten würde, daß sie so recht zur Besinnung nicht kommen würde. Diese „wache Betäubung" würde in ihrem furchtbaren Eindruck durch den Anblick der Katastrophe nur noch erhöht werden; eine dumpfe, starre Verzweiflung würde die Menschheit packen; hier und da würde diese Verzweiflung vielleicht bei Menschen gewaltiger Energie zu einem wilden Ausbruche führen, den meisten aber würde die Kraft dazu fehlen; sie würden wie in dumpfer, fassungsloser Verblödung auf das Unbegreifliche, Entsetzliche hinsehen. Dann aber würde die Reaktion eintreten. Ein Teil des Stickstoffs und Kohlenstoffs würde allmählich absorbiert werden und der Sauerstoff sich wieder erneuern. Der Alb würde weichen, die Erkenntnis des Geschehenen würde allmählich sich Bahn brechen, in wilder Verzweiflung würde jeder nach den Seinigen suchen. Der Mann nach der Frau, die Mutter nach den Kindern! Erschütternde Szenen würden sich abspielen, Szenen des Wahnsinns und Szenen der Liebe, aber immer mehr und mehr würde das Bild sich ändern. Eine immer wachsende Heiterkeit würde mit einem Male alles erfassen. Eine tolle, ausgelassene Freude, Leben! Vergessen wäre alles, mit einem einzigen Schlage, man würde lachen, lachen und springen und einander umfassen und tanzen, und eine wilde Orgie würde sich entwickeln, wie sie die Welt noch nicht gesehen. Die Orgie der Menschheit. Das Blut in meinen Adern würde unter dem Einfluß des überhandnehmenden Sauerstoffgehaltes der Luft brennen wie Feuer, meine Lungen würden sich in wahren Gluten verzehren, ein Taumel wilden, jauchzenden Wahnsinns würde die Menschheit erfassen und in diesem Taumel würde man zusammenstürzen und enden.

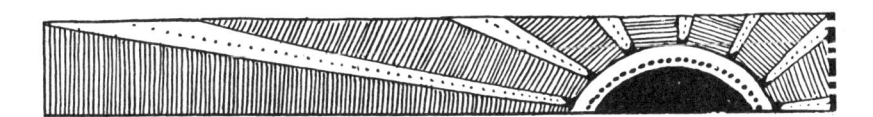

Der flammende Mantel des Kometen wäre zum Sterbekleide der Menschheit geworden.

So — könnte es werden. In zehn, in hundert, in tausend oder hunderttausend Jahren.

Die Prophezeiung ist keine schöne, und ich gebe zu, daß sie in ihren Schilderungen extrem ist. Ich stehe aber keineswegs an, zu betonen, daß nicht jeder Zusammenstoß mit einem Kometen diese katastrophalen Folgen unbedingt haben muß; aber, er k a n n sie haben. Das ist wissenschaftlich erhärtet. Und nur das habe ich zu schildern; sonst nichts. Immer wieder und wieder kehren alte Kometen zurück, immer wieder und wieder werden neue entdeckt, und es mag hunderte und tausende geben, die wir noch nicht kennen, die wir nicht sehen und die d o c h da sind und unsere Erde mit unbekannten Gefahren bedrohen? Wer schickt sie?

Sie sind mit den Spionen einer Armee vergleichbar, die sich ungesehen in das feindliche Lager schleichen. Sie stehen mit dem Hauptquartier wohl in engstem Zusammenhang, aber sie gehören zu keinem Truppenteil. Sie nehmen keinen Rang ein. Sie kommen und gehen, wie es ihnen gutdünkt und umgeben sich mit einer geheimnisvollen Atmosphäre, die oft wie eitel Demut aussieht. Und doch kann die ganze Basis der Operationen und deren Erfolg und Mißerfolg von der Tätigkeit dieser Spione abhängen.

Es ist keineswegs ein besonders hinkender Vergleich, den wir da anstellen. Die Kometen gleichen solchen Spionen wahrhaftig. Sie umgeben sich nicht nur mit Geheimnis, sie sind selbst noch Geheimnis. Das Geheimnisvolle liegt in ihrem ureigensten Wesen. Sie bilden eine eigene Klasse. Woher kommen sie? Selbst die Astronomen, die sich mit ihnen beschäftigen und sie zu ihrem Spezialstudium machen, haben noch keine Antwort darauf. Sie treten plötzlich in den Kreis ein, kommen wie sie wollen, vom Osten, Westen, Norden, Süden, gehorchen keinem der Gesetze, dem andere Weltkörper sich unterordnen mußten, sondern scheinen einem besonderen Zentralgesetze zu folgen. Sie entziehen sich fast jeder Berechnung, denn sie trennen sich, spalten sich, verschwinden. Oft kommen sie zur berechneten Zeit wieder, oft verzögern sie ihr Erscheinen um Jahre.

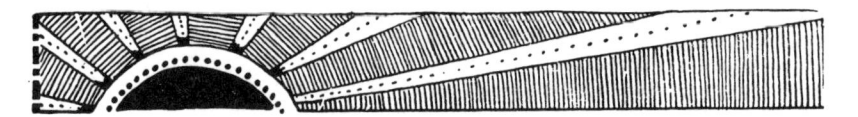

Die Zukunft der Kometen ist somit noch ein großes, unerklärtes Rätsel.

Gehören sie mit zu unserem oder einem anderen Sonnensystem? Waren sie und sind sie zum Teil vom Sonnensystem unabhängig geblieben? Das sind Fragen, die eine endgültige Antwort noch nicht gefunden haben, obwohl man der Lösung des Problems immer näher rückt. Gegenwärtig besteht die Tendenz, sie als den Gesetzen unserer Sonne untertänig zu betrachten. Die alte Idee, als hätten wir es mit Weltenbummlern zu tun, die von Stern zu Stern und von einem Planetensystem zum anderen wandern, ist so gut wie aufgegeben. Wohl ist die Bahn vieler so gestaltet, daß man an eine Wiederkehr der betreffenden Kometen kaum glauben kann, man nimmt aber trotzdem an, daß sie sich der Kontrolle unserer Sonne nie ganz entziehen. Freilich biegen sie oft auch von ihrem Wege ab und machen einen Abstecher in die verbotenen Gebiete nördlich und südlich der Ebene unserer Sonnenumgebung, eine Extravaganz, die sich andere Sterne nicht leisten. Oft bleiben sie weit hinter uns zurück, oft überholen sie uns in unserer unaufhaltsamen Bewegung, dem Herkules, dem Drachen und der Leier zu. Es ist, als wollten sie sehen, ob der Weg frei ist, und sich dann überzeugen, ob auch noch alle Planeten hübsch beisammen sind und in der alten Ordnung marschieren, und als ob einer oder der andere dann davonschießt, um irgend einer unbekannten Kraft Bericht zu erstatten.

Welcher Kraft? Welchem Wesen?

Das wissen wir nicht, und es ist auch keine Wahrscheinlichkeit da, daß unsere Kinder und Kindeskinder es in hundert Jahren wissen werden.

Professor Garret P. Serviss
Der Weltuntergang.

Der Weltuntergang.
Von Professor Garret P. Serviß.

1. Eine verblüffende Situation.

Mit der tausendfachen Geschwindigkeit eines Schnellzuges eilt die Erde durch das All den Sternenbildern des Herkules und der Leier zu. Die Sonne und die andern Planeten sind in diesen tollen Lauf alle mit hineingezogen. Den Astronomen ist diese Bewegung unserer Welt längst bekannt; erst in der letzten Zeit aber haben sie vermocht, genauen Aufschluß über die Geschwindigkeit und die Richtung derselben zu geben. Ihre Ursache aber ist bis auf den heutigen Tag noch ein ungelöstes Geheimnis geblieben. Alles, was wir mit Sicherheit darüber wissen, ist, daß die Geschwindigkeit, mit der wir durch das Weltall ziehen oder gezogen werden, zwölf englische Meilen, das sind 18,3 km in der Sekunde beträgt, und daß die Bahn unseres Weges nahezu eine gerade Linie zu sein scheint.

Diese Bewegung scheint absolut nichts mit der jedermann bekannten Bewegung der Erde um die Sonne zu tun zu haben. Im Gegenteil, sie findet in einer grade entgegengesetzten Richtung statt, und sie umfaßt, wie gesagt, das ganze Sonnensystem, und die Sonne, die alle andern Bewegungen ihrer Planeten so sorgsam reguliert, ist dieser Flucht durch das All gegenüber vollständig machtlos und wird mitgerissen, ob sie will oder nicht.

Es ist, als ob irgend eine unsichtbare, gigantische Kraft unser Sonnensystem erfaßt hätte und es im rasenden Laufe hinüber zöge, von einer Seite der Milchstraße zur andern.

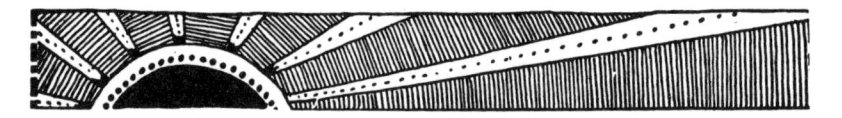

Nichts kann diesem rasenden Laufe Einhalt tun, sagen die Astronomen, und die Kraft, die da wirkt, ist unsichtbar, unfaßbar und unerklärlich. Es scheint, als handle es sich um einen großen Mahlstrom im Weltenäther. Merkwürdigerweise aber zeigen alle Berechnungen, daß die gesamte Entziehungskraft des ganzen uns bisher bekannt gewordenen Weltalls zusammen genommen unfähig war, sowohl eine solche Bewegung hervorzurufen und zu begründen, als ihr auf irgend eine Weise auch nur im geringsten Einhalt zu tun.

Es ist eine übermächtige Aetherströmung, in welcher Sonnen und Planeten ebenso machtlos sind, wie es eine Nußschale wäre, die man in den Strudel der Niagarafälle werfen würde. Und nicht nur unsere eigene Sonne und unser eigenes Sonnensystem wird von dem tollen Strome erfaßt, sondern auch viele andere große Sterne und Sternensysteme, die mit den unsern demselben, geheimnisvollen Schicksal entgegengehen.

Die Kraft nämlich, die diese Bewegung hervorruft, erstreckt sich über Millionen von Meilen nach beiden Seiten von uns. Tatsächlich scheint ja das ganze Weltall in Bewegung zu sein. Die große Mehrheit der entfernten Sterne aber scheint sich langsamer zu bewegen, gleichsam als wären sie an den Ausläufern, oder wenn wir so sagen wollen, an den Ufergrenzen der Strömung gelegen. Ja, man hat sogar geglaubt, daß es eine Art Ur- oder Unterströmung gebe, die bewirkt, daß einige von den Sternen in der einen Richtung, die andern in der entgegengesetzten dahineilen. In jedem Falle handelt es sich um die ungeheuerlichste Kraftäußerung, die sich kein menschlicher Geist in ihrer Größe auszumalen vermag; denn sie umfaßt alles, was wir in dem Begriff der Möglichkeit zu glauben bewußt sind.

Vor der Entdeckung dieser Sonnen- und Planetenflucht durch den Weltenraum hielt man das Sonnensystem für so außerordentlich reguliert, wie das Uhrwerk eines fehlerlosen Chronometers. Sogar Astronomen sprachen von der Unzerstörbarkeit des Systems und bewunderten all das Ineinandergreifen des göttlichen Räderwerkes der Natur. Das alles aber hat sich mit einem Schlag geändert. Es kann ja sein, daß auch dieses wilde Rennen durch das Weltall ein Teil eines Systems ist, das nicht zum Untergang führen mag; aber es sieht denn doch nicht ganz danach aus. Stellen wir uns einmal, um ein Bild im Kleinen zu geben, eine Flotte vor, die mitten auf dem Ozean schwimmt, und die plötzlich von einer gewaltigen Strömung, trotz aller Arbeit der Maschinen, trotz aller Kraft des Steuers und trotz aller Energie der Mannschaft, dem Pole entgegen getrieben wird. Wird sich dann nicht all derer, die auf den Schiffen sind, ein furchtbarer Schrecken bemächtigen? Ganz zweifellos. Wir, hier auf der Erde, befinden uns in einer ähnlichen Lage; aber dieser Lage sind sich nur die Astronomen bewußt, und die übrige Menschheit kennt, merkt und glaubt dies nicht. Und einigen gibt es den Trost, daß weder wir, noch unsere Kinder und Kindeskinder den Schlußakt dieser Komödie, der wir entgegen gehen, mit erleben werden, sondern daß der Vorhang fallen wird, wenn wir alle längst nicht mehr sind.

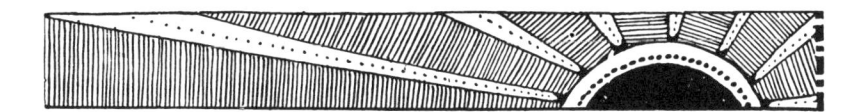

Wir befinden uns gegenwärtig ungefähr in der Mitte jenes gewaltigen Raumes, den der als Milchstraße bekannte Sternen- und Weltengürtel umfaßt. Billionen von Meilen südlich von unserer gegenwärtigen Stellung liegt eine reiche Sternenregion der Milchstraße, aus der wir gekommen zu sein scheinen, und jenseits davon liegt in ungefähr gleicher Entfernung ein wundervolles Sternenmeer, welchem wir uns unaufhaltsam mit der Geschwindigkeit von 365 000 000 Meilen im Jahr nähern. In dieser Richtung aber liegt ein großer Riesenstern, die Vena oder Alphalyra, der tausendmal größer ist als unsere eigene Sonne. Und dieser ungeheure Weltenkörper scheint sich uns mit einer noch größeren Geschwindigkeit zu nähern, als wir uns ihm. In unserer allernächsten Umgebung scheint der Weltenraum verhältnismäßig leer zu sein; es gibt keine anderen Sterne in unserer Nähe, wenigstens keine sichtbaren.

Die moderne Astronomie hat aber die beunruhigende Entdeckung gemacht, daß keineswegs alle Sterne am Himmel sichtbar sind, und wir kennen viele, die wir niemals gesehen haben, und die wir nur berechnen können, weil sie große Weltkörper sind und als solche auf die übrigen wirken; und es ist sehr möglich, daß solcher dunklen Sterne viele auf dem unbekannten Wege liegen, den wir jetzt durch das große unendliche All in schwindelndem Laufe zurücklegen.

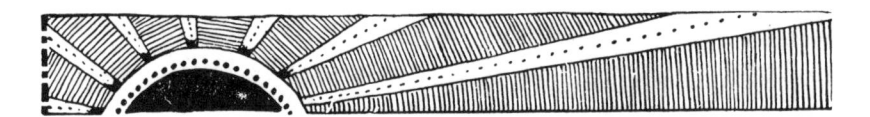

2. Der Zusammenstoß mit einem Stern.

Das, was wir oben von unsichtbaren Sternen gesagt haben, lenkt unsere Aufmerksamkeit sofort auf die Möglichkeit irgend einer uns drohenden Gefahr, die durch unseren rasenden Lauf durch das Weltall für uns heraufbeschworen werden kann.

Es ist, was diese Körper anbelangt, ein wirklich blindes Hineinrennen in das undurchdringliche Dunkel; denn wir könnten ihre Nähe nur aus der auf uns geübten Anziehungskraft erkennen, und das wäre viel zu spät, um einem Zusammenstoß auszuweichen; falls dies überhaupt im Bereiche der Möglichkeit stände. Ebenso sprechen wir von diesen dunklen Weltkörpern als von „toten Sternen"; denn es wird angenommen, daß es früher leuchtende Sonnen waren, die ihr Leben ausgelebt haben und völlig erkaltet sind. Ein einziger dieser drohenden Körper würde, wenn er unsere Bahn kreuzte, genügen, unser ganzes Sonnensystem zu zerschmettern. Und die Möglichkeit einer solchen Katastrophe besteht zweifellos, wenn sie auch in weiter, weiter, unübersehbarer Ferne liegen mag.

Könnte nun eine solche weltzerstörende Katastrophe vorhergesehen werden? Gewiß. Die Wirkungen der Anziehungskraft würden den Schlüssel dazu bieten auf das Vorhandensein eines unsere Bahnen störenden Körpers; und wir könnten aus ihnen auch die Geschwindigkeit berechnen, mit der wir uns dem Tod, Zerstörung und Verderben bringenden fremden Weltkörper nähern. Würde es sich um einen massiven Körper handeln, wie beispielsweise die Sonne, so würden wir mit unseren modernen Hilfsmitteln schon Jahre vorher herausfinden, wann uns der Zusammenstoß im Weltenraume bevorsteht. Und man kann sich auch denken — obwohl der gegenwärtige Stand der Wissenschaft noch nicht so weit ist —, daß wir von der Gegenwart des unsichtbaren Körpers auch durch das Spektrum der unsichtbaren Strahlen, die von jedem Körper auszugehen scheinen, Kenntnis bekommen könnten. Das würde in gewisser Hinsicht eine Anwendung der X-Strahlen, zur Entdeckung von außerhalb unseres Raumes, für uns sonst verborgenen Körpern sein. Und so würde nicht Licht, sondern „sichtbare Finsternis" in den Dienst der Wissenschaft gestellt werden, und dadurch würden Dinge

Wir würden in ein Feuerbad von einer Million Grad gestürzt werden — —

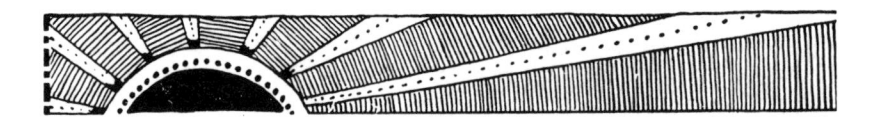

entdeckt werden, an die jetzt zu denken für uns unmöglich ist. All die auf eine oder die andere Weise erhaltenen Berechnungen und die sichtbarste Gewißheit eines bevorstehenden Zusammenstoßes könnten die Katastrophe nicht verhindern. Es sei denn, daß die Wissenschaft soweit fortschreitet, daß sie den Menschen fähig macht, die Erde in ihrem Lauf zu lenken. Das ist aber nicht nur an sich und für sich ganz undenkbar, sondern würde auch durch die schon erwähnte Tatsache geradezu hoffnungslos unmöglich gemacht werden, daß an dieser Bewegung der Erde das ganze Sonnensystem teilnimmt, und es müßte dann nicht die Erde allein aus ihrem Lauf gelenkt werden, sondern es wäre vor allem nötig, die Sonne selbst auf andere Bahnen zu lenken.

Es ist also der ganzen Sachlage nach zweifellos unmöglich, einem Zusammenstoß zu entgehen, wenn irgend einer jener großen, toten Weltkörper in unserer Bahn oder in der Bahn unserer Sonne liegt, und wir werden den Folgen eines solchen Zusammenstoßes hilflos überantwortet.

Kann nun die Wissenschaft uns sagen, worin die Folgen bestehen würden? Ganz gewiß kann sie das, und nichts ist leichter, als dies in allgemeinen Zügen vorauszusagen. Wenn wir an irgend einem Tage unsere Zeitung nehmen und darin ein Telegramm irgend eines großen Observatoriums lesen würden, in welchem stände, daß in der vorangegangenen Nacht sich eine unverkennbare Beschleunigung in der Bewegung der Erde gegen den Herkules zu gezeigt habe, so würde kein Astronom der Welt sich über die Ursache dieser beschleunigten Bewegung im Unklaren sein, und er würde sich entsetzt sagen, daß irgend ein bisher unbekannter Körper von unglaublicher Kraft mit im Spiele sei und seine Anziehungskraft auf die Erde ausübe.

Wie gesagt, würde sich das schon Jahre vorher erkennen lassen; aber man würde nicht gleich mit Sicherheit auf die Art des Zusammenstoßes schließen können. Das zu können, wäre erst den letzten Monaten vor der Katastrophe vorbehalten. Dann aber könnte man jedes Stadium der furchtbaren Welttragödie vorhersagen. Die Observatorien würden plötzlich der Mittelpunkt alles Nachrichtenwesens der Erde werden; denn keine andere Frage, als nur die eine würde die Welt noch interessieren. Der Wahnsinn der Furcht würde die ganze Menschheit erfassen, und es ist fraglich, ob viele Menschen den Mut fänden, der

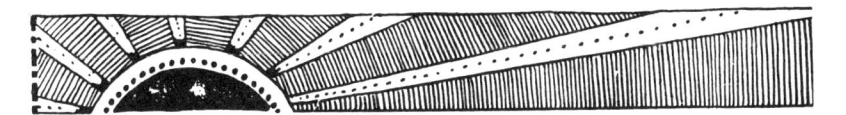

Katastrophe ins Auge zu sehen, und sich nicht schon vorher vernichten würden.

Es unterliegt wohl kaum einem Zweifel, daß die Sonne von unserem Sonnensystem die erste wäre, die den Zusammenstoß mit dem fremden Weltkörper erhalten müßte. Das kommt daher, daß das ganze System nicht staffelweise, sondern flach durch den Raum eilt; und infolgedessen würde sein Zentrum als der förmliche Brennpunkt der gesamten Anziehungskraft zuerst dem selbst mitangezogenen fremden Körper entgegengeschleudert werden. Dieser Körper würde, soweit wir die toten Sterne bisher berechnen können, die Sonne an Massigkeit weit überragen oder ihr zum mindesten gleich sein. Wenn sie nun mit einer Geschwindigkeit von vielen hundert Meilen in der Sekunde aufeinander zustürzen würden, dann würde er in der furchtbaren Hitze, die sich dadurch allein schon entwickeln würde, schmelzen wie Wachs. Wir selbst und all die anderen Planeten würden in ein Feuerbad gestürzt werden, das eine Temperatur von einer Million Grade haben würde. Einen Augenblick, bevor diese Hitzewelle uns treffen würde, würden unsere Städte, unsere Hügel und Berge gegen den Himmel emporragen, und einen Augenblick später werden sie nichts anderes als ein Meer von Dunst und Dampf sein.

Jenem furchtbaren Hitzbad aber würde d i e   S o n n e   s e l b s t auf dem Fuße folgen und die Vernichtung vollenden; denn der Sonnenball würde sich mit der Geschwindigkeit des Lichtes nach allen Seiten hin ausdehnen und seine feurigen Massen würden nach allen Seiten hin überfluten und würden alles vernichten und verzehren, gleichsam als wolle er die riesige Ausdehnung wiedergewinnen, die er zum Anfang der Zeiten hatte, als er noch eine bloß nach Verdichtung strebende Nebelmasse war, und die Planeten noch nicht aus ihm heraus geboren waren. Lange aber, ehe dieser Zustand wirklich erreicht werden würde, müßte unser ganzes Sonnensystem in wilde Unordnung durch die große Anziehungskraft seitens der störend in seine Bahnen tretenden Weltkörper geraten. Die Planeten hätten längst ihre Bahnen verlassen und würden im Weltraum hin- und herrennen, gleich einer Herde von Schafen, in deren Mitte ein Wolf gerade eingebrochen wäre. Die Herrschaft der Sonne, der wir die große Weltordnung verdanken, wäre gebrochen, und die verlassenen Planeten würden sich gegenseitig in das Verderben rennen, und diejenigen, die in verhältnismäßig unmittelbarer Nähe zueinander stehen, würden zweifellos mit weltzerstörender Kraft aneinander prallen. Wahrscheinlich würde der Mars es sein, der mit der Erde zusammenstößt, oder aber die Venus. In jedem Falle wäre der Zusammenstoß die völlige Vernichtung der kollidierenden Welten, und der alte Prophet mit seiner Vision von den sich öffnenden Himmeln und der in glühenden Flammen schmelzenden Erde gäbe ein wundervolles Zukunftsbild von dem, was die moderne Wissenschaft als das Schicksal der Erde erklärt hat, und das durch die große Flucht des Sonnensystems durch den Weltraum der Erde bevorsteht. Der alte Glaube, daß der Allmächtige, wenn die Zeit vollendet sein wird, in seinem Zorn Feuer auf die Erde wird regnen lassen, kann aber vor der Wissenschaft nicht bestehen; denn wenn ein solches Ende der Erde wirklich beschieden sein sollte, so wird das Schauspiel ein anderes sein.

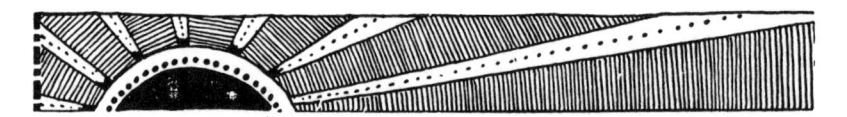

Die Zerstörung der Erde muß an sich selbst schon auch die vieler anderer Weltkörper nach sich ziehen, die ebenso groß, oder noch größer sind als die Erde. Selbst der Mond würde genügen, uns, wenn die Weltordnung ihr Ende findet, vollständig zu zerschmettern. Der Mond wiegt nämlich 75 000 000 000 000 000 000 Tonnen. Würde diese Masse auf die Erde stürzen, so würde das mit einer Geschwindigkeit von sechs Meilen in der Sekunde geschehen. Welche unglaubliche Hitze allein durch diesen Zusammenstoß schon entstehen würde, das entzieht sich geradezu jeder menschlichen Berechnung. In jedem Falle aber würde der Zusammenstoß allein sowohl unseren Erdball als auch den Mond zersplittern und zerschellen, als wären beide nur Glaskügelchen, die durch einen Schrotschuß zertrümmert werden. Die bloße Annäherung an einen toten Stern würde genügen, den Mond aus seiner Bahn herauszureißen, und wenn die Richtung dieser Bewegung der Erde zuginge, dann wären die Folgen die, die ich eben beschrieben habe. Wenn nun die Erde wirklich bestimmt ist, ein so gewaltiges, tragisches Ende zu nehmen, dann sind die Vorbedingungen zu solcher Katastrophe ganz zweifellos durch die seltsame und unerklärliche Flucht unserer Sonnensysteme durch das Weltall gegeben.

Wenn die mit uns zusammenstoßende Masse im Vergleich zur Erde ungemein dicht wäre, wie beispielsweise der Planet Merkur, so würde

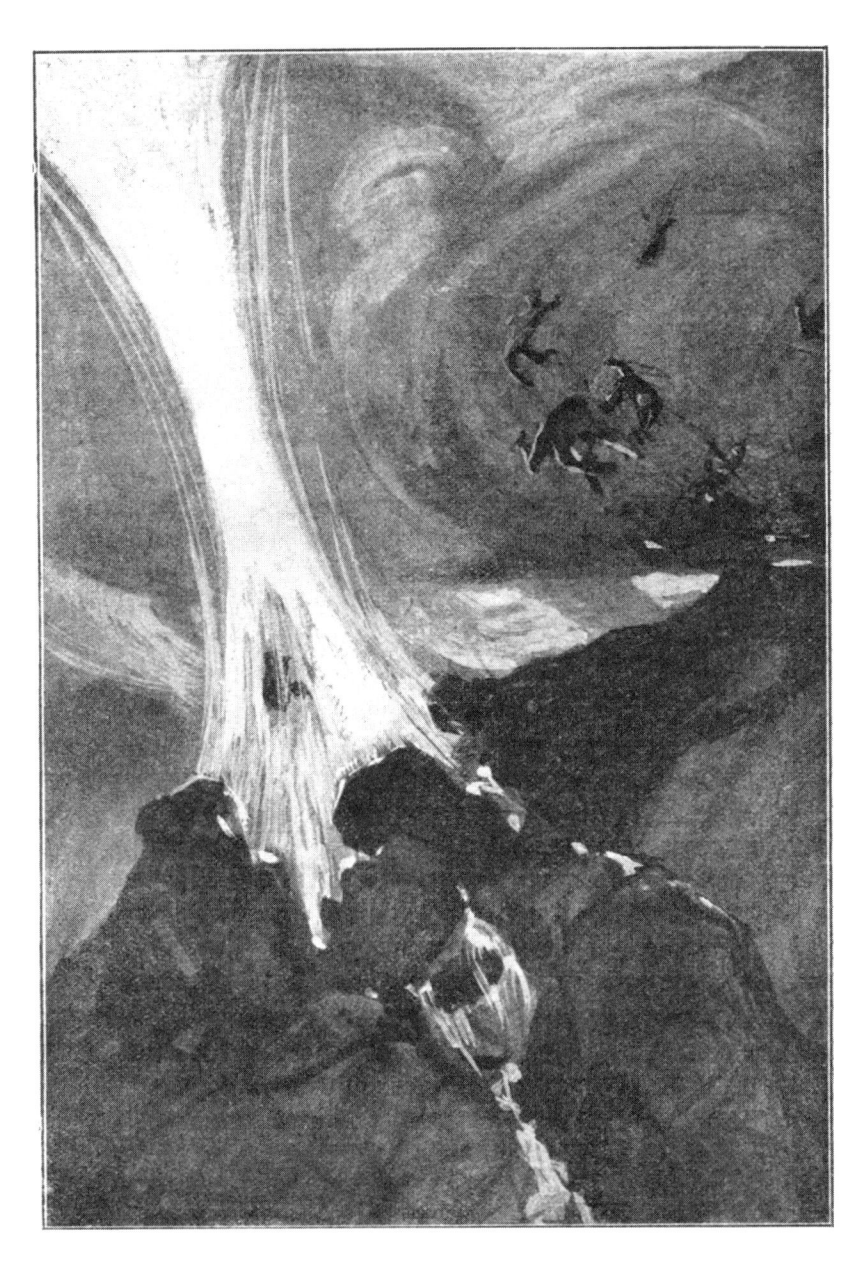

Die Erde würde klaffen und riesige Wassersäulen würden gen Himmel steigen.

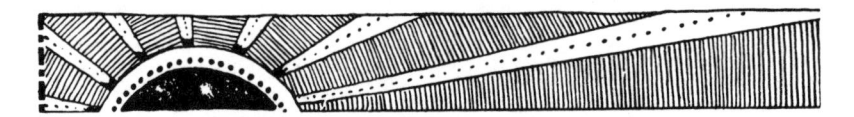

kurz vor dem wirklichen Zusammenstoß ein ganz merkwürdiges Ereignis sich zeigen. Die Anziehungskraft des sich uns nähernden Planeten würde auf die Luft, das Wasser und alle frei beweglichen Gegenstände weitaus größer sein, als die Kraft der Erde, diese festzuhalten, und sie würden sofort von der Erde fortfliegen, gleich als wollten sie ihrem Schicksal vorgreifen und dem Tode noch eher entgegen gehen. Furchtbare, nach oben gehende Wirbelwinde würden alles mit sich fortreißen und der Vernichtung entgegenziehen. Die Erde würde klaffen und riesige Wassersäulen würden gen Himmel steigen und in das Weltall verschwinden; und ebenso würden mächtige Flammen und glühende Ströme aus dem Erdinnern hervorbrechen, und der Flammenregen würde nicht auf die Erde hinab, sondern von dieser gen Himmel gehen. Und Menschen und Tiere würden selbstverständlich diesem riesigen Auffaugeprozeß folgen und von den Wirbeln und Wassern und Flammensäulen mitgerissen werden in das All, in das Nichts.

Und das Heulen der Winde, das Krachen der sich losreißenden und im Fluge zusammenstürzenden Dinge und das Brüllen der Wasser und das Bersten der Erde würden sich zu einer grandiosen Sinfonie der Vernichtung vereinen, wie sie die Welt bisher noch nicht gehört. Alles Bewußtsein wäre geschwunden, alles Fühlen und Denken hätte längst aufgehört, und man würde von der Katastrophe wie von einem Dilirium erfaßt werden, das den Tod seiner Schrecken berauben würde. Und auf alle denkenden und fühlenden Wesen sowohl wie auf alle leblosen Materien würde die alles in Dunst und Nebel auflösende Hitze fallen, ohne daß ein einziger Schrei dadurch den Opfern entrissen würde. Nun wird ganz natürlich gefragt werden können, ob es denn im Weltall schon jemals ein Beispiel solcher Weltenzerstörung gegeben habe? Diese Frage kann durch neuere Beobachtungen nur in bejahendem Sinne beantwortet werden. Der rätselhafte „neue Stern", der im Jahre 1900 im Sternbild des Perseus erschien, war ein Beispiel dafür. Die natürliche und allgemein angenommene Erklärung für das plötzliche Erscheinen dieses Sternes war einzig und allein die, daß er das Resultat eines Zusammenstoßes war, wie der eben geschilderte, und die Wahrscheinlichkeit, daß diese Ansicht der Astronomen eine richtige ist, wurde dadurch erst recht bekräftigt, daß dieser Stern sich in einen Nebel auflöste. Dieses eine

Unser Sonnensystem hätte zwei Sonnen, eine lebendige, strahlende, und eine lichtlose, tote.

Beispiel ist aber keineswegs das einzige, das die Astronomie ins Treffen führen kann.

Im übrigen ist noch eine andere Möglichkeit da, die sich bei einem Zusammenstoß unseres Sonnensystems mit einem toten Stern ereignen könnte. Diese ist keineswegs so furchtbar, wie die früher geschilderte. Eine der neuesten Entdeckungen der Astronomie war die der Existenz einer großen Anzahl von Sternen, die unsichtbare Begleiter haben, welche in einzelnen Fällen ebenso massiv sind wie die Sterne, die sie begleiten. Es kann nun keineswegs angenommen werden, daß diese „toten Sterne", die sich einem „lebendigen" so eng angeschlossen haben, aus derselben

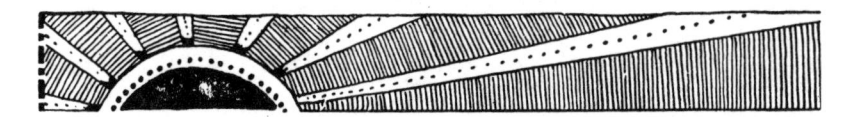

Originalmasse entstanden sein sollten wie dieser; denn in diesem Falle hätten sie unmöglich so lange vorher verlöschen können. Es ist vielmehr anzunehmen, daß die beiden Weltenkörper infolge ihrer Bewegung durch den Weltenraum zusammengekommen sind. Kein Zusammenstoß fand dabei statt; aber die gegenseitige Anziehungskraft hat sie seitdem zu nahen und untrennbaren Begleitern gemacht. Dasselbe könnte auch unserer Sonne geschehen, wenn sie in ihrem Lauf nahe genug an einen solchen „toten Stern" gelangen würde. Dann könnte sie ihn sehr leicht als Begleiter mit sich ziehen oder von ihm mitgezogen werden, und dann hätte unser Sonnensystem zwei Sonnen, eine lebendige, strahlende, und eine lichtlose, tote. Aber auch dieser günstige Fall wäre keineswegs ein sehr angenehmer; denn die Planeten würden trotzdem aus ihrer gegenwärtigen Bahn gerissen und viele von ihnen würden dabei zugrunde gehen. Da einige aber dennoch der Zerstörung entgehen könnten, so wäre dieser Fall immer noch weit günstiger.

3. Werden wir einen Sternennebel erreichen?

Ich habe schon gesagt, daß nahezu in gerader Linie mit der Richtung, in der unser Sonnensystem durch den Weltenraum fliegt, ein Nebel von großen Sternen liegt. Dadurch wird eine andere Frage in uns angeregt. Sind wir am Ende gar vom Schicksal bestimmt, diese wundervolle Massenansammlung von Sternen zu erreichen? Eine solche Möglichkeit liegt völlig in der Art unseres großen Fluges und hat weit mehr Wahrscheinlichkeit, als die weit tragischere, die ich früher beschrieben habe. Dieser Sternennebel, gegen den wir unaufhaltsam fliegen, ist eines der größten Wunder des gesamten Alls. Den Astronomen ist er unter der Bezeichnung „der Nebel des Herkules" bekannt. Man hat ausgerechnet, daß er aus ungefähr zwölf bis vierzehn Tausend Sternen besteht, die so dicht aneinander stehen, daß ihr Licht im Fernrohr förmlich als ein einziger Lichtnebel erscheint. Namentlich in dem Zentrum dieses Lichtscheines ist es ganz unmöglich, die einzelnen Sterne voneinander zu trennen. An der Peripherie des Nebels jedoch ist es uns durch unsere großartigen Instrumente gelungen, die hier offenbar auch weiter auseinander stehenden Sterne als getrennte Körper zu erkennen. Und der

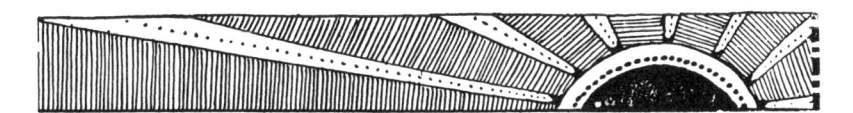

Anblick dieser unendlichen Sternenmenge ist ungefähr dem gleich, den wir etwa von einem Ballon aus auf eine von elektrischen Lichtern hell erleuchtete Stadt haben. Gegen diese wundervolle Licht- und Sternenmetropole fliegen wir, wie gesagt, mit der Geschwindigkeit von zwölf Meilen in der Sekunde. Im Verlaufe eines Menschenalters kommen wir daher diesen Sternenmengen um mehr als 200 000 000 000 Meilen näher. Die Entfernung ist eine so unglaublich große, daß unsere Annäherung trotzdem eine kaum merkbare ist. Eine ganz geringe Ablenkung von unserer Bahn würde uns mitten in das Herz dieses Sternennebels bringen. Und wenn wir allen Gefahren, die uns auf diesem unendlichen Wege bedrohen, entgehen, und wir wirklich unser Ziel im Herkulesbilde ereichen würden, was würde dann wohl geschehen?

Entweder würde ein Zusammenstoß erfolgen oder nicht. Das würde ganz davon abhängen, welche Richtung unsere Bewegung in dem Augenblicke hat, in dem wir in die große Gesellschaft von Sternen eintreten. Angesichts der großen Menge gleichzeitig von so vielen Sternen wirkender Anziehungskräfte würde die Möglichkeit da sein, daß kein Zusammenstoß stattfindet, sondern daß unsere Sonne sich mit allen ihren Planeten einfach dem Sternennebel anschließt und ein gleichberechtigtes Glied dieser Sternengesellschaft wird. Die Entfernung, die uns von dem Herkulesnebel trennt, ist aller Berechnung nach nicht geringer als Tausend und Abertausende von Millionen Meilen, und es würde, was für uns Lebende ganz zweifellos ein Trost ist, falls wir immer in derselben Geschwindigkeit unserem Ziele zueilen, mindestens noch drei Millionen Jahre dauern, ehe es zu dem geschilderten Ereignisse kommt.

Unsere Erde war weit über drei Millionen Jahre lang unbewohnt, und erst später sind die Lebewesen entstanden und haben sich bis zur Höhe des Menschen entwickelt. Es ist daher sehr wahrscheinlich, daß in drei Millionen Jahren diese Erde ebenfalls noch bevölkert sein wird, und zwar von geistig zu einer kolossalen Höhe angewachsenen Wesen oder Menschen. Diese werden, wenn jenes große Ereignis geschieht, eines der herrlichsten Schauspiele haben, das man sich denken kann. Wir sehen gegenwärtig mit dem nackten Auge in einer sternenhellen Nacht ungefähr dreitausend Sterne verschiedener Größe. Sobald aber die Erde dem Nebel des Herkules nahe und näher gekommen sein wird, dann wird das halbe Firmament in hellem, wunderbarem Lichte erstrahlen. Und man wird zwölf- bis vierzehntausend Sterne sehen, von denen jeder einzelne weit größer erscheinen und weit heller erstrahlen wird, als zehn oder zwölf Sterne erster Größe, die wir jetzt am Himmel sehen, und ihr vereinigtes Licht würde auf die Erde einen silbernen Schein werfen, der allein schon heller wäre, als jetzt das hellste Vollmondslicht ist. Das wäre der Anfang des Schauspieles, die Ouverture. Und je mehr wir uns dem Nebel, der nun kein Nebel mehr wäre, sondern sich, wie gesagt, in ein Meer von Sternen aufgelöst hätte, nähern würden, um so herrlicher wäre das Schauspiel. Bald wären die Sterne keine Sterne mehr, sondern Sonnen. Ihr Licht würde uns blenden, und unsere Sonne würde bald zu dem einen, bald zu dem andern wanken, gleich als würde sie von jedem zu sich hingezogen, und würde förmlich wie ein Spielball herumgewirbelt werden von einem zum andern; dieser würde sie suchen und jener sie wieder von sich stoßen, und die Erde würde der Sonne auf diesem Wankelweg fortwährend folgen, in jedes ihrer Abenteuer unaufhaltsam mit hineingerissen.

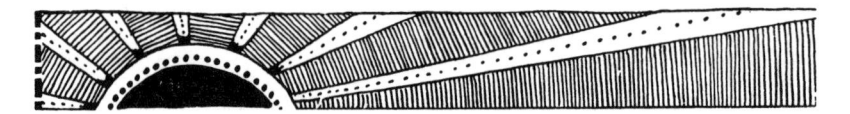

Es kann mathematisch nachgewiesen werden, daß in der Mitte dieses Nebels ewiges Tageslicht herrscht, und es wäre ganz gleichgültig, ob die Erde auch weiterhin noch so wie jetzt sich um ihre Achse drehen würde, so daß die Sonne für sie scheinbar aufgeht und sinkt; denn es würde doch auf allen Seiten der Erde das Licht der andern Tausende von Sternen erstrahlen, so daß wir das Sonnenlicht nicht brauchen. Natürlich würden unter diesem Einflusse von Licht und Wärme alle Lebensbedingungen andere werden. Alles wäre in Bewegung. Immerfort würde sich der Wechsel in der Lage der vielen Sonnen uns gegenüber bemerkbar machen. Unsere eigene Sonne würde in eine Bahn von unglaublicher Kompliziertheit gedrängt werden, und die Erde würde immer hinter ihr her oder vielmehr um sie herum jagen. Bald würde sie sich dem Mittelpunkt des Nebels nähern, bald wieder an der Peripherie desselben hinausgehen, und immerwährend würde sich der Anblick des Himmels, der Intensität des Lichtes und die Intensität der Wärme ändern. Der Himmel wäre wie ein Kaleidoskop, das in immerwährender Drehung befindlich ist, und immer neue und wunderbare Kombinationen strahlender Lichteffekte bieten würde. Es ist aber auch

Bald wären die Sterne keine Sterne mehr, sondern Sonnen.
Ihr Licht würde uns blenden.

möglich, daß unter dem Widerstreit so vieler verschiedener Anziehungskräfte unsere Erde der Kontrolle ihrer Sonne einfach entzogen und unter die Herrschaft einer anderen kommen würde. Und das kann immer und immer wieder geschehen, so daß im Laufe der Zeit unser Planet der Gravitationssklave der verschiedenen Sonnen werden könnte, und mit jedem Wechsel der Herrschaft würde auch ein Wechsel der auf unsere Erde wirkenden Sonneneinflüsse stattfinden, und damit würden sich immer aufs neue wieder alle Lebensbedingungen und Lebensverhältnisse ändern. Jede andere Sonne in dem Sternenbild des Herkules mag ihre besonderen Strahlungseigentümlichkeiten haben, und die lebenden Wesen auf unserer Erde würden ihnen immerfort ausgesetzt sein. Der Magnetismus der

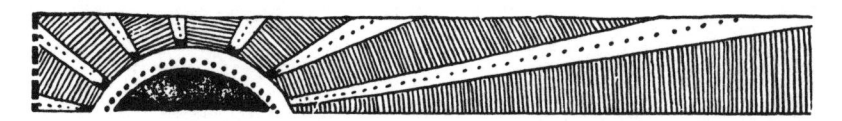

einen Sonne dürfte ein anderer sein, als der der zweiten und dritten, die
Lichtart und Wärme stets eine andere, und die Erde müßte sich, wenn
sie von einer Sonne zur andern geht, in immer neue Verhältnisse finden;
ungefähr so, wie wenn eine Frau der Reihe nach Männer von anderem
Charakter und anderem Temperament nähme; der eine heiß, glühend
und leidenschaftlich, der andere kalt, ernst und gleichgültig, ein anderer
reizbar und nervös, ein vierter launenhaft und abstoßend. Und die
Erde würde all das auch in ihrem Wesen und ihrer Erscheinung wieder-
spiegeln; denn so wie das Weib das ist, wozu der Mann es erst gemacht,
so ist auch ein Planet nur das, wozu die Sonne ihn macht.

„Wenn ich jemals mir einen Gott schaffen würde," sagte Napoleon,
„so würde ich mir die Sonne dazu machen, die der Quell alles Lebens
ist und aller Kraft."

In der Mitte des Herkulesnebels würde Napoleon nicht einen einzigen Gott, sondern viele Götter gehabt haben.

4. Der Weg durch die Milchstraße.

Es ist schon erwähnt worden, daß der Weg der Erde und der
Sonne von einer Seite der Milchstraße zur andern geht. Gegenwärtig
geht die Richtung nicht ganz gerade jenem Teil der Milchstraße entgegen,
der über uns liegt. Aber auch diese Richtung kann sich noch hinreichend
ändern, um uns statt in den Nebel des Herkules, direkt in die Milchstraße
hineinzuführen. Ja, wir könnten möglicherweise mitten durch sie hindurch
gehen. In diesem scheinbaren Sternenwall gibt es nämlich breite
Oeffnungen, durch die wir in die Unendlichkeit des Weltenraumes scheinbar hineinsehen können, in diese dunkle Nacht, die die sichtbaren Sternensysteme umgibt, und in diese dunkle Nacht hinein könnten wir in unserem
Fluge entführt werden, wenn unser Sonnensystem durch eine dieser
Oeffnungen hindurch kann. An einigen Stellen ist die Milchstraße förmlich mit solchen Oeffnungen durchsetzt, wie ein mit Sternen besäter Vor-
hang, durch den man mit einem Maschinengewehr geschossen hat.
Photographien dieser Oeffnungen zeigen uns die Sterne in funkelnder
Menge, rund um sie her glimmernd und glitzernd, während durch die
Oeffnung hindurch nicht ein einziger Stern zu sehen ist. Und der Blick

In dem Sternenwall der Milchstraße gibt es breite Oeffnungen, die in die Unendlichkeit führen.

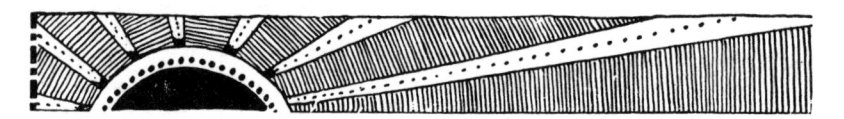

geht durch sie hindurch, wie durch ein Fenster, durch welches nicht der geringste Lichtfleck hineinfällt. Es ist, als blicke man aus einem hellen Raum durch eine offene Tür in die vollkommen schwarze, dunkle, sternen- und mondlose Nacht. Es ist der furchtbare, bodenlose Abgrund des Nichts, der unser Sternensystem umgibt, und in diesen Abgrund hinein würden wir stürzen. Gesetzt den Fall, daß unser Sonnensystem wirklich durch einen dieser mächtigen Zwischenräume zwischen den Sternen der Milchstraße hindurchgeht, so könnten die Folgen dieses Ereignisses zweierlei sein. Wenn wirklich dieser kosmische Abgrund endlos und bodenlos ist, und wirklich jenseits nichts anderes liegt, als das Nichts selber, dann könnte möglicherweise die vereinte Anziehungskraft der ganzen Gesamtheit der Sterne genügen, um uns zurückzuhalten und zurückzubringen, so daß wir wieder mit unserer Sonne ein Teil jenes Systems würden, das wir zu verlassen versucht hatten. Wenn aber, wie von den meisten wohl angenommen wird, jenseits der großen Leere und des großen Nichts andere, für uns der großen Entfernung wegen unsichtbare Weltenalls liegen, dann würden wir zweifellos die Anziehungskraft jener Welten fühlen und ihnen Folge leisten müssen, und dann würde jene Welt die unsere werden.

Wenn die Materie unzerstörbar und unvergänglich ist, und wenn die Zeit ohne Grenzen ist, dann kann dies alles geschehen. Die neuesten Forschungen über die Struktur der Atome hat die Erwägung wachgerufen, ob nicht auch das gesamte All nichts anderes ist, als ein Riesenatom, von welchem die Sonne und alle Planeten nichts anderes, als ganz kleine Teilchen sind und gerade so, wie die Atome des Radiums ihre Teilchen abstoßen, so müssen auch die Sterne, die das Weltall bilden, diesem entfliehen, wenn ihre Bewegung schnell genug dazu geworden ist, um andere Weltenalls aufzusuchen und sich mit ihnen zu anderen Weltkörpern zu verbinden. In all dem ist nichts Merkwürdiges, nichts, was wir nicht in unserem Mikrokosmos des Lebens analog finden könnten. Die Atome, die unseren Körper bilden, gehen ja auch Millionen von Veränderungen ein. Jetzt sind sie ein Teil unseres Ichs, dann ein Teil eines Pflänzchens oder eines Baumes; dann vielleicht Atome irgend eines Felsengesteines. Wind und Wasser anvertraut, können sie von Hemisphäre zu Hemisphäre vertragen werden und können rund um die Erde ziehen und in tausend Urformen und anderen Formen erscheinen; denn die Materie ist in ihrer Wesenheit ewig und unzerstörbar, wenn auch ihre Gestalt eine viel tausendfach veränderliche ist. Ganz auf dieselbe Weise können die das Weltall bildenden Sterne nicht nur ihren Platz, sondern auch ihre Form, ihre Gestalt und ihre Wesenheit ändern und aus den Splittern und Trümmern einer Welt kann eine oder können mehrere andere entstehen. Und das könnte auch eine Erklärung für die Bedeutung jenes mysteriösen Fluges sein, auf dem sich unser System gegenwärtig befindet. Die Entdeckung dieser Bewegung wäre dann nur der Anfang ihrer Erkenntnis.

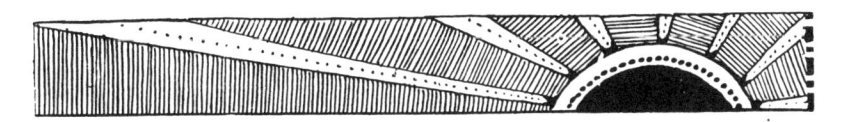

5. Wenn die Erde stehen bleibt.

Im Alten Testament finden wir die Ueberlieferung des Josua, der der Sonne befahl, stehen zu bleiben, und sie stand still.

Die moderne Wissenschaft sagt natürlich, daß das nur figürlich gemeint sein kann, denn die Sonne könnte nicht stehen bleiben, ohne durch diesen Stillstand im Augenblicke zerstört zu werden und aufzuhören zu existieren. Dasselbe gilt auch von der Erde, wenn die Erde plötzlich in irgend einer ihrer Bewegungen gehemmt wird. Wenn sie in der Drehung um ihre eigene Achse oder in der Bewegung rund um die Sonne oder in ihrem Fluge durch den Weltenraum mit dem Sonnensystem zusammen gehemmt wird, würden die Folgen gleich katastrophaler Natur sein. Würde sie in ihrer Achse zum Stillstand gebracht werden, dann würde die Erde entweder in Stücke fliegen oder schmelzen wie ein Geschoß, das plötzlich durch eine Panzerplatte in seinem Fluge aufgehalten wird.

In ihrer Bewegung rund um die Sonne aufgehalten, würden die Folgen dieselben sein, nur noch gewaltiger, krasser, weil ja die Bewegung eine schnellere ist. In ihrer Achsenbewegung bewegt sich die Oberfläche der Erde am Aequator 17 Meilen in der Sekunde; in ihrer Bewegung rund um die Sonne ist die Geschwindigkeit der ganzen Erde mehr als 17 Meilen in der Sekunde. Der Flug durch den Raum geht nicht ganz so schnell vor sich, da die Geschwindigkeit, wie schon wiederholt gesagt, zwölf oder höchstens fünfzehn Meilen in der Sekunde beträgt.

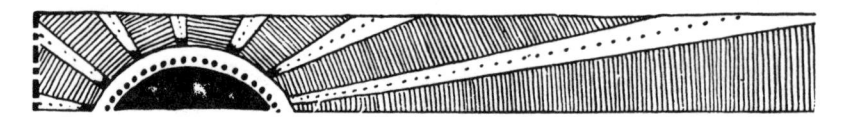

Nehmen wir an, daß die Erde plötzlich um ihre Achse still stehen würde, dann würde ein so furchtbarer Wind sich erheben, wie er bisher auf Erden noch nie gewesen war. Ganze Wälder würden entwurzelt werden und über die Berge hin fliegen, selbst das Gras auf den Wiesen und die Halme auf den Feldern würden ausgerissen und in die Luft entführt werden. Jede Stadt würde in sich zusammenstürzen, als wären es Kartenhäuser, und ein Schlag würde die ganze Erde durchzittern, so gewaltig, wie Millionen von Erdbeben zu einem einzigen vereint. Die Hitze aber, die sich durch den plötzlichen Stillstand entwickeln würde, müßte hinreichen, um den Ozean zum Sieden zu bringen und alles Leben auf dieser Erde zu vernichten.

Nimmt man aber andererseits an, daß die Bewegungen durch den Raum plötzlich aufhören würden, dann würden die Folgen noch einschneidender sein. In diesem Falle würde die durch den Stillstand entwickelte Hitze so kolossal sein, daß die Erde nicht nur im Augenblick schmelzen, sondern direkt in einen gasförmigen Nebel verwandelt würde, in runden Ziffern ausgedrückt 300 000 000 000 000 000 000 Kalorien betragen. Eine Kalorie ist aber, wie man weiß, die Hitzemenge, die nötig ist, um die Temperatur von einem Kilogramm Wasser um ein Grad Celsius zu erhöhen. Die eben erwähnte Hitzemenge, auf die ganze Erde verteilt, würde also in jedem Teil der Erde eine Temperatur von hundert Millionen Grad Celsius entwickeln; aber noch ehe die Hitze diesen Grad erreicht haben würde, wäre alles, was wir heute Erde nennen, in Dunst, Nebel und Dampf aufgegangen. Das sind einige der Folgen und Möglichkeiten, die in der Bewegung der Erde und der anderen Weltkörper liegen, von denen sie umgeben ist. Die zuletzt entdeckte Bewegung durch den Weltenraum ist nur deshalb so wunderbar, weil sie so groß angelegt ist, daß unser Denken ihr kaum zu folgen vermag. Auf ihr aber beruht, wie gesagt, die Existenz unserer Erde und die unserer Sonne und der anderen Planeten; denn so wie bei uns auf Erden, so ist auch im Weltenraum die Bewegung alles. In dem Atom, das wir die Welt nennen, sowohl, wie in dem millionenfach kleineren Atömchen, das wir Mensch nennen, ist die Bewegung allein die Grundbedingung des Lebens, jenes Lebens, das unendlich ist, weil es fortwährend von einer Form in die andere übergeht.

Inhalts=Verzeichnis.

	Seite
Vorwort	3
Hudson Maxim, Das 1000 jährige Reich der Maschinen	5
Robert Sloß, Das drahtlose Jahrhundert	27
Professor Cesare Lombroso, Verbrechen und Wahnsinn im XXI. Jahrhundert	51
Rudolf Martin, Der Krieg in 100 Jahren	63
Bertha von Suttner, Der Frieden in 100 Jahren	79
Frederik Wolworth Brown, Die Schlacht von Lowestoft	91
Karl Peters, Die Kolonien in 100 Jahren	105
Ellen Key, Die Frau in 100 Jahren	117
Dora Dyx, Die Frau und die Liebe	125
Baronin von Hutten, Die Mutter von Einst	137
Alexander von Gleichen=Rußwurm, Gedanken über die Geselligkeit	151
Jehan van der Straaten, Unterricht und Erziehung in 100 Jahren	161
Björne Björnson, Die Religion in 100 Jahren	173
Ed. Bernstein, Das soziale Leben in 100 Jahren. Was können wir von der Zukunft des sozialen Lebens wissen?	179
Hermann Bahr, Die Literatur in 100 Jahren	203
Dr. Wilhelm Kienzl, Die Musik in 100 Jahren. Eine überflüssige Betrachtung	227
Dr. Everard Hustler, Das Jahrhundert des Radiums	245
Professor C. Lustig, Die Medizin in 100 Jahren	269
Cesare del Lotto, Die Kunst in 100 Jahren	275
Charles Dona Edward, Der Sport in 100 Jahren	283
Frl. Professor E. Renaudot, Die Welt und der Komet	289
Professor Garret P. Serviß, Der Weltuntergang	299

Im Inhaltsverzeichnis der Originalausgabe wurde nicht aufgeführt:
Max Burckhardt, Das Theater in 100 Jahren 211